추천사

양자의 시대다. 양자컴퓨터, 양자전송, 양자암호라는 말이 심심치 않게 들린다. 슈뢰딩거 고양이는 시사만화에도 등장하는 교양이 되었다. 그렇다면 이제 좀 더 깊이 있는 책을 읽어야 할 때가 아닐까? 저자 이순칠 교수는 대한민국 양자정보 1세대 연구자다. 나는 카이스트 물리학과 재학 시절 저자의 강의를 들으며 양자역학을 배웠다. 직관 가득한 저자의 강의는 나에게 깊은 인상을 남겨서, 저자의 실험실에서 인턴을 하기도 했다. 양자역학의 기본부터 양자정보의 최전선까지 깊이 있게 제대로 알고 싶은 사람을 위한 책이다.

김상욱 물리학자, 『떨림과 울림』『김상욱의 양자 공부』 저자

양자물리학은 현재 우리가 알고 있는 자연의 궁극적 원리로서, 20세기 과학기술 혁명을 일으켰다. 양자물리학 덕택에 원자의 전자 구조를 이해하자, 물질 합성의 원리를 밝히고 화학과 생물학의 여러 원리들까지 깨닫게 되었다. 20세기 후반 정보통신 혁명의 바탕이 된 반도체나 레이저도 양자물리학의 산물이다. 그러나 양자물리학은 20세기 정보통신기술의 물질적인 측면, 즉 하드웨어를 만드는 데까지만 쓰였고, 소프트웨어나 운영체제는 양자물리학과 전혀 관련이 없었다. 이제 양자물리학이 하드웨어를 넘어, 큐빗으로 불리는 양자정보 그 자체와 소프트웨어, 운영체제에까지 쓰이는 양자정보과학의 시대가 열렸다. 이순칠 교수는 대한민국 양자컴퓨터 연구를 개척한 분으로서, 양자정보과학의 배경과 연구자들의 뒷이야기까지 포함하여 양자컴퓨터와 양자통신에 관한 이야기를 재미있게 엮어내었다.

김재완 물리학자, 고등과학원 부원장

대학교 물리학과 3학년 시절, 나는 이순칠 교수님께 양자역학을 배웠다. 젊은 물리학자 이순칠은 수업을 이렇게 시작했다.

"앞으로 이 수업을 들으면서 양자역학적 현상들이 여러분들의 직관이나 경험과 매우 달라서 많이 당황스러울 거야. 여러분들의 고전역학적 사고로 양자역학이 잘못됐다는 걸 증명하고 싶은 마음도 들 거야. 하지만 확실한 건, 여러분은 틀리고 '미시세계에선 양자역학이 맞다'는 사실이야. 직관적으로 받아들이기 힘들거나 머릿속으로 상상하기 힘들더라도 말이야."

교수님의 이런 수업 시작은 당시 패기 어린 물리학자의 일성이라 아직도 기억에 생생하며, 양자역학에 별다른 관심이 없던 내가 완전히 빠져들게 된 계기가 되었다. 수업은 너무도 흥미로웠다. 교수님께선 양자역학의 근본 원리로 작동하는 미시세계의 놀라운 현상들을 가르쳐주셨고, 그것은 정말로 우리의 일상적인 물리적 경험과 많이 달랐다.

이런 이순칠 교수님의 양자역학 강의가 책으로 묶여 나왔다. 양자역학에 대한 기본적인 개념에서부터 양자컴퓨터에 이르기까지 친절하게 서술한 책이다. 입자의 파동성이나, '슈뢰딩거의 고양이'로 비유되는 불확정성의 원리 같은 양자물리학의 기초부터, 양자암호화의 원리와 양자정보기술의 미래, 양자컴퓨터의 실현 가능성까지 우리가 알아야 할 양자역학의 모든 것이 독창적인 비유와 함께 흥미롭게 서술돼 있다.

이 책을 읽는 동안, 여러분은 지적인 호기심으로 가득 찬 물리학과 3학년 대학생이 될 것이다. 아니, 양자역학이 태동하던 20세기 초 물리학자들의 지적인 세계 안으로 성큼 진입하게 될 것이다.

정재승 뇌과학자, 『정재승의 과학 콘서트』『열두 발자국』 저자

퀀텀의 세계

QUANTUM

세상을 뒤바꿀 기술, 양자컴퓨터의 모든 것

퀀텀의 세계

이순칠 지음

WORLD

해나무

차례

프롤로그 서기 2037년 7

1부 첫 번째 세미나
양자의 전성시대

1장 양자물리는 이해가 되지 않는다 23
2장 양자물리의 탄생 33
3장 입자의 파동성 50
4장 중첩과 기본 가설 71
5장 불확정성 원리 92

2부 두 번째 세미나
양자의 암흑시대

6장 얽힘 111
7장 암흑기 126

3부
세 번째 세미나
양자의 르네상스

8장 양자정보기술의 탄생 141
9장 원격이동 145
10장 양자컴퓨터의 등장 157
11장 양자컴퓨터의 기본연산 173
12장 양자컴퓨터 하드웨어 185
13장 양자컴퓨터 소프트웨어 200

4부
네 번째 세미나
암호

14장 암호 이야기 211
15장 그로버의 데이터검색 알고리즘 226
16장 양자암호통신 237

5부
다섯 번째 세미나
양자컴퓨터의 현재와 미래

17장 양자기술의 현재 259
18장 양자기술의 미래 287

에필로그 서기 2037년 후기 313
감사의 말 322
부록 327
찾아보기 360

서기 2037년

강 박사가 연락을 해온 것은 북핵 소란이 극에 달해 이 수석이 골머리를 앓고 있던 작년 이맘때였다. 북한은 2000년 무렵부터 전 세계의 온갖 회유와 경제 제재에도 불구하고 꿋꿋하게 핵탄두 장착 대륙간 탄도미사일을 개발하여 자칭 핵보유 국가가 되었다. 그러나 시간이 흘러도 나머지 세계가 이를 인정하려 하지 않자 최근에 실력을 행사했는데, 그 때문에 남한에서는 그렇지 않아도 분열되어 있던 국론이 완전히 이분되어 시끄러웠다. 우리도 같이 핵무장을 해야 한다는 극우에서부터, 통일이 되면 결국 우리나라가 핵보유국이 되는 것인데 잘된 일 아니냐는 극좌에 이르기까지 저마다의 목소리로 나라가 편할 날이 없었다.

이 수석이 청와대에 들어온 후 오랜만에 갑자기 연락을 취해오는 사람들이 많이 있었는데, 강 박사도 그중 하나였다. 대덕연구단지에는 대전기계창이라는, 들어도 뭐 하는 곳인지 알 수 없는 묘한 이름을 가진 기관이 하나 입주해 있었다. 대전기계창은 국방과학연구소가 보안상 쓰고 있던 별명이었는데, 이 연구소에서 연구하고 있는 강 박사는 이 수석의 대학교 동창이었다. 이 수석과 강 박사는 학교 다닐 때 남다른 우정을 자랑했다. 그래서 선후배들도 두 사람이 절친이라는 사실을 다 알고 있었으며, 두 사람이 잠시 대전에서 함께 근무하게 되었을 때 '두 집 가정 파탄 나겠구먼'이라고들 했었다. 학교를 다닐 때는 친하게 지냈지만, 졸업 후에는 길이 갈려 간간이 연락만 취하고 자주 보지 못했다. 강 박사는 전공을 살려 연구직으로 가고, 이 수석은 과학행정 쪽으로 방향을 틀어 공무원이 되었던 것이다. 그러다가 한창 일할 나이가 되니 각자 사느라 바빠서 연락이 끊긴 지도 꽤 되었다. 좋아하던 친구라 가끔씩 생각나고 보고 싶기도 했지만 은퇴를 할 나이가 되면 슬슬 다시 만날 수 있겠지 하고 위로하며 넘어가곤 했었다.

강 박사라는 사람이 전화로 찾는다는 이야기를 비서관에게서 들었을 때 이 수석은 반가우면서도 부담스러운 것이 사실이었다. 비서관은 이 수석이 동창이나 친인척에게서 오는 전화를 거의 받지 않는다는 사실을 잘 알고 있었지만, 그렇다고 친구라는 사람이 전화를 했는데 보고까지 안 할 수는 없는 노릇이었을 것이다. 이 수석은 '청탁이로구나' 하고 직감했지만 잠깐 고민하다가 전화를 연결하라고 지시했다. 누구의 청탁이든 들어줄 생각은 전혀 없었다. 그러나 강 박사와의 과거 우정을 생각해서 이야기를 들어주고 나서 거절하는 불편한 시간을 감수하기로 결심한 것이었다.

오랜만에 통화하는 친구들 사이의 의례적인 인사가 끝나고 나자 강 박사는 이 수석에게 한번 만나자고 제의를 해왔다. '음, 이제 용건이 나올 모양이군.' 이 수석은 요즘 시기가 시기인지라 너무 바빠서 개인적인 용무로 밖에 나가기가 힘들다며 일단 정중하게 거절했다. 상대방 전화기에 잠깐 침묵이 흘렀다. 강 박사가 무슨 상황인지 감을 잡은 모양이었다. 갑자기 강 박사 입에서 전혀 엉뚱한 이야기가 튀어나왔다.

"야, 이 전화 보안되는 전화냐?"

청와대 내부의 전화선은 보안상의 이유로 모두 유선이었는데, 그것도 5년 전부터는 양자암호 통신선으로 다 바뀌어 도청이 절대 불가능했다. 물론 청와대에서 양자암호 통신선을 사용한다는 사실 자체는 비밀이어서 말할 수 없는 내용이었다.

"뭐 보안? 하하, 아니 왜 갑자기 잘 자다가 봉창 두드리는 소리냐? 왜, 국가 기밀이라도 이야기하게?"

"네 고민 풀어주려고 그런다."

"내 고민? 내 고민이 뭔데?"

"너 지금 북핵 때문에 머리 아프지 않아? 지금 우리나라에서 그 문제 때문에 좌우가 극심하게 대립하면서 싸우고 있잖아. 그걸 내가 해결해주려고 그런다."

"뭐? 북핵?"

전혀 예상치 못한 단어가 나와 놀란 이 수석의 전화기에 잠깐 침묵이 흘렀다. 이 수석은 친구의 농담에 얼른 장단을 맞추었다.

“무슨 소리냐, 너? 너도 이제 출마 좀 해보려고? 제수씨가 집안 말아먹어도 좋다고 허락하던?”

“출마는 무슨, 나 같은 과학자가. 정치가 아니고 과학으로 해결하려고 그런다. 구체적으로 어떻게 하려는지 개나 소나 다 들으라고 이 전화로 이야기할까?”

그 순간 이 수석은 강 박사가 요즘 보안에 관계된 연구를 하고 있다고 얼핏 들었던 사실을 떠올렸다. 이 수석과 강 박사는 대학교 물리학과 동창생이었다. 보안 전문 과학자가 몇 해 동안 만나지 못한 친구에게 전화까지 해서 이런 이야기를 농담처럼 꺼낼 이유는 없었을 것이다. 보안 전문가라면 청와대 내부 통신의 보안이 확실하다고 해도 외부에서 청와대까지 연결되는 통신선은 보안이 되어 있지 않다는 걸 모를 리가 없으니, 전화가 보안이 되는지 안 되는지를 물은 것은 직접 만나기 위해서 모르는 척 그냥 해본 소리였을 것이다. 청와대에는 이렇게 혼자 국가의 미래를 다 짊어지고 가는 것처럼 중요한 이야기가 있다며 연락이 오는 경우가 너무 많았다. 이 수석이 자신을 만나줄 생각이 없다는 걸 깨달은 강 박사는 결국 전화로 이야기하기 시작했다.

강 박사의 이야기는 놀라웠다. 남한에서 북한의 핵미사일 발사를 조작할 수 있다고 했기 때문이다. 정말 그렇게만 된다면 현 사태에서 그 이상 완벽한 해결책은 없었다. 만들기는 북한이 만들어 보유하고 있는 핵무기를, 조작은 남한이 마음대로 할 수만 있다면 극좌와 극우 모두가 원하는 해피엔딩으로 끝나 싸울 일이 없을 터였다. 강 박사의 말인즉슨 양자컴퓨터로 북핵 미사일의 발사 코드를 해킹할 수 있다는 것이었다. 그러면서 그런 양자컴퓨터를 만들려면 장치 제작비가 필요하다고 말했다. '아, 양자컴퓨터? 그렇지, 결국 그 얘기였군.'

양자컴퓨터라면 이 수석도 익히 들어 알고 있는 미래의 컴퓨터였다. 이 수석은 물리학을 전공해서 양자 관련 기술에 특별히 관심을 가지고 있었지만, 그렇지 않은 비전공자이더라도 도저히 기억하지 않고는 못 배기도록 언론에서 기삿거리가 모자랄 때마다 되풀이해 써먹었던 해묵은 미래 기술이었다. 양자컴퓨터는 세상의 암호를 모두 격파할 수 있고, 고전컴퓨터와는 비교할 수 없는 속도로 빅데이터를 처리한다고 했다. 양자컴퓨터는 20세기가 끝나갈 무렵에 처음 출현했는데, 그러고서 21세기가 시작될 때까지 몇 년 동안 전 세계의 언론이 새로운 밀레니엄에는 양자컴퓨터로 인해 세상이 완전히 뒤바뀔 것처럼 선전을 했다. 그런데 21세기가 시작되고도 한참이 지나도록 공상과학 같은 이야기만 반복되었지 세상이 바뀔 조짐은 전혀 보이지 않았다. 과학자들이 연구비를 따내려고 과대 포장해서 연구 결과를 발표하면 언론에서는 그것을 과대 재포장해주었고, 그러는 바람에 당장 장밋빛 미래가 올 것처럼 분위기가 다시 한번 달궈졌던 것도 벌써 15년 가까이 되었다.

그동안 전 세계의 대학과 기업 여기저기서 드디어 실용적 양자컴퓨터를 만들었다고 주장해왔지만, 결국은 모두 결함이 많아 별 영양가가 없는 것으로 판명되었다. 그런데 이번에는 그 판박이 이야기를 오랜 친구인 강 박사에게서 듣게 된 것이었다. 뻔한 상황이었다. 사람들의 기억에서 흐려져가고 있는 양자컴퓨터와 관련해서 연구비가 잘 나올 리 없고, 그래서 연구비가 궁해진 강 박사가 힘이 세진 친구의 백으로 연구비를 따내보려는 속셈이었을 것이다.

'강직했던 친구였는데 왜 이렇게 됐을까?' 결국 적당히 거절하고 전화를 끊은 이 수석은 입맛이 썼다. 강 박사와 이 수석은 학교 다닐 때 둘 다 원리·원칙주의자였고 비효율을 극단적으로 싫어하는 성격도 똑같아 형제같이 지냈었다. 그랬던 강 박사가 연구비가 쪼들리자 자신의 연구 결과를 팔아 연구비를 따내려 하다니. 그 이후로 이 수석은 동창에게서 오는 전화는 더욱 받지 않았다. 강 박사가 다시 전화했지만 이 수석은 물론 받지 않았다.

그러던 어느 주말, 이 수석은 모처럼 아들과 함께 온라인 롤플레잉 게임을 했다. 사춘기라서 반항과 일탈이 많은 아들과 소통하기 위해 이 수석이 찾아낸 방법이었다. 아들과 유대감을 다지는 방법으로 게임보다 더 나은 것이 없었다. 몇 번 같이 하다 보니 이 수석도 생초보는 면하고 즐길 만큼의 실력은 되었다. 머리에 헬멧을 쓰자 눈앞에 3차원 가상현실이 나타나고 주변 소리가 입체적으로 들리기 시작했다. 요즘 게임기들은 화면과 소리만 입체로 보이고 들리는 것이 아니라 헬멧에서 전자파를 쏘아 뇌의 촉각, 미각, 후각 중추를 자극하는 기능까지 갖추고 있다. 그래서 게임 속 세계에서 칼을 맞으면 그 부위에 통증도 느껴지고 피 냄새도 나며 약물을 먹으면 맛도 느껴졌다. 이젠 게임 속에 들어가면 어디가 진짜 세상인지 정체성에 혼란이 오곤 했다. 젊은이들은 이런 가상현실에 마약을 하듯 중독되었지만, 이 수석 같은 옛날 사람은 그런 환상이 불편할 뿐 아니라 기계가 자극하는 느낌들이 엉성해서 별로 맘에 들지 않았다.

그날도 저녁 식사를 한 후 아들과 같이 나란히 앉아 게임을 시작하는데, 갑자기 아들이 아빠 무기가 없어졌다고 알려주었다. 그러고 보니 이 수석이 가진 무기 중에서 제일 좋은 것 두 개가 감쪽같이 사라지고 없었다. '아니, 이게 어떻게 된 일이지? 누가 훔쳐 갔나? 프로그램에 버그가 있나?' 하고 생각하고 있는데, 아들은 두 개 다 가능성이 없다며 어디서 흘린 것 아니냐고 물었다. 아무리 생각해도 지난번 게임 중에 흘린 기억이 없거니와, 평소 꼼꼼한 성격의 이 수석에게 일어남 직한 일도 아니었다. 이 수석은 아직 수준이 초보인 데다가 남들처럼 유료로 무기를 사지도 않았기 때문에 비싼 아이템이 없었다. 그러니 사이버 도둑질이 가능하다 해도 이 수석의 물건을 훔칠 이유가 없었다. 말하자면 최첨단 해킹 기술을 이용해서 거지의 깡통과 거적을 가져가는 셈이니까.

비싼 물건은 아니지만 그래도 가지고 있던 것 중에서는 제일 좋은 무기들을 도둑질당해서 기분 나빠 하고 있는데, 이상한 캐릭터가 하나 다가오더니 이 수석에게 말을 걸었다.

"안녕하슈."

'안녕하슈?' 예의란 걸 찾으면 게임을 할 수 없다. 온라인 게임 속에서는 반말과 욕설이 난무했고 그걸로 화를 내면 어떤 게임도 할 수가 없었다. 서로의 나이도 모르거니와 오히려 나이보다도 레벨에 따라 하대를 하는 경향이 있기 때문에 초보자인 이 수석으로서는 기가 찬 경우가 많았다. 물론 사회에서는 대다수 사람에게 깍듯한 대접을 받으면서 나이 어린 녀석들에게 이런 수모를 당하는 것이 참기 쉬운 일은 아니었으나, 이 수석은 아들을 위해서 견뎌냈다.

이번에 다가와서 말을 건 녀석은 스펙을 보니 완전 생초보였다. 게다가 아이디도 유치찬란하게 '우주소년 아톰'이었다. 나이도 어리고 수준 또한 이 수석보다도 초보인데 처음 보는 캐릭터에게 건방진 투로 말을 거는 걸 보면 예의가 어지간히 없는 녀석이었다. 그런데 딱히 하대하는 것도 아니고 더구나 애들이 쓰는 말투도 아닌 것이 약간 이상했다.

"안녕하지 못합니다."

"왜요, 무슨 일이 있으슈?"

이 수석이 깍듯하게 대답을 하면 하대하던 상대방들은 대개 어물어물하다가 가버리곤 했는데, 이 녀석은 계속 삐딱한 말투로 말을 걸어왔다.

"내가 무슨 일이 있든 말든 당신이 알 바 아니니 가던 길 가시오."

"화나는 일이 있으신 모양이네. 왜, 제수씨랑 싸우셨수?"

'뭐 제수씨? 아니 이 녀석이 어따 대고 제수씨래? 내가 자기 친구야?' 하도 기가 막혀서 말도 하지 못하고 잠시 주춤하고 있는 사이에 그 녀석이 "이걸 드리면 기분이 좀 풀리시겠수?"라고 하면서 뭔가를 바닥에 내려놓았다. 이 수석은 기분이 나쁜 와중에도 홀린 듯이 그 녀석이 바닥에 내려놓은 물건들을 바라보았는데, 바로 이 수석이 잃어버린 창과 방패였다. '아니 이걸 왜 이 녀석이 가지고 있지?'

"너 누구야? 너 누군데, 왜 내 물건 훔쳐 갔다가 돌려주는 거냐?"

"야 임마, 이 수석. 너 감이 많이 떨어졌구나. 힌트를 이렇게 많이 줘도 아직 상황 파악이 안 되나? 지금부터 5초 준다. 상황 파악 실시! 5, 4, 3……."

이 수석은 잠시 멍하니 있다가 상황을 파악하기 위해 머릿속에서 정보를 모으고 빠르게 분석하기 시작했다. 내 신분을 정확히 아는 사람, 아이디는 '우주소년 아톰', 내 사이버 캐릭터 이름을 알며 무기를 훔칠 수 있는 해킹 전문가…….

"너…… 혹시 강 박사?"

이 친구가 어떻게 이런 일을 벌일 수 있었을까? 그러고 보니 지난번 통화에서 일상을 나누다가 아들과 온라인 게임을 한다는 이야기가 나온 것 같았다. 그때 이야기를 기억하고 있던 강 박사가 이 수석의 게임 계좌를 해킹해서 캐릭터 이름도 알아내고 무기도 훔친 것이 틀림없었다. 어릴 적 보았던 만화 〈우주소년 아톰〉에서 아톰을 만든 과학자의 이름 또한 강 박사였다. 이 친구는 어떻게 해킹이 불가능하다는 게임 계좌를 해킹할 수 있었을까? 강 박사가 이번 해프닝으로 전달하려는 메시지는 명확했다. 결국 이 수석은 강 박사와 다음 날 저녁 무교동 낙지집에서 만나기로 약속을 잡고 말았다.

로봇이 서빙하는 요즘 식당과 달리 오직 옛날 방식으로만 운영하는 그 낙지집은 강 박사와 이 수석이 대학생 시절부터 다니던 단골집이었다. 시내 중심가의 재개발로 없어진 뒷골목에서 근처의 다른 뒷골목으로 옮겨 영업을 계속하고 있는 곳이었다. 강 박사는 낙지를 집어 먹으며 자세한 이야기를 시작했다. 자신이 속해 있는 국방과학연구소와 카이스트는 3년 전부터 공동 연구를 진행해왔는데, 실용적 양자컴퓨터 제작이 연구 목표였다. 강 박사가 이 연구에 뛰어든 이유는, 전 세계적으로 양자컴퓨터의 개발을 지지부진하게 만들고 있는 주범이었던 오류보정 문제와 관련하여 획기적인 아이디어가 떠올랐기 때문이라고 했다. 강 박사는 연구 과제에 보안이 걸려 있어 연구 결과를 외부에 전혀 노출하지 않았지만, 지금 개발한 양자컴퓨터가 꽤 성공적이라고 했다. 지금 연구실에서 만든 것보다 성능이 한 차원 더 높은 컴퓨터를 새로 제작하면 현재 사용되고 있는 전 세계 암호들을 다 깰 수 있다고, 그러려면 장비 제작비가 300억 정도 든다고도 말했다. 마지막으로, 연구비의 규모도 규모지만 그런 양자컴퓨터 연구는 극도의 보안이 필요해서 일반적인 과정을 거쳐서는 연구비를 신청할 수 없다고 했다.

'하긴 그렇겠지. 북핵 미사일 발사 코드를 알아낼 수 있는 컴퓨터라면 연구소 한구석에 처박혀 있다고 해서 안심할 수 있겠어?' 우리나라에서 VIP를 포함하여 두세 사람만 알고 있어야 할 극비일 것이다. 강 박사의 이야기는 매우 솔깃했지만 이런 일을 벌이는데 아무 증거도 없이 시작할 수는 없는 일이었다. 고작 온라인 게임 계좌 하나를 털었다고 청와대에서 해킹을 특별 지원하기에는 나중에 실패하고 비밀이 공개되었을 때의 후폭풍이 두려웠다. 고민하는 이 수석을 보고 강 박사가 제안을 하나 했다. 은행 계좌를 해킹해 보이겠다는 것이었다. 다만 지금 가지고 있는 양자컴퓨터 수준으로는 보안이 잘된 은행 계좌를 깨고 들어가기 어려우니, 보안 수준이 낮은 나라에 계좌를 열고 계좌 번호를 전해주면 그 계좌를 해킹해보겠다고 했다. 결국 그날 밤, 강 박사가 성공하면 이 수석이 연구비를 지원해주고, 실패하면 강 박사가 이 수석에게 10만 원어치 술을 사주기로 내기가 이루어졌다. 다음 날, 매일 반복되는 피곤한 일상에 지쳐 있던 이 수석은 재미 반 기대 반, 복권을 사는 심정으로 정말로 계좌를 하나 열고 그 계좌 번호를 강 박사에게 알려주었다.

강 박사에게서 다시 연락이 온 것은 한 달이 지나서였다. 이 수석은 내기는 벌써 까맣게 잊고 바쁘게 지내고 있던 터였는데, 강 박사에게서 "777"이라는 내용의 문자가 도착했다. 777은 이 수석이 한 달 전 은행에 개설한 계좌의 잔고였다. 강 박사 말로는 자신이 만든 100비트 양자컴퓨터로 128비트짜리 비밀번호를 깨려니 여러 가지 꼼수를 동원하느라 해킹하는 데 한참이 걸렸다고 했다. 지금 가지고 있는 양자컴퓨터로 북핵 코드를 깨려면 5000년이 걸리지만 512비트 양자컴퓨터를 만들면 하루 만에 할 수 있다고도 덧붙였다.

내기가 시작된 이후부터 강 박사는 확연하게 서두르고 있었다. 이 수석의 계좌를 해킹하느라 밤새워 몰두한 것이 분명했다. 강 박사 말로는 자기가 생각해낸 아이디어를 남들이라고 생각해내지 못할 이유가 없으며 특허를 낼 수 있는 것도 아니므로 조만간 다른 나라에서도 비슷한 기술을 보유하게 된다는 것이었다. 지금부터 부지런히 개발해도 우리가 전 세계에 통하는 암호 해독 기술을 독점하는 기간이 길어야 2년일 것이라고 했다. 어쨌든 기술이 증명되었으므로 이 수석으로서도 같이 서두르지 않을 이유가 없었다. 이 수석은 곧바로 내통령에게 이 모든 사항을 보고하였고, 이 수석에 대한 신임이 두터운 대통령이 승인하여 암호명 '폴라리스 작전'이 본격적으로 시작된 것이 9개월 전이었다. 폴라리스는 북한의 탄도미사일을 지칭하는 것이었는데, 북한의 대표적인 대륙간 탄도미사일의 이름이 '북극성'이었기에 붙여진 이름이었다.

폴라리스 작전을 알고 있는 사람은 남한에서 강 박사 및 그가 데려온 연구원 두 명, 그리고 대통령과 이 수석, 이렇게 다섯뿐이었다. 개발에 얼마나 걸리겠냐고 이 수석이 묻자, 강 박사는 행정 지원이 완벽하다고 가정할 때 하루에 10시간씩 일한다고 하면 네 명이서 1년이면 완성할 수 있을 것이라고 했다. 그러나 인원이 많아지면 보안도 어려워지므로 조수 두 명과 함께 셋이서 1년 안에 해보겠다고 말했다. 강 박사가 신뢰할 수 있는 조수 후보가 딱 둘 있었던 것이다. 첫 번째 조수는 같은 연구소에 근무하는 최 연구원이었는데, 강 박사와 함께 양자컴퓨터를 개발하고 있던 물리학 박사였다. 두 번째 조수는 카이스트 대학생으로, 국방과학연구소에 와서 인턴을 하고 있던 해킹 도사였다. 이 학생은 원래 올해 MIT로 유학을 갈 예정이었으나 강 박사의 권유로 유학을 보류하고 팀에 합류했다.

연구소 내에서 연구소장이 모르는 비밀 연구를 한다는 것은 불가능한 일이므로, 설비 위치는 국내에서 보안이 가장 확실한 청와대의 대통령 집무실이 있는 본관 지하 2층으로 결정되었다. 강 박사와 최 연구원 두 사람은 1년 내내 청와대의 지하 실험실에서 지내고 잠도 옆방에서 잘 예정이었다. 이 수석은 연구소장으로 하여금 두 사람에게 1년간 해외 파견근무 명령을 내리도록 조치를 취했다. 그리고 출입국 기록에도 두 사람이 출국을 한 것으로 해두었다. 두 사람은 국내에 있었지만 공식적으로는 국내에 존재하지 않는 상태였다. 해킹 도사인 인턴에게는 해킹 알고리즘을 짜는 일뿐 아니라, 연구소에서 필요한 실험 장비를 반출해 온다든지 나노팹에서 주문 제작한 소자를 가져온다든지 등등 국내에서 대외적으로 얼굴을 내놓고 활동해야 하는 모든 업무가 맡겨졌다. 직업이 없으므로 의심받지 않고 자유롭게 움직일 수 있는 신분이었기에 그 일에 딱 맞았던 것이다.

청와대 내에서의 양자컴퓨터 개발이 한창일 때 강 박사는 대통령과 이 수석을 앉혀놓고 몇 시간 동안 세미나를 진행했다. 앞으로 관련 정책을 결정할 때 양자컴퓨터란 어떤 것인지 좀 더 정확히 알 필요가 있다고 생각해서 두 사람이 강 박사에게 요청을 해왔기 때문이다. 강 박사 말로는 양자컴퓨터를 육하원칙에 따라 설명할 때, 다른 건 다 잘되는데 '어떻게' 부분에서 항상 막힌다고 했다. 왜냐하면 그 '어떻게'가 결국은 비전공자들이 잘 모르는 양자물리의 기본 원리로 귀착되기 때문이었다. 강 박사는 양자컴퓨터에 관해 제대로 알고 싶다면 양자물리부터 시작해야 한다고 강조했다. 그렇게 양자물리와 양자컴퓨터에 대한 강 박사의 긴 세미나가 시작되었다.

1부

첫 번째 세미나

양자의 전성시대

1장

양자물리는 이해가 되지 않는다

아는 것과 이해하는 것

인터넷에서 양자물리나 양자컴퓨터를 검색해보면 잘 설명된 문서나 강의록도 많고 동영상도 많다. 그런데 글을 열심히 읽고 동영상 강의를 주의 깊게 들어도 양자물리는 도대체 이해가 되지 않는다. 두세 번 반복해서 보면 무슨 주장을 하는지는 더 잘 알게 되지만 그래도 이해됐다는 느낌이 들지는 않는다. 백 번 읽으면 뭐든지 저절로 이해된다는 옛 성현의 말씀도 여기서는 맞지 않는다. 왜 그럴까? 아마도 이 자료들이 제대로 설명하지 못해서 그런 것이라는 의심이 간다. 번역이 잘못된 책은 아무리 읽어도 이해가 되지 않는 것처럼.

나는 처음 양자물리를 배울 때 이해가 되지 않아서 유명한 양자물리 교과서를 10권 정도 읽었다. 어떤 책은 한 번도 아니고 몇 번씩 반복해서 읽었다. 그랬더니 양자물리 계산은 잘할 수 있게 되었는데, 이상하게도 다른 공부를 할 때와는 달리 여전히 양자물리를 잘 안다는 자신감을 가질 수 없었다. 훌륭한 교과서들을 원서로 읽어도 이해되지 않기는 마찬가지이니, 인터넷 강의를 이해할 수 없는 이유가 자료들이 부실해서만은 아닐 것이다. 양자물리를 이해할 수 없는 이유는 인터넷 강의가 양자물리에 대한 모든 내용을 친절하고 자세하게 가르쳐주긴 하지만 결정적인 비밀 하나를 절대 말해주지 않기 때문이다. 그 비밀이란 바로 **양자물리는 들어도 이해할 수 없다**는 사실이다. 곧바로 이렇게 말하고 싶은 독자들이 있을 것이다. "그래, 너네 물리학자들 잘났다. 우리는 머리가 나빠서 그렇게 어려운 건 가르쳐줘도 모른다 이거지?" 물론 물리학자들이 양자물리같이 어려운 지식을 안다는 자긍심과 그에 따른 교만을 가지고 있는 것은 사실이지만, 지금은 그런 뜻에서 하는 이야기는 아니다. 물리학자들도 양자물리를 이해하지 못한다. 그 어렵다는 칸트의 철학도 적어도 칸트 자신은 이해하지 않았겠는가? 그런데 양자물리는 이해할 수 있는 사람이 아무도 없다. 원래 인간은 양자물리를 이해할 수 없다.

알베르트 아인슈타인Albert Einstein 이후 물리학 비전공자들에게 제일 유명했던 물리학자는 아마도 스티븐 호킹Stephen Hawking인 것 같은데, 동시대에 물리학자들 사이에서 가장 인기 있던 물리학자는 리처드 파인먼Richard Feynman이었다. 파인먼은 노벨상을 받은 것은 물론이고 물리의 모든 분야를 꿰뚫는 혜안이 있어서 동료 교수들조차 그의 강의를 들었다고 한다. 파인먼은 양자컴퓨터가 고전컴퓨터보다 훨씬 뛰어나다는 점을 처음 지적한 사람이기도 하다. 그 천재 물리학자가 그랬다. "양자물리를 이해하는 사람은 아무도 없다고 자신 있게 말할 수 있다." 그 정도의 대가가 아무도 이해하지 못한다고 하면 정말 아무도 이해하지 못하는 것이다. 게다가 양자물리의 아버지라 불리는 닐스 보어Niels Bohr조차 "양자물리를 들어도 머리가 어지럽지 않다면 양자물리를 이해하지 못한 것"이라고 했다.

그렇다면 독자들은 이번에는 이렇게 항의하고 싶을 것이다. "아니, 자기도 모르는 이야기를 어떻게 우리에게 설명하겠다는 거야?" 나는 모른다고는 말하지 않았다. 이해하지 못한다고 했지. 아는 것과 이해하는 것은 어떻게 다른가? 사전적 정의는 어떤지 모르겠으나 내가 여기서 말하는 '아는 것'은 어떤 사실을 그저 기억하고 있는 수준이고, '이해하는 것'은 우리의 경험, 즉 이미 알고 있는 것과의 연관성을 인지한 수준이라는 뜻이다. 한라산의 높이가 1950m라든지 미국의 몇 대 대통령이 누구라든지 하는 지식은 다른 사실과의 연관성 없이 그저 단편적으로 기억하는 '아는' 사실이다. 퀴즈 대회에 나갈 때 유용한 지식을 말하는 것이다.

힘은 질량 곱하기 가속도라는 아이작 뉴턴Isaac Newton의 운동 방정식은, 간단해서 듣는 순간 기억할 수 있으므로 안다고 말할 만하다. 그러나 '아하, 뉴턴의 운동 방정식이 뜻하는 바는 자동차가 출발할 때 내 등이 의자에 의해 떠밀린다는 것이로구나' 하고 나의 과거 경험에서 알게 된 지식과의 연관성을 인지하게 되었을 때에야 비로소 우리는 이해했다는 느낌을 갖는다. 이해하게 되면 그 사실의 의미를 제대로 파악하고 있다는 자신감을 가지게 되고, 이미 알고 있던 사실들을 사용해서 나의 표현으로 다른 사람에게 의미를 정확히 전달할 수 있다. 뉴턴의 운동 방정식을 그냥 알기만 한다면, 다른 사실들과의 연관성을 인지하지 못한다는 뜻이므로, 들은 대로 똑같이 전달할 수 있을 뿐 다른 표현을 사용해 전달할 수는 없다.

우리의 경험과 무관한 사실에 맞닥뜨리게 되면, 마치 새로 태어나 아무런 선험 지식이 없는 아기들이 모든 경험을 무작정 흡수하는 것처럼 그냥 아는 사실이 하나 더 추가된다. 아이가 크면서 아는 사실들이 누적되면, 과거의 경험으로 이미 아는 사실들과 연관되는 것들이 생기고, 그런 과정을 반복하면서 아이는 점차 세상을 이해하세 된다. 그런데 만일 우리가 새로운 사실과 마주쳤는데 그것이 우리의 과거 경험에서 얻은 지식과 일관성이 없거나 심지어 모순된다면 어떤 일이 벌어질까? 이해하지 못해서 심각한 인지부조화로 어쩔 줄 모를 것이다. 여태껏 마주친 새로운 사실들은 모두 이해가 필요치 않거나 혹은 이해가 되는 것들이었는데, 이번에는 이해할 수가 없게 된 것이다. 이것이 우리가 양자물리에 대한 이야기를 들을 때 맞닥뜨리는 상황이다. 이야기를 들어서 알게 되기는 하지만, 이해는 할 수 없는 것이다.

작은 벌레의 비유

비유를 들어 설명해보자. 어느 화창한 날 오후 우리 눈에는 파란색 호수, 초록색 나무와 잔디밭, 울긋불긋 화려한 복장으로 나들이를 나온 사람들이 원근에 총천연색으로 펼쳐져 보인다. 이제 피크닉을 즐기고 있는 여자의 보라색 치마폭에 붙은 매우 작은 벌레 한 마리를 상상해보자. 이 작은 벌레는 몸이 작아서 주변의 몇 mm 정도만 볼 수 있다고 하자. 그러면 작은 벌레가 보는 세상은 오직 보라색으로만 이루어져 있을 것이다.

〈그랑자트섬의 일요일 오후〉, 조르주 쇠라. 점을 찍어서 그림을 그리는 점묘법을 사용했다. 치마폭에 붙은 작은 벌레가 보는 세상은 보라색 2차원 세상이다.

우리는 빨간색과 파란색을 더하면 보라색이 된다는 사실을 알고 있다. 또는 화가들이 점묘법을 사용해 그림을 그리는 것처럼 빨간 점과 파란 점을 교대로 촘촘하게 찍어놓고 멀리서 보아도 보라색으로 보인다. 그러므로 여자의 보라색 치마는 좀 더 미세하게 들여다보면 사실은 빨간 입자와 파란 입자가 교대로 배열된 것일지도 모른다. 그러나 내가 가정한 작은 벌레는 이렇게 미세한 점들을 구분해서 볼 수 있을 정도로 작지도 않다. 즉, 멀리 떨어진 총천연색 물체들뿐 아니라 빨갛고 파란 미세한 점들 또한 볼 수 없다. 한 가지 색만 본다는 것은 색을 보지 못한다는 것과 다름없으므로 작은 벌레는 색이라는 개념 자체를 가질 수 없다. 또 작은 벌레가 보는 세상은 그에게는 무한하다고 느껴질 치마 벌판뿐이며 멀리 떨어진 입체적인 물체들을 보지 못하기 때문에, 작은 벌레는 세상이 2차원이라고 생각할 것이다. 따라서 벌레는 '우리가 사는 세상은 무색의 이차원이다.'라고 주장할 것이다. 우리가 들으면 물론 매우 웃기는데, 벌레는 왜 이런 웃기는 주장을 하게 된 것일까? 벌레는 우주의 아주 작은 일부만을 경험하고 있는데 그 제한된 경험이 온 우주에 적용되는 것처럼 일반화했기 때문이다.

우리 인간의 경험은 어떤가? 우주 속 우리 인간은 야외 피크닉 중인 여자의 치마폭에 붙은, 눈에 보이지도 않을 만큼 작은 벌레와 비슷한 처지이다. 1에 0이 4개 붙으면 만이고, 8개 붙으면 억, 12개 붙으면 조, 16개 붙으면 경이다. 0이 20개, 24개 붙은 숫자의 이름은 각각 해, 자라고 한다. 우주의 크기는 1자 km, 즉 10^{24}km 정도이다. 인간이 물체의 모양을 식별할 수 있는 거리는 몇 km에 그치는데, 이는 우주 크기의 약 10^{23}분의 1이다. 우주를 그림으로 그린다면 아무리 크게 그려도 우리가 경험하는 세상은 점 한 개만도 못한 크기일 것이다. 한편 우리가 두 물체를 구별할 수 있는 가장 작은 거리는 0.1mm 정도인데, 이는 원자 크기의 수십만 배이다. 물론 원자보다 훨씬 작은 존재도 있다. 그러므로 우리 인간은 세상에서 극히 일부만 경험하고 있을 뿐이다.

크기가 문제가 될까? 그렇다, 문제가 된다. 이것을 몰랐던 시절 사람들은 어떤 크기의 세계에서든 같은 물리 법칙이 적용될 거라고 상상했다. 원자 속에서 핵 주위를 전자들이 돌고 있다는 것이 알려졌을 때, 물리학을 잘 모르는 사람들은 자연스럽게 받아들였다고 한다. 물리학자들에게는 깜짝 놀랄 만한 사실이 그들에게는 왜 자연스러웠을까? 전자들이 핵 주위를 돈다는 사실이 행성들이 태양 주위를 돈다는 사실과 매우 유사했던 탓에, 태양계같이 거대한 스케일에서 일어나는 일이 원자 크기의 작은 세상에서도 일어나는구나 하고 자연스럽게 이해, 아니 오해했다고 한다. 태양계와 원자에서 유사한 일이 발생하는 것은 우연이며, 바탕에 깔린 물리 법칙도 다르다. 크기가 수십 nm(나노미터. 1nm는 10억분의 1m이며, 원자의 크기는 1nm 정도이다)보다 작은 세상에서는 우리가 보는 세상에서 잘 관측되지 않는 양자물리의 법칙이 지배하고 있다. 우주의 스케일에서는, 우리가 사는 지구의 스케일에서 효과를 관측하기 어려운 일반상대성의 법칙이 지배적이다. 지배하는 법칙이 다르면 세상의 모습도 달라진다. 우리가 오감으로 느끼는 세상은 전체 세상의 참모습이 아니다. 우리가 보는 세상의 경험만으로 아주 작은 세상과 큰 세상의 모습까지 모두 알 수 있다고 생각하는 것은 착각이자 오만으로, 미시적인 빨간 점과 파란 점, 그리고 총천연색의 입체물을 본 적이 없는 작은 벌레가 '우주는 무색의 2차원이다'라고 단정하는 것과 다를 바 없다.

이제 작은 벌레가 비록 자신은 색을 본 적이 없지만 어떻게든 색이라는 개념이 존재한다는 사실을 알게 되었다고 하자. 삼라만상이 어떤 색을 가지고 있는지도 알아냈다고 하자. 그래서 색을 보지는 못하지만 나뭇잎을 그릴 때는 초록이라고 쓰인 물감을 사용하고, 하늘을 그릴 때는 파랑이라고 쓰인 물감을 사용하며, 꽃을 그릴 때는 노랑과 빨강이라고 쓰인 물감을 사용하여 그림을 그린다고 하자. 만일 이럴 수 있다면 이 벌레는 비록 색을 보지 못하지만 색이 존재하는 세상이 어떠한지는 알고 있는 것이다. 더 나아가 작은 벌레가 2차원만을 볼 수 있는데도 불구하고 어떻게든 3차원이 존재한다는 사실과 3차원 세상의 규칙이 어떤 것인지도 알아냈다고 하자. 이런 일이 가능할까? 인간이 양자물리를 발견한 것이 바로 이런 경우에 해당한다. 양자적 효과는 일반적으로 수십 nm보다 작은 세상에서부터 관측되기 시작하는데, 이는 우리가 볼 수 있는 가장 작은 크기보다 수천 배 작다. 그러므로 양자적 효과는 신이 우리에게 엿보도록 허용하지 않은 세상의 현상이다. 인간은 인간에게 허락되지 않은 금단 세계의 모습을 담장 밖에서 소문만 듣고 알아내는 기적을 이루었다. 이것이 천기누설이라는 사실은 점쟁이들이 양자물리에 대해서 절대 입도 벙끗하지 않는 것만 봐도 알 수 있다.

물론 색의 개념을 발견한 벌레는 죽을 때까지 색이 주는 느낌은 가질 수 없을 것이다. 우리는 태어날 때부터 색을 보아왔으니 처음 색을 본 느낌을 다 잊었지만, 평생 색맹으로 살아왔던 사람이 색맹 보정안경을 끼고 처음으로 보는 황홀한 주변 광경에 감동의 눈물을 흘리는 영상을 보면 그 느낌이 어땠을지 상상이 간다. 알지만 이해하지 못한다는 것은 바로 이런 상황에 비유할 수 있다. 색이라는 개념이 존재한다는 것을 알기는 하지만, 볼 수가 없어서 느낌을 가질 수 없는 것. 벌레는 그 느낌을 모르니 다른 벌레에게 그림 그리는 법칙을 알려줄 수 있겠지만, 그림을 보았을 때 무슨 느낌을 받을지는 전달할 수 없다. 또 3차원 공간에 사는 우리가 4차원 공간을 머릿속에서 상상하는 것이 불가능하듯, 2차원 세상에 사는 벌레는 3차원을 알아도 상상할 수 없다. 개념을 알지만 머릿속에서 그릴 수 없으면 이해한다는 느낌을 가지기 어렵다. 인간이 양자물리의 규칙을 알아낸 것도 이와 유사하다. 알아내기는 했지만 우리가 사는 세상의 규칙과는 너무 달라서 이해가 되지 않는 것이다. 스스로도 이해되지 않는 규칙을 머릿속에서 추리만으로 알아냈으니, 양자물리는 가히 인간 지성의 가장 위대한 승리라고 할 수 있다.

양자물리와 양자컴퓨터에 대해 이야기한다고 하면서 왜 이렇게 긴 서론으로 지면을 채우려 하는가? 바로 지금 소중한 지면을 할애해서 이야기하고 있는 **양자물리는 아무도 이해할 수 없다**는 사실을 말해두고 싶기 때문이다. 이 책 전체를 통해 전하고 싶은 중요한 메시지가 두 개 반 있는데, 그중 첫 번째가 이것이다. 이 사실만 제대로 전달이 되어도 책값은 했다고 느낀다. 이해가 되지 않는 것이 당연하며, 만일 마지막 쪽까지 읽고 덮었을 때 양자물리가 이해된다고 생각한다면 책을 제대로 읽지 않은 것이다. 사과 맛에 대한 설명을 아무리 들어도 직접 먹어본 느낌을 가질 수는 없다는 점을 받아들여야 한다. 『이상한 나라의 앨리스』에 나오는 말하는 토끼와 고양이는 우리 세상의 규칙으로 이해할 수는 없지만 그래도 우리는 그 책을 즐겁게 읽는다. 이해를 포기하면 양자물리도 그 책을 읽을 때처럼 재미있을지도 모른다. 하긴 생각해보면 인생에서 이해되지 않는 것이 양자물리뿐이겠는가. 여자도 이해가 안 된다. 물론 여자들도 마찬가지이다. 아무리 화성에서 온 남자에 대해 연구해도 남자가 되어보지 않는 한 결코 남자를 이해할 수 없을 것이다.

양자컴퓨터는 물리학과 수학, 철학, 전자공학, 컴퓨터공학 등이 융합된 연구 분야이기 때문에, 앞으로 늘어놓을 이야기는 독자의 배경에 따라 때로는 어려울 수도 있다. 그러나 쉽게 설명한다고 본질을 빼놓고 껍데기만 이야기하면 결국 제대로 알지 못하게 되므로, 뼈대가 되는 주제는 어려워도 설명을 피하지 않았다. 다만 선행지식이 없어도 읽을 수 있도록 양자컴퓨터의 원리를 이해하는 데 필요한 지식은 모두 설명했다.

2장

양자물리의 탄생

입자와 파동

도대체 양자물리가 얼마나 복잡하고 어렵기에 아무도 이해하지 못한다고 장황하게 설레발을 치는 것일까? 독자들은 이제 그 어렵다는 내용을 혹시 자신은 이해할 수 있을지 도전해보고 싶을 것이다. 이제 그 무시무시하게 어려운 내용을 말하려 하는데 준비가 되었는가? 어렵다는 양자물리의 핵심 내용은 간단하다. **이 세상 삼라만상은 모두 입자인 동시에 파동이다**라는 것이다. 오해의 소지가 없도록 좀 더 물리적으로 정확하게 표현하자면, 이 세상 삼라만상은 입자와 파동의 성질 둘 다를 가졌으며 어떤 때는 입자의 성질을, 어떤 때는 파동의 성질을 보인다는 것이다. 입자란 질량이나 에너지 등의 덩어리를 뜻하는데, 대충 말하자면 원자같이 조그만 물체를 말하는 것으로, 눈에 보이지 않을 만큼 매우 작은 당구공을 상상하면 된다. 파동이란 알다시피 소리나 파도같이 물체의 출렁임이 전파되어가는 현상을 뜻한다. 파도는 물 입자들의 운동이 전파되는 것이다. 소리는 공기의 떨림이, 지진은 땅의 떨림이 전파되는 현상이다.

어떤가, 여러분은 '입자는 파동이다'라는 말이 이해가 되는가? '옥수수밭은 열병식이다'라는 식으로 은유를 할 때는 두 대상 사이에 뭔가 공통점이 있기 마련이다. '색즉시공'이라고 말할 때 '색'은 눈에 보이는 물체이고 '공'은 비어 있는 것이니, 일차적으로는 있는 것과 없는 것이 같다는 주장으로 해석된다. 차라리 이렇게 서로 반대되는 개념들이 사실은 같은 것이라는 주장을 들으면, 이해는 안 되지만 뭔가 심오한 분위기가 느껴지면서 조금은 알 것 같은 기분이 들기도 한다. 그런데 '입자는 파동이다'? 입자와 파동 사이에서 공통점을 찾을 수 없는 것은 독자들의 물리 지식이 짧아서가 아니며, 실제로 아무 공통점도 없다. 입자와 파동이라는 개념에는 반대말도 없으며, 있다고 해도 두 개념이 서로 반대 개념이 되는 것도 아니다. 또 배타적인 관계에 있는 개념들도 아니며, 두 개념 사이에 어떤 논리적 연관성도 없다. 이는 마치 '고등어는 하품이다'라고 말하는 것처럼 터무니없고 맥락 없는 말이다.

'입자는 파동이다'라는 말이 거부감 없이 받아들여진다면 당신은 보기 드문 양자맨일 수도 있다. 하지만 대체로 기뻐할 일은 아니다. 이런 이상한 이야기를 들으면 이상하게 생각하고 의심을 가져야 정상이지 그냥 받아들인다면 보어의 말처럼 제정신이 아닌 상태이거나 주입식 교육 방식에 완전히 익숙해졌다는 뜻이니까. 이 말이 이해가 안 되는 이유는 우리가 경험하는 세계와 경험하지 못하는 세계를 기술하는 개념들이 다르기 때문이다. 양자물리가 적용되는 미시세상에 있는 존재들은 여러 가지 속성을 가지고 있는데, 우리가 사는 세상에서는 그 존재들의 극한적인 두 모습만이 관측된다. 우리는 그 두 모습 중 하나는 입자라고 부르고 다른 하나는 파동이라고 부른다. 우리가 사용하는 개념들은 우리의 세상을 기술하는 데 적합하여 생겨났다. 우리는 어릴 때부터 이런 개념들을 명확히 이해하도록 교육받으며 자라왔다. 어른이 된 사람들의 머리 속에는 이런 개념들이 분명하게 규정되어 있다. 그런데 이제 두 개의 독립적인 개념이 사실은 한 가지 존재의 두 가지 모습이다라는 사실을 받아들이라고 강요당하니 당황스러운 것이다.

그런데 이렇게 언어도단적인 주장은 사실 우리가 처음 겪는 것은 아니다. 불경에는 '색즉시공 공즉시색'처럼 어불성설이며 불립문자적인 표현이 자주 등장한다. 사실 '입자는 파동이다.'라는 주장은 금강경에 나오는 이런 구절을 떠올리게 한다. '약견제상비상 즉견여래若見諸相非相 卽見如來'. 이는 만일 모든 형상이 형상이 아님을 볼 수 있다면 진리를 본 것과 같다고 해석된다. 입자는 형상이 있는 물체이고, 파동은 물체가 일으키는 현상이다. 파동은 파도처럼 보이는 경우도 있지만 소리나 전자기파처럼 보이지 않는 경우도 있다. 그러므로 입자는 파동이라는 말은 형상이 형상 아닌 것과 같다는 말과 일맥상통한다. 이런 언어도단적인 문구에 익숙한 불교도라면 양자물리가 어려워서 이해하지 못하겠다고 불평할 수는 없을 것이다. 입자와 파동이 어떤 모양이어야 서로 같을 수 있을까? 그 모양을 상상하는 것은 불가능하다. 2차원 보라색 세상만 보아온 벌레가 총천연색 3차원을 상상하고 이해할 수 없듯이, 입자와 파동이 같다는 주장을 우리는 결코 상상하고 이해할 수 없다.

새로운 과학 지식이 나오면, 특히 그 지식이 이해하기 어려운 것일 때는 더더욱, 나름의 엉터리 철학으로 해석해서 세상을 현혹하는 사이비 과학이 반드시 등장한다. 정신세계나 신의 존재를 과

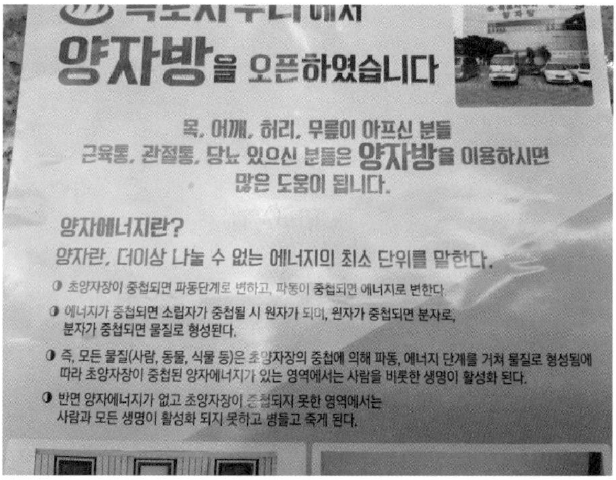

한국판 사이비 과학. "초양자장"이라는 단어까지 만들어낸 목욕탕 주인의 창의성이 돋보인다. (ⓒ 이기석)

학을 이용해서 증명한다든지 하는 시도 등이 그런 것인데, 물론 이런 주장들은 근거로 제시하는 과학과 본인이 유도하고자 하는 결론 사이에 논리적 연관성이 없다. 어떤 경우에는 어차피 엉터리가 될 논리 전개를 건너뛰고, 그냥 과학의 권위에 기대어 결론만 주장하기도 한다. 예를 들어 "양자물리에 따르면……"이라고 시작해서 양자물리와 아무 관련도 없는 결론을 내놓는 것이다. 그러면 양자물리의 무시무시한 명성은 많이 들어봤지만 자세한 내용은 모르는 일반 대중은 그냥 그 주장을 믿어버리는 권위의 오류를 범하게 된다. 이런 오해나 오류가 발생하지 않도록 이제부터 물리학자들이 '입자는 파동이다'라고 주장할 때 그 주장의 정확한 물리적 의미가 무엇인지 설명하려 한다. 그리고 그들이 왜 그런 주장을 하게 되었는지, 이 발견이 세상을 어떻게 바꾸었는지 등에 대해서 이제부터 이야기해보려 한다.

흑체복사

이건 사실 물리학자들 사이의 비밀인데, 요즘 물리학자들은 뭘 연구하면 좋을까 하고 내심 고민하고 있다. 우주의 근본 원리에 대한 큰 질문들은 웬만큼 대답이 되었으니, 이제는 자잘한 것들만 남아서 뭘 연구해야 보람이 있을지, 앞으로 어떤 분야가 잘나갈지 고민하고 있는 것이다. 한마디로 뭘 해서 먹고사나 걱정하는 것인데,

흥미롭게도 현대물리학이 시작된 20세기 초에도 분위기가 그랬다고 한다. 하찮은 몇 가지 문제만 제외하고는 자연이 완벽하게 이해되어 더이상 연구할 거리가 없다고 생각했다는 것이다. 양자물리의 시조라고 불리는 막스 플랑크Max Planck도 대학원에 갈 때 지도교수에게서 물리는 전망이 없으니 하지 말라는 충고를 듣고 고민했다고 한다.

그 하찮은 몇 가지 문제 중에 흑체복사와 광전효과가 있었다. 흑체복사란 검은 물체에서 나오는 빛이라는 뜻인데, 사실 검은색이 아니어도 모든 물체는 빛을 내고 있다. 형광등이나 오로라처럼 빛을 내는 특별한 메커니즘이 없어도 모든 물체는 뜨거워지면 빛을 낸다. 아니, 사실 뜨겁지 않아도 항상 빛이 나온다. 상온에서는 눈에 보이는 빛이 거의 나오지 않기 때문에 우리가 그걸 모르고 있을 뿐이다. 밤에 인체를 찾아내는 적외선 카메라는 바로 우리 몸이 36.5℃에서 방사하는 빛을 탐지하는 장치이다.

물체에서 나오는 빛의 파장은 온도의 함수인데, 온도가 높아지면 파장이 짧아진다. 상온에서는 눈에 보이지 않는 적외선이 나오다가, 온도가 높아지면 점점 파장이 짧아지면서 가시광선이 나오고, 온도가 더욱 높아지면 파장이 더 짧은 자외선이 나온다. 쇳덩이가 뜨거워지면서 빨갛게 보이는 것은 쇳덩이에서 나오는 빛의 파장이 짧아져서 마침내 눈에 보이는 가시광선의 영역에 들어왔기 때문이다. 용광로같이 더 뜨거운 곳에서는 빛의 파장이 더욱 짧아져서 노래지고, 온도가 더 올라가면 점점 파란색 쪽으로 이동한다. 나오는 빛의 양이나 파장은 물체의 종류와 거의 무관하다. 게르마늄 팔찌라고 해서 적외선이 유의미할 만큼 더 많이 나오는 것은 아니다. 모르긴 몰라도 뭔가 차이를 보이려면 손목 발목에 수백 개는 끼어야 할 것이다. 검은 물체는 모든 빛을 흡수하고 내보내기 때문에 이론적으로 다루기가 좋아서 실험에 사용하는 것뿐이다.

흑체복사에서 측정되는 온도와 파장의 관계는 그간의 이론과 전혀 맞지 않아서 오랫동안 물리학계의 숙제였다. 독일의 물리학자 막스 플랑크가 처음 이 문제에 관심을 가지게 된 것은 1894년이었다. 그 후 6년 동안 이 문제에 매달렸으나 도저히 풀 수 없어서 좌절했던 플랑크는 나중에 당시를 이렇게 회고했다. "절망적인 심정이었기 때문에 내가 가지고 있던 어떤 확신도 다 버릴 각오가 되어 있었다." 그러고는 그동안 자신이 혐오하던 이론을 수용하여 이 문제를 해결하려 시도했다. 플랑크가 혐오한 이론이란 바로 오스트리아 출신 천재 물리학자 루트비히 볼츠만Ludwig Boltzmann이 만든 통계물리였다. 통계물리란 거시적으로 관측되는 열물리 현상을 미시적인 입자들의 통계로 설명하는 이론이다. 통계물리 덕분에 그동안 열물리에서 정체가 모호하게 사용되어왔던 엔트로피라는 개념이 무질서한 정도를 나타내는 양으로 명확히 정의되었다. 뉴턴의 운동 방정식만큼이나 간단하면서도 아름다운 엔트로피 식은 열물리의 근간을 이룬다.

볼츠만이 플랑크에게 준 영감은 통계물리만이 아니었다. 도대체 어떻게 그런 생각을 했는지 천재가 아닌 우리로서는 알 수가 없는 일이지만, 볼츠만은 1877년에 물리계의 에너지가 불연속적이라는 파격적인 가설을 내놓았다. 우리가 맨눈으로 볼 때는 세상의 물체들이 하나의 덩어리로 보이지만, 미시적으로 들여다보면 원자 같은 개개의 입자들이 레고 조각처럼 이어 붙어 있다. 원자들을 하나씩 붙여나가면서 큰 물체를 만든다고 해보자. 원자들의 크기와 질량이 모두 같다면 물체의 크기와 무게는 원자의 2배, 3배 …… 이런 식으로 불연속적으로 증가한다. 그런데 미시세계에서는 물체들의 크기와 질량만 그런 것이 아니고 그것들이 가지는 에너지나 속도 같은 물리적 속성도 불연속적으로 변한다. 자동차의 제로백 시간을 재보기 위해 차를 가속시키면 속도가 시속 0km에서 시속 100km까지 연속적으로 죽 올라갈 것이다. 그런데 미시세계에서는 속도가 0에서 10, 17, 25 …… 이런 식으로 껑충껑충 뛰는 일이 생긴다. 미시세계에서는 물리량들이 대부분 이렇게 불연속적으로 변하며, 연속적인 경우는 입자들이 다른 물체들과 상호작용을 하지 않아 완전히 자유로울 때뿐이다. 이런 미친 아이디어를 냈으니 볼츠만의 동료들이 그를 미쳤다고 비난한 것이 이상하지 않다. 20여 년 후에도 플랑크가 유사한 가설을 내놓으면서 긴가민가할 정도였으니 말이다. 자신의 천재적 아이디어를 이해받지 못하자 볼츠만은 결국 자살로 생을 마감했다. 62세에 자살하는 경우가 흔치는 않을 것이다.

1900년, 막스 플랑크는 빛이 특정한 값의 에너지만 가질 수 있다는 가설과 통계물리 이론을 적용하여 드디어 흑체복사 문제를 완벽하게 설명할 수 있었다. 플랑크는 에너지가 불연속적이라는 볼츠만의 가설에서 한발 더 나아가 빛이 구체적으로 어떤 기본 값의 정수배에 해당하는 에너지만 가질 수 있다고 가정했다. 플랑크는 흑체복사를 잘 설명할 수 있는 것이 바로 이 가설이라는 점을 간파했기에 자신의 이론을 발표하기는 했지만, 너무 비현실적이고 비과학적인 가정이어서 자신도 '마지못해서' 발표했다고 한다. 이후 이 마지못한 발표에 '기꺼이' 노벨상이 수여되었다. 이렇게 말하면 플랑크는 그저 운이 좋았던 과학자같이 들리지만, 사실은 독일에서 가장 존경받는 과학자이다. 독일의 모든 국립 연구소는 막스 플랑크 화학연구소, 막스 플랑크 고체물리연구소, 막스 플랑크 의학연구소 등 모두 플랑크의 이름이 앞에 붙어 있다.

이렇게 불연속적으로 변화하는 양의 기본 값은 이후 '양자quantum'라는 이름이 붙었는데, 원래 라틴어로 단위라는 뜻이라고 한다. 에너지 같은 물리량들이 연속적이지 않고 띄엄띄엄 불연속적인 값만 가질 수 있을 때 '양자화되었다quantized'라고 말하고, 한 값에서 다른 값으로 껑충 뛰면서 변화할 때 '퀀텀(양자적) 점프quantum jump'라고 표현하며, 이렇게 불연속적인 세상의 법칙을 '양자물리'라고 부른다. 이 표현에 따르자면, 플랑크의 가설은 빛의 에너지가 양자화되어 있다는 것이다. 이 불연속성, 더 나아가 양자화가 파동의 입자성을 드러낸다는 점을 처음 간파한 사람은 다름 아닌 아인슈타인이었다.

광전효과

약관 26세였던 이 스위스 특허심사관은 1905년에 네 편의 논문을 발표했는데, 그중 한 논문에서 당시의 물리 지식으로는 도저히 풀 수 없던 수수께끼, 광전효과를 다루었다. 광전효과란 금속에 빛을 비추었을 때 전자가 튀어나오는 현상인데, 정량적인 실험 결과가 이해되지 않는 상황이었다. 아인슈타인은 파동이라고 생각되어온 빛이 사실은 에너지와 운동량 덩어리라고 제안했다. 물체의 운동량이란 질량에 속도를 곱한 값으로, 물리학자들은 우리 일상생활에서 익숙한 속도보다 운동량이 물리적으로 더 근본적인 의미를 가진다고 생각한다. 물체의 운동량은 대강 우리가 그 물체에 얻어맞았을 때 받게 될 충격이라고 생각하면 좋다. 운동량은 속도에 비례하므로 같은 야구공이라도 투수의 강속구에 맞으면 충격이 더 크다. 또 운동량은 질량에 비례하므로 속도가 같더라도 테니스공에 맞으면 참을 만하지만 야구공에 맞으면 매우 아프다.

빛은 질량이 없다. 아인슈타인은 빛이 질량이 없는데도 에너지와 운동량을 가진 입자라고 제안했으니, 그의 주장이 얼마나 파격적이었는지 알 수 있다. 이 에너지와 운동량 덩어리, 아니면 좀 더 고상하게 표현해서 양자화된 빛 덩어리를 광자 혹은 광양자라고 부른다. 우리가 햇볕에 서 있으면 태양에서 열이 우리에게 연속적으로 전달되는 것이 아니라, 사실은 수없이 많은 야구공이 날아오듯 작은 에너지 덩어리가 얼굴에 부딪히는 것이다. 다만 그 단위 크기,

즉 빛의 에너지 양자가 워낙 작아서 몸의 감각세포가 충격을 감지할 수 없기 때문에, 햇빛에 두드려 맞는다는 느낌을 받지 못할 뿐이다. 빛의 총 에너지는 날아온 광자의 개수에 비례할 것이므로, 당연히 플랑크가 어정쩡하게 제안했던 대로 총 에너지는 기본 값의 정수배가 될 것이며, 여기서의 기본 값은 광자 한 개의 에너지일 것이다.

이 가설은 얼마나 파격적이었는지, 처음 제안되자 모든 물리학자들이 다 엉터리라고 비난했기 때문에 논문이 학술지에 게재된 것이 신기할 정도였다. 더구나 무명의 청년이 발표한 논문이었으니 말이다. 우리가 보기에는 빛의 양자화를 처음 주장한 플랑크의 가설과 거의 유사하지만, 플랑크조차 아인슈타인의 논문이 틀렸다고 생각했다. 이 논문은 파동도 입자성을 가진다는 사실을 밝혀 양자물리의 형성에 중요한 기여를 했다. 그럼에도 불구하고 양자물리의 아버지라고 불리는 보어조차도 반대했고 그 후에도 어떻게든 다른 설명을 찾아보려 애를 썼다. 그러나 아인슈타인의 광양자 가설은 광전효과를 너무나도 완벽히 설명했기 때문에, 결국은 아무도 가설의 정당성 여하에 딴지를 걸 수가 없었다. 파동이라고 생각했던 빛이 입자의 성질도 가진다는 사실이 볼츠만에서 시작하여 플랑크를 거쳐 아인슈타인에 이르러 규명된 것이다.

파동의 입자성

빛이 파동인지 입자인지에 대해서는 역사상 엎치락뒤치락 논란을 거듭했다. 빛은 굴절, 반사 등 파동의 일반적인 성질을 지니고 질량도 없으니, 고대부터 파동이라고 생각하는 것이 자연스러웠을 터다. 그런데 뉴턴의 시대가 왔고, 뉴턴은 어떤 이유에서인지 빛이 당구공 같은 입자라는 주장을 폈다. 그러나 이후 크리스티안 하위헌스Christiaan Huygens 같은 파동 연구의 대가들이 빛의 파동성에 대한 여러 가지 이론을 정립하자 빛이 입자라는 뉴턴의 주장은 실수처럼 보였다. 우리가 물리학의 아버지로 존경해 마지않는 뉴턴은 이단에 빠져 있었고, 주식 투기 열풍에 동참해서 지금 가치로 수십 억을 날리는 등 비이성적인 행동도 많이 저질렀기 때문에, 그 정도는 당연히 틀릴 수 있다고 생각했을지 모른다. 그런데 이번에는 아인슈타인이 나타나 빛에는 입자성도 있다고 주장하며 다시 뉴턴의 손을 들어주게 된 것이다.

빛이 입자냐 파동이냐 하는 논란이 있었던 이유 중 하나는 빛을 전달해주는 매질이 밝혀지지 않은 탓도 있었다. 파도, 소리, 지진은 각각 물, 공기, 땅이라는 파동 전파 매질이 있다. 그러면 빛의 매질은 무엇일까? 파동에는 반드시 매질이 있어야 한다는 확신이 널리 퍼진 시절에는 빛의 매질에 에테르라는 이름까지 미리 붙여놓고 그 매질이 언젠가 발견될 날을 기다리고 있었다. 그런데 나중에 알고 보니 빛은 전자기 힘의 진동이 전파되는 현상이었는데, 전자기 힘의 진동은 전달해줄 물질이 필요 없었다. 이 사실을 몰랐던 시절에는 빛의 매질 문제가 물리학계에서 가장 어려운 문제 중 하나였으며, 실제로 이 문제는 아인슈타인이 상대성이론을 만드는 데 큰 역할을 했다. 아인슈타인은 빛에서 양자론과 상대론 둘 모두를 탄생시킨 셈이다.

아인슈타인은 이렇게 양자물리의 기본 가설에 근거를 제공한 공로로 나중에 노벨 물리학상을 받았다. 아인슈타인이 1905년에 발표한 네 편의 논문은 하나하나가 모두 노벨상감이라고 이야기되는데, 그중 하나가 특수상대성이론을 다룬 것이었다. 과학선진국에서는 지금 들어도 이해하기 어려운 이야기를 하고 있는데 그 당시에 우리나라는 일본과 을사보호조약이라는 걸 맺고 있었으니 얼마나 기가 막힐 노릇인가. 하긴 지하철이 런던에 처음 생긴 것이 1863년이라는데, 그때 우리나라에서는 강화도령 철종에서 고종으로 왕위가 이양되고 있었으니 놀랄 일도 아니다. 마치 현재와 과거가 공존하는 듯한 느낌이다. 아인슈타인은 아이러니하게도 자신이 싫어한 양자물리에 기여한 공로로 노벨상을 받았으며, 특수상대성이론이나 그 이후 발표된 일반상대성이론으로는 노벨상을 받지 못했다. 아인슈타인이 상대론으로 노벨상을 받지 못했으니, 당연히 그 이후 등장한 상대론 연구자들 또한 아무도 노벨상을 받지 못했다. 상대성이론의 연구 대상은 주로 우주여서 대체로 큰 질문에 대한 답을 찾아보려는 큰 포부를 가진 젊은 학도들이 도전하는데, 시작부터 이미 노벨상은 포기하고 들어가는 순수한 학자들인 셈이다.

그 뒤로 빛의 입자성을 더욱 명확히 보여주는 실험들이 여럿 시행됐다. 그중 직관적으로 가장 명확하고 이해하기 쉬운 실험은 광자와 전자의 충돌 실험이다. 물리는 당구공 두 개가 충돌할 때 어떤 일이 벌어지는지 명확히 예측한다. 예를 들어 당구공같이 질량이 같은 두 개의 공은 충돌하면 서로 직각 방향으로 흩어진다. 한편 빛을 전자에 쏘면 빛이 전자에 맞은 후 튕겨나가고 전자는 뒤로 밀려난다. 이 현상은 파동으로는 설명할 수가 없으며, 두 개의 입자가 충돌할 때 일어나는 양상과 정확히 같다. 빛은 파동이면서 입자이다.

• 물리학자들이 사는 세상 •

노벨상 중복 수상

노벨상 메달. 보관용 순금 메달과 과시용 도금 메달, 이렇게 두 개를 수상자에게 준다고 한다. (© Wikipedia)

스웨덴 한림원은 왜 아인슈타인에게 상대성이론으로 노벨상을 주지 않은 것일까? 노벨상은 죽은 사람에게는 주지 않는다는 원칙이 있는데, 이와 비슷하게 한 사람에게 두 번 이상 주지 않는다는 원칙이 있어서 그런 것일까? 그렇지 않다는 사실은 명백하다. 역사상 노벨상을 두 번 받은 훌륭한 분들이 넷이나 있다. 누군가는 같은 분야의 상이 한 사람에게 두 번 수여되지 않는다고도 한다. 노벨 물리학상 한 번, 화학상 한 번 이렇게 두 번 탈 수는 있지만 물리학상만 두 번 받을 수는 없다는 것이다. 아닌 게 아니라, 여성 최초의 수상자 마리 퀴리Marie Curie는 물리학상과 화학상을 한 번씩 수상하였으며, 화학자 라이너스 폴링Linus Pauling은 화학상과 평화상을 연달아 받았다. 하지만 트랜지스터를 발명하고 초전도 현상을 설명한 존 바딘John Bardeen은 노벨 물리학상만 두 번 받았으며, 생화학자 프레더릭 생어Frederick Sanger는 화학상만 두 번 받았다.

2016년에 노벨 물리학상을 받은 마이클 코스털리츠Michael Kosterlitz 박사를 만났을 때 이 문제에 관해 물었더니, 한 사람이 동일한 분야의 노벨상을 한 번을 넘어서 받을 수 없다고 답했다. 노벨상은 단독 수상하는 경우도 있지만 요즘은 여러 사람이 나누어 받는 경우가 많다. 최대 3명이 동시에 수상할 수 있다고 하는데, 세 사람이 공동 수상하면 상금도 삼등분하고 수상도 3분의 1번으로 친다. 만일 어떤 학자가 동료 한 명과 함께 공동 수상하면 상을 2분의 1개 받은 것이고, 그러면 아직 2분의 1개의 여유가 있으니 다시 한번 다른 동료 한 명과 같이 공동 수상하여 총 1개까지 받을 수 있다는 것이다. 그러고 보니 존 바딘의 경우에는 두 번 모두 세 명이 공동 수상했으니 3분의 1 더하기 3분의 1, 총 3분의 2개를 받은 셈이었다. 그러니까 바딘은 앞으로 또 세 명이 공동 수상하면 한 번 더 받을 수도 있다는 뜻이다. 그러므로 코스털리츠 박사의 설명에 따르면, 아무리 야심 찬 과학자라고 하더라도 노벨상을 네 번 이상 받을 수는 없다. 그런데 프레더릭 생어의 경우를 조사해보니 그것도 아니었다. 그는 첫 번째 노벨 화학상을 단독 수상했던 것이다. 그렇다면 일생 동안 받을 수 있는 노벨상의 수에는 제한이 없다는 말이니 젊은 과학자들은 실망할 필요가 없다.

결국 아인슈타인에게 상대성이론으로 노벨상을 수여하지 않은 것은 스웨덴 한림원의 한계를 보여주는 문제로 생각된다. 상대론이 맞는 이론인지 아닌지 자신 있게 결론을 내지는 못하겠는데 훌륭한 일들은 많이 했으니, 우선 상대론

만큼의 업적은 아니지만 노벨상을 수여하기에는 충분히 훌륭한 광전효과 연구에 상을 주고 본 것이다. 그리고 상대론이 맞는 이론으로 정립되었을 즈음에는 전례 없이 같은 분야에 두 번 줘도 될지 갑론을박하다가 시기를 놓쳐서 수여하지 못한 것이 아닐까 추측된다. 아인슈타인 사후에 같은 분야에서 노벨상을 두 번 받는 사람들이 나타났으니, 아인슈타인도 더 오래 살았다면 한 번 더 받았을 수도 있겠다. 이미 명예와 돈이 충분했던 그에게 두 번째 수상이 무슨 의미가 있었을지는 모르겠지만. 스포츠 대회에서 대회의 권위를 높이기 위해 유명한 선수에게는 돈까지 주어가며 참여를 요청하는 것처럼, 오히려 노벨상의 명예를 위해 받아달라고 스웨덴에서 사정사정했을지도 모르겠다.

3장

입자의 파동성

1923년, 루이 드브로이Louis de Broglie는 모든 입자들이 파동의 성격을 가졌다는 파격적인 가설을 박사학위 논문으로 제출했다. 빛 같은 파동이 입자의 성질을 가짐이 규명되었으니, 입자도 파동의 성격을 가졌다는 사실이 규명된다면 '입자가 파동이고, 파동이 입자'라고 결론 내릴 수 있을 것이다. 그러나 이것은 우리가 결론을 이미 알고서 하는 이야기이고, 그 당시엔 '파동은 입자다'라는 주장이 입증되니, 뭐가 뛰니까 망둥이도 뛴다는 식으로 '입자도 파동이다'라고 주장한다는 반응이었다. 파동은 입자라는 가설은 흑체복사, 광전효과 등 실험적 사실들이 먼저 나오고 이를 훌륭히 설명했으므로 진리로 받아들여진 것인데, 입자는 파동이라는 가설은 아무런 실험적 근거가 없었기에 당연한 반응이었다. 그래서 당시 학위논문 심사위원들이 논문을 통과시켜주지 않으려 했고, 귀족이었던 드브로이는 뒤로 압력을 행사하여 박사학위를 받았다는 설이 있다. 그러나 사실 드브로이는 유명해지려고 근거도 없이 아무 이야기나 지어낸 것이 아니라 특수상대성이론에서부터 추론을 한 것이었다. 그래서인지 드브로이는 아인슈타인의 지지를 받았으며, 얼마 후 가설이 증명되고 나서 노벨상까지 받았다. 드브로이 덕분에 입자는 파동이라는 양자물리의 기본 가설이 확립되었고, 그때부터 현재와 같은 형태의 양자물리 틀이 갖추어지기 시작했다.

입자란 당구공같이 서로 충돌하는 물체이므로 그 속성을 이해하기가 쉽다. 그런데 파동은 현상이라서 약간 복잡하다. 사실 파동은 우리 일상과 매우 밀접하지만, 당구공과는 달리 관찰할 기회가 드물기 때문에 보통은 파동에 대해서 잘 알지 못한다. 빛이나 소리가 파동이라는 것은 배워서 알고 있지만, 그 형태는 눈에 보이지 않는다. 우리가 눈으로 볼 수 있는 익숙한 파동은 바다에서 보는 파도 정도이다. 입자가 파동성을 지녔다는 주장을 제대로 이해하기 위해서, 파동이 무엇인지 고등학교에서 배운 과학 지식을 되살려보기로 하자.

파동의 정체

파동이란 물체의 떨림이 공간에 퍼져나가는 현상이다. 우리가 보는 물체들의 운동은 전부 뉴턴의 운동 방정식으로 설명되므로 파동도 운동 방정식이 적용되는 한 예일 뿐이다. 그런데도 물리 교과서를 보면 파동을 운동 방정식과 별도의 단원으로 다루고 있다. 왜 그럴까? 운동 방정식이 적용되는 한 예이기는 하지만, 파동은 다른 예와는 달리 우리 생활과 매우 밀접한 관계가 있기 때문이다. 힘과 운동에 대해 배울 때 용수철이나 마찰 없는 빗면, 도르래, 당구공 등이 늘 문제로 나오지만, 마찰 없는 빗면이라든지 경사진 곳에 세워진 자동차가 미끄러지는 모습, 혹은 여러 바퀴를 가진 도르래에 추가 매달린 모습을 실제로 본 적은 사실 거의 없다. 물리학자들조차 일상에서 이런 모습을 보지 못하기는 마찬가지이다. 어느 유명한 물리 교과서에서는 당구공을 예로 들어 한참 충돌에 대해 설명하다가 뜬금없이 저자가 그 책에 하나밖에 없는 친절한 주석을 이렇게 달아놓았다. "나는 당구공을 본 적도 없다." 하지만 파동은 우리가 느끼든 그러지 않든 주변 어디에나 있으며, 심지어 우리는 파동에 완전히 파묻혀 살고 있다. 다음 이유들만으로도 우리 인생이 파동과 얼마나 밀접한 관계에 있는지 이해하기에 충분할 것이다.

첫째, 나는 떨고 있다. 바가지 바닥에서처럼 안정한 평형상태에 있는 구슬은 옆에서 누가 조금 건드리면 약간 높은 위치로 올라갔다가 내려온 뒤 이번에는 반대편으로 올라갔다가 내려와서 또다시 처음 방향으로 올라가는 진자운동을 한다. 우리 주변의 물체는 대부분 안정한 평형상태에 있으며 평형상태에 있는 물체는 작건 크건 이렇게 진동하고 있으므로, 이 진동이 주변 물체로 전달되어 퍼져나가는 파동은 우리의 느낌과 무관하게 어디에나 있는 셈이다. 우리 주변의 공기가 떨고 있고, 내가 앉아 있는 의자가 떨고 있으며, 책상도 떨고 있고, 건물도 떨고, 땅도 떨고 있다. 나를 구성하는 세포도 떨고, 세포를 구성하는 분자, 분자를 구성하는 원자, 원자를 구성하는 핵도 떨고 있다. 그러므로 나도 떨고 있다. 내 주변의 모든 물질이 떨면서 나에게 파동을 전파하며, 나도 떨면서 내 파동을 끊임없이 주위에 전파하고 있다. 다만 그 떨림이 너무 미미해서 실제로 느끼지 못하고 있는 것뿐이다.

둘째, 떨어야 나는 느낀다. 우리는 오감을 통해서 세상을 느낀다. 이 중 가장 중요한 것은 물론 시각과 청각이다. 시각과 청각은 촉각과 달리 먼 곳의 정보를 제공하기 때문에 생존에 도움이 된다. 보이지 않고 들리지 않는다면 우리는 한 치 앞에 절벽이 있는지, 혹은 호랑이가 으르렁대고 있는지 알 수 없어 생존하기 힘들 것이다. 시각과 청각이 감지하는 것은 빛과 소리인데, 빛은 전자기 힘의 떨림이 공간에 퍼져나가는 현상이고, 소리는 공기의 떨림이 전파되는 현상이다. 즉, 빛과 소리는 파동이다. 그러므로 우리는 파동을 통해서 세상을 느끼며, 생존하기 위하여 세상이 만들어내는 파동에 절대적으로 의지하고 있다. 파동은 우리와 세상을 연결해주는 창이며, 세상이 떨어야 내가 세상을 느낄 수 있다. 우리는 세상을 보고 듣는다고 말하지만, 정확히 말하자면 파동을 통하여 느낄 뿐이며 세상 자체를 보고 듣는 것은 아니다. 빛이 바로 파동이므로 적어도 눈에 뭐가 보이는 곳에는 파동이 있으며, 핸드폰이 터지는 곳에는 전자기파가 가득 차 있다. 모든 물체를 구성하는 전자나 핵이 떨면 공간에 전자기파가 생겨나므로, 우리는 우리가 느낄 수 있는 파동과 느낄 수 없는 파동들에 겹겹이 둘러싸여 살고 있는 셈이다.

마지막으로, 나는 파동이다. 나는 작은 입자들로 이루어져 있는데, 양자물리에서 삼라만상은 입자이면서 파동이라고 했으니, 나도 파동인 셈이다. 이것은 물론 이제부터 우리가 증명하고자 하는 명제이다.

어떤 물체가 생명체라는 사실을 증명하려면 그 물체가 신진대사, 자기복제 등등 생명체의 특징을 가진다는 것을 보여주면 된다. 마찬가지로 입자가 파동성을 지닌다는 사실을 증명하려면 전자나 원자 같은 입자들이 파동의 여러 가지 특성을 가진다는 것을 보여주면 된다. 파동은 굴절, 반사, 에돌이, 간섭 등의 성질을 가진다. 우리는 굴절이나 반사 같은 매우 익숙한 현상은 잘 이해하고 있다. 빛이 거울에 반사한다든지, 안경 렌즈를 통과하며 굴절하는 현상을 수없이 보아왔기 때문이다. 그런데 입자도 이와 비슷한 현상을 보여주기 때문에 굴절과 반사를 이용해서 파동성을 증명하기는 좀 애매하다. 예를 들어, 공이 벽에 맞고 튀어나올 때는 빛이 거울에 반사하는 것과 똑같이 들어가는 각도와 나오는 각도가 같다. 그리고 투수가 던지는 야구공은 빛이 굴절하듯이 위아래 좌우로 휘면서 포수의 글러브 속으로 들어간다. 그러므로 '이것이 확실히 파동성이다'라고 주장하려면 에돌이와 간섭 현상을 보여주는 게 좋다.

에돌이

에돌이처럼 이상한 단어를 접하면 우선 사전에서 그 뜻을 찾고 싶어지는데, 이 경우엔 차라리 찾지 않는 게 더 낫다. 에돌이의 사전 설명은 회절이라고, 들어도 무슨 말인지 알 수 없는 한자어라서 오히려 더 미궁에 빠지게 된다. 에돌이라는 말은 한국물리학회에서 용어집을 만들 때 어차피 뜻을 알 수 없는 회절이란 단어 대신 차라리 새로 만들자 해서 등재한 신조어로, 에둘러서 돌아간다는 뜻으로 만들어진 것이다. 에돌이란 파동이 모서리를 돌아가는 현상으로, 예를 들어 라디오 전파는 산을 에둘러서 넘어갈 수 있기 때문에 산 너머 마을까지 전달될 수 있다. 에돌이 현상은 파도나 빛을 주의 깊게 관측해야 보인다. 예술 작품을 감상하거나 타지를 관광할 때처럼, 아는 만큼 보이는 과학 현상인 것이다. 운이 좋으면 오른쪽 사진처럼 파도가 해안선을 향해 다가오다가 좁은 바위틈을 지나가면서 틈을 중심으로 퍼져나가는 원형 파동을 볼 수 있다.

바다에서 에돌이를 경험하기는 쉽지 않으므로 비슷한 상황을 실험실에서 빛으로 재현해보기로 하자. 에돌이 실험을 빛으로 할 때는 파도가 바닷가 바위틈으로 들어오는 사진의 상황과 비슷하게, 오른쪽 그림처럼 좁은 구멍이 뚫린 판을 놓고 한쪽에서 평행광을 비춘다. 그러면 구멍을 통과한 빛은 원형으로 퍼져나가고, 장치의 끝에 있는 스크린에는 가운데가 밝고 중심에서 멀어질수록 점차 어두워지는 에돌이무늬가 생긴다. 빛으로 실험할 때는 길고 좁다란

파도가 보여주는 에돌이 현상. (© Wikipedia)

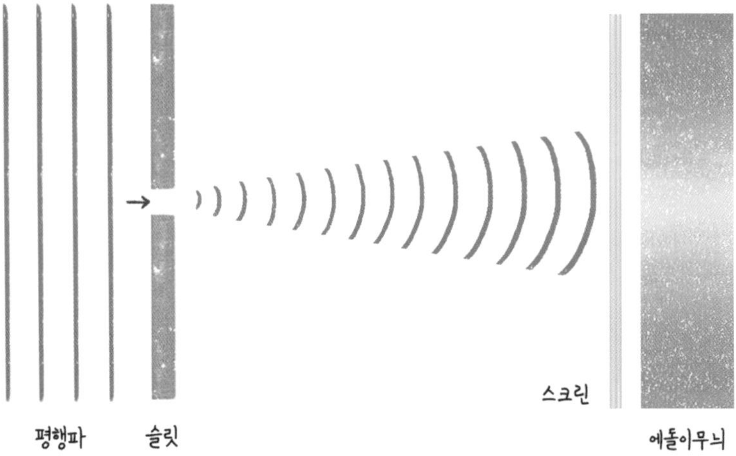

에돌이무늬를 만드는 단일슬릿 실험. 스크린 오른쪽의 그림은 스크린에 나타나는 무늬이다.

틈을 뚫어서 하게 되는데, 이런 틈을 슬릿slit이라고 부르기 때문에 이 실험에 '단일슬릿 실험'이라는 이름이 붙었다.

드브로이가 입자의 파동성을 제안한 뒤, 단일슬릿 실험은 빛을 전자로 바꾸고 스크린을 전자에 반응하는 감광판으로 바꾸어 시도되었다. 그랬더니 빛의 경우와 똑같은 에돌이무늬가 나타났다. 이제 '전자는 파동이다'라고 주장할 수 있게 된 것이다. 그런데 에돌이 현상은 파동만 가지는 특징이긴 하지만, 모서리 근처에서 일어난다는 점 빼고는 굴절과 비슷하다. 앞서 말한 것처럼 굴절은 입자도 비슷하게 보여줄 수 있는 현상이며, 따라서 전자에서 에돌이 현상이 나타났다고 해서 전자의 파동성을 증명한 것은 아니라고 주장할 수도 있다. 예를 들어 이렇게 반박하는 것도 가능하다. '전자가 슬릿을 지나갈 때 모퉁이에 살짝 부딪히는 것들도 있을 텐데, 이 전자들은 똑바로 나아가지 않고 스크린의 중앙보다 먼 곳으로 날아간다. 그러므로 스크린의 중앙이 밝고 주변이 점차 어두워지는 패턴이 생길 수 있다. 그 패턴은 에돌이무늬와 비슷할 것이다. 전자의 단일슬릿 실험에서 나오는 무늬는 파동성을 전혀 고려하지 않고도 설명할 수 있다.' 이러한 주장이 명백히 틀렸다고 말하기는 어렵다.

간섭

그러므로 파동성을 증명하려면 입자는 절대로 비슷하게라도 보여줄 수 없는 가장 파동스러운 특징인 간섭 현상이 나타난다고 실증하는 것이 확실하다. 간섭은 두 파동이 만나면서 세기의 강약을 만들어내는 현상으로, 물 위에 뜬 기름막이나 비눗방울을 총천연색으로 보이게 하는 원리이다.

두 개의 파동이 한 점에서 만나는 상황을 생각해보자. 우선, 다음 쪽 그림의 (가)와 같이 생긴 파도가 내가 타고 있는 조각배로 다가온다고 하자. 파도의 산이 도착했을 때 나와 배는 위로 올라가고, 골이 도착하면 내려간다. 즉, 파도의 산은 물을 위로 밀어올리고, 골은 물을 밑으로 끌어내린다.

이제 진폭과 파장이 똑같은 두 개의 파도가 다른 방향에서 내게 다가오는 좀 이상한 경우를 상상해보자. 먼 바다에서 파도가 밀려오고 해안가 절벽에 부딪힌 파도가 일부 되돌아가면 그럴 수도 있다. 두 파도가 내게 도달했을 때 모두 산이 도착하면 두 파도 모두 물을 위로 밀어올리므로 물이 더 높이 올라간다. 반대로 모두 골이 도착할 때는 물이 더 낮게 내려간다. (나)가 그런 상황인데, 그러면 합해진 파도 (다)는 산이 두 배 높고 골도 두 배 깊어져서 결국 진폭이 두 배인 파가 된다. 이 경우를 '보강간섭'이 되었다고 한다. 반대로 (라)처럼 한 파도의 산이 도착할 때 다른 파도는 골이 도착하고, 또 한 파도의 골이 도착했을 때 다른 파도는 산이 도착하는 식으로 상황이 반대가 되면, 물을 밀어올리려는 경향과 끌어내리려는 경향이 상쇄되어 물이 가만히 있고 배도 출렁이지 않는다. 이 경우 결국 (마)처럼 아무 움직임도 없게 되며, 이를 '상쇄간섭'이 되었다고 한다.

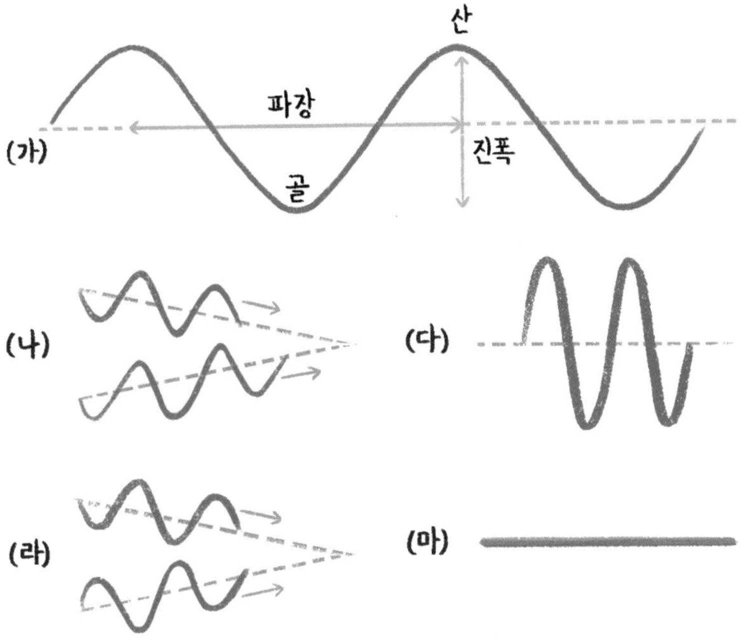

(가) 파동의 부분 명칭. (나) 두 파동이 한 점에서 산과 산, 골과 골이 맞게 만나는 경우. (다) (나)의 결과로 생기는 보강간섭. (라) 두 파동이 한 점에서 산과 골이 맞게 만나는 경우. (마) (라)의 결과로 생기는 상쇄간섭.

영의 이중슬릿 실험

간섭 현상을 바다에서 경험하기란 달무리를 보는 것만큼이나 희귀한 일이다.(만일 달무리를 본 적이 없는 사람이라면 지금이라도 당장 검색

해보자. 연인에게 달무리를 보여줄 수 있다면 프러포즈하는 데 도움이 될 것이다.) 일상에서는 간섭 현상을 보기 힘드므로 실험실에서 빛으로 재현해보기로 하자. 슬릿이 한 개가 아니고 두 개라는 점만 빼면 장치 구성은 에돌이 실험과 완전히 같다. 두 개의 슬릿에서 각각 에돌이 현상이 발생해 모든 방향으로 빛이 퍼져나가고 있다. 그림에는 각 슬릿에서 스크린의 중앙에 도착하는 두 개의 빛만을 그려놓았다. 스크린의 중앙은 두 개의 슬릿으로부터 같은 거리에 있으므로 산과 산, 골과 골이 만나 보강간섭이 일어나게 된다. 보강간섭이 일어나면 진폭이 두 배 큰 빛이 만들어지므로 스크린에 밝은 무늬가 나타난다.

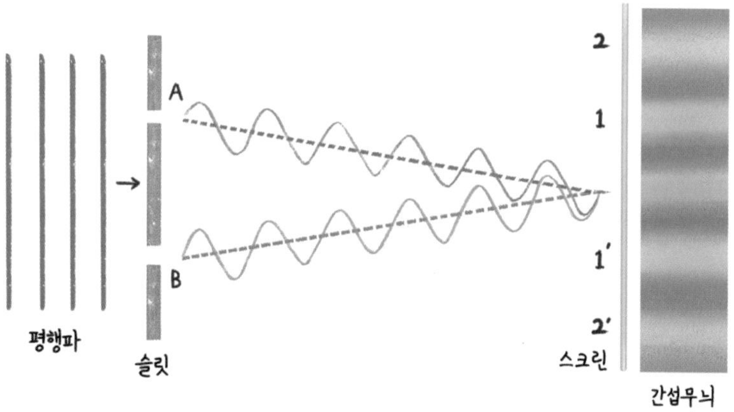

이중슬릿 실험에서 나타나는 보강간섭.

한편 스크린에서 중앙이 아닌 지점은 두 슬릿으로부터의 거리가 다르고, 마침 그 거리 차이가 아래 그림처럼 파장의 반만큼인 곳에서는 완벽한 상쇄간섭이 일어난다. 상쇄간섭이 일어나면 빛의 파동이 없어지므로 그 위치에서는 스크린에 어두운 무늬가 나타난다. 스크린의 중앙처럼 두 개의 슬릿으로부터 같은 거리에 있는 위치에서만 보강간섭이 일어나는 것은 아니다. 거리 차이가 파장의 정수배인 곳에서는 모두 산과 산, 골과 골이 만나므로 보강간섭이 일어난다. 예를 들어, 두 슬릿으로부터 스크린의 1이나 1′ 지점까지의 거리는 한 파장만큼 차이가 나고, 2나 2′ 지점까지의 거리는 두 파장만큼 차이가 나므로, 그 지점들에서는 보강간섭이 일어난다. 이와 비

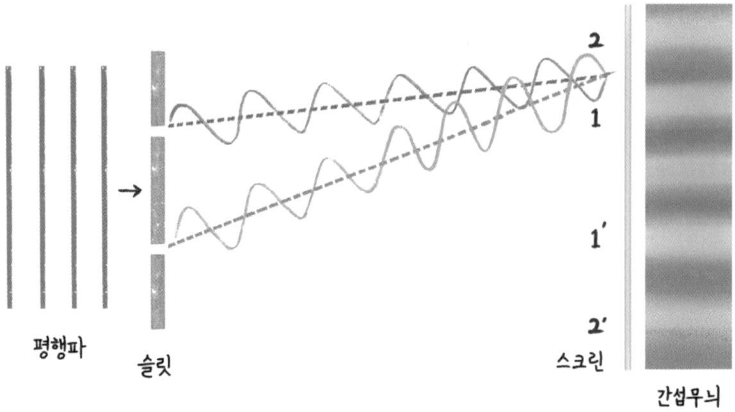

이중슬릿 실험에서 나타나는 상쇄간섭.

슷하게, 파장의 정수배 더하기 반 파장의 차이가 나는 곳에서는 모두 상쇄간섭이 일어난다. 그래서 스크린에는 밝은 부분과 어두운 부분이 교차하여 나타난다. 이런 극적인 효과를 보여주는 간섭 실험은 토머스 영Thomas Young이 처음 발명해서 '영의 이중슬릿 실험'이라고 부른다.

단일슬릿 실험과 마찬가지로 이중슬릿 실험도 빛을 전자로 바꾸어 시도되었는데, 그랬더니 빛의 경우와 똑같은 간섭무늬가 나타났다! 이제 전자가 만들어낸 간섭무늬는 전자의 파동성을 완벽하게 보여준다고 주장할 수 있게 되었다…… 라고 말할 수 있을까? 이중슬릿 실험의 간섭무늬는 당구공 충돌 같은 입자의 운동으로는 전혀 설명할 수 없는 것일까? 입자가 간섭무늬를 만들 수 없는 이유를 다음과 같은 논리로 전개해보자. 이중슬릿 실험 장치에서 두 개의 슬릿 중 하나를 막는다면 에돌이 실험(단일슬릿 실험) 장치와 정확히 같아지므로 스크린에는 에돌이무늬가 나타날 것이다. 아래 슬릿을 막고 위 슬릿만 열거나, 혹은 반대로 위 슬릿을 막고 아래 슬릿만 열거나, 단일슬릿의 위치만 약간 다를 뿐 상황은 똑같다. 그러므로 똑같은 영상이 두 슬릿 사이의 거리만큼 조금씩 이동해서 스크린에 나타날 뿐이다.

그런데 사실 이중슬릿 실험에서 슬릿 사이의 거리는 보통 마이크로미터(10^{-6}m) 이하여서 눈에 보이지도 않는다. 물론 슬릿 자체도 눈에 보이지 않는다. 반면 멀리 떨어진 스크린상 간섭무늬의 간격은 수 cm 이상이어서 맨눈으로도 확실하게 구별된다. 지금까지 보여준 그림들은 눈에 보이지 않는 슬릿을 마구마구 확대해서 과장해 그린 것이다. 그러므로 맨눈으로 관찰할 때는, 위 슬릿을 막으나 아래 슬릿을 막으나 스크린에 나타나는 에돌이 패턴은 차이가 없다.

이 같은 상황을 그림으로 그렸는데, 에돌이무늬와 간섭무늬를 비교할 수 있도록 같이 그려놓은 것이다. 이제 에돌이무늬와 간섭무늬를 당구공 같은 입자의 관점에서 다시 해석해보자. 두 개의 슬릿 중에서 하나를 막으면, 전자들은 스크린의 중앙에 많이 도착하고 중앙에서 멀어질수록 도착하는 전자의 수가 점차 줄어든다. 다시 강조하자면, 이 현상은 어느 슬릿을 열고 닫는지와는 상관이 없다. 자, 이제 두 개의 슬릿을 다 열어주면 간섭무늬가 나타난다. 간

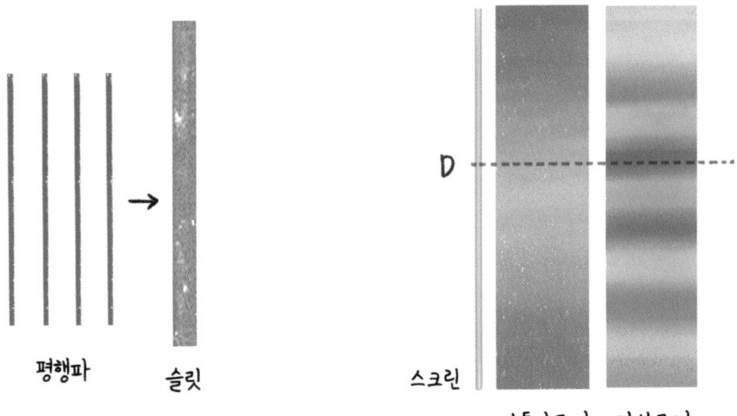

에돌이무늬와 간섭무늬를 비교한 그림. 슬릿은 사실 눈에 보이지 않는다.

섭무늬에서 어두운 부분은 전자가 가지 않는 곳이다. 그러므로 간섭무늬가 의미하는 바는 슬릿이 두 개 다 열려 있을 때는 전자가 가는 곳과 가지 않는 곳이 스크린상에 교대로 나타난다는 것이다. 예를 들어 D 지점은 한 개의 슬릿만 열려 있을 때는 어느 쪽이 열려 있든 상관없이 전자가 잘 도착하는 위치인데, 두 개를 모두 열어주면 갑자기 전자가 그곳에 가지 않기 시작한다. 더군다나 이런 위치가 주기적인 패턴으로 나타난다. 이런 현상은 당구공 같은 입자의 운동으로는 도저히 설명할 수가 없다. 그러므로 이제 입자가 만들어내는 간섭무늬는 파동성의 증거라고 주장할 수 있을 것이다.

이 논리는 꽤 완벽해 보이지만 반박해볼 여지가 남아 있다. 입자의 파동성을 주장하는 논리에 거부감이 심한 사람은 이렇게 반박할 수도 있다. '전자로 실험할 때는 감광판이 충분히 감광될 수 있도록 많은 전자를 이중슬릿이 있는 판에 쏘아준다. 이때 두 개의 전자가 두 개의 슬릿을 각각 동시에 통과하는 일이 생길 수 있고, 그러면 전자들이 서로를 밀어서 궤도를 휘게 할 것이므로, 아무래도 구멍 하나만 열려 있을 때와는 다른 무늬가 나타날 수 있다.' 이런 반박 때문에 실제로 물리학자들이 두 개의 전자가 각각 동시에 두 슬릿을 통과할 확률이 무시될 수 있을 정도로 전자를 뜨문뜨문 한 개씩 쏘면서 실험해보았다. 전해지는 말로는 감광판을 충분히 감광시키기 위해 6개월 동안 실험을 계속했다고 한다. 결과는 같았다. 그러므로 두 슬릿이 모두 열렸을 때 전자 두 개가 동시에 지나가면서 서로에게 영향을 주어 패턴이 변할 가능성은 무시할 수 있었다.

그다음에 나올 만한 반박은 전자가 슬릿을 통과할 때 두 개로 쪼개진다는 것이다. 우리는 보통 전자가 마이너스 전기를 가지고 있다고 말한다. 그러면 전자가 가진 전기의 양은 전기량이라고 불러야 할 것이다. 그런데 일상생활에서 자주 사용되는 전기라는 단어는 물리학적으로는 무엇을 뜻하는 것인지 그 대상이 명확치 않다. 전자가 전기를 가지고 있다고 하기도 하고, 발전소에서 전기가 만들어진다고 하기도 하며, 집에 전기가 흐른다고 하기도 한다. 그래서 물리에서는 전기량이라는 애매한 단어 대신 전자가 '전하'를 가지고 있다고 말한다. 전기란 전하가 만들어내는 다양한 현상을 의미하고, 전하의 흐름을 전류라고 부른다. 전하에는 두 종류가 있어서 각각 플러스 전하, 마이너스 전하라는 이름이 붙었다.

우리에게 관찰되는 모든 전하는 전자가 가진 전하의 정수배로 나타난다. 즉, 전자의 전하는 자연계에서 발견되는 기본 전하이다. 전자의 전하보다 작은, 쪼개진 전하는 발견된 적이 없다. 그러므로 쪼개진 전자가 존재할 가능성도 없으며, 따라서 전자가 슬릿을 통과할 때 두 개로 쪼개진다는 반박 가설은 제외할 수 있다. 늘 혼자 잘 다니던 전자가 하필 이중슬릿만 보면 쪼개져서 지나갔다가 아무 일 없었다는 듯이 다시 하나로 합쳐져서 나타날 이유는 없다고 생각하는 것이 합리적이다. 이렇게 해서 전자 같은 입자도 파동성을 가진다는 사실이 증명되었고, 이것이 파동도 입자성을 보인다는 광전효과 실험 결과와 합해짐으로써, 입자가 파동이고 파동이 입자라는 양자물리의 기본 가설이 완성되었다.

그건 그렇고, 당구공 같은 전자가 슬릿을 지나가는데 도대체 어떻게 파동의 간섭 현상이 나타나는 것일까? 아무리 생각해도 그 답은 알 수 없다. 입자의 이중슬릿 실험은 입자성으로는 전혀 설명되지 않으며, 입자를 상상하는 한 절대 이해할 수 없다. 이중슬릿 실험을 장황하게 설명한 이유가 바로 그것이다. '입자는 파동이다'라는 이해할 수 없는 문장을, 똑같이 이해할 수는 없지만 시각적이고 정량적인 차원으로 옮겨왔기 때문이다. 가설만 있다면 어떤 개념들의 반대말이 무엇이고 공통점이 무엇인지 등등 애매한 개념적 논쟁을 벌여야 하지만, 정량적 차원으로 가면 증명 내지 반증이 가능한 과학의 영역이 된다. 이런 의미에서 영의 이중슬릿 실험은 우리가 양자물리에서 느끼는 인지부조화를 적나라하게 드러내주는 대표적인 실험이다.

• 물리학자들이 사는 세상 •

토머스 영과 로제타스톤

영국의 물리학자 토머스 영. (© Wikipedia)

오래전에 파인먼의 이야기를 읽다가 이런 일화를 발견했다. 파인먼이 어떤 고대 문명 유적지에 갔더니 기념품점에서 그 문명의 문자를 해설하는 책을 팔더라는 것이다. 파인먼은 그 책을 사 와서 기초부터 공부했고 나중엔 고문서까지 읽을 수 있었는데, 그 수준이 되고 보니 해설서에 엉터리 내용이 많다는 사실을 깨닫게 되었다. 그래서 책의 내용을 자신이 수정했다고 한다. 이 이야기를 들으니 고고학과 고문자에 흥미가 생겨서 나도 고대 문자에 관한 책을 몇 권 샀다. 그 책들을 읽다가 이집트 문자 해독 부분에서 아주 낯익은 물리학자 이름을 발견하고 즐거웠었는데, 그게 바로 토머스 영이었다. 물리학자들은 이토록 수수께끼 풀기를 좋아한다.

토머스 영은 여러 실험을 통해 빛의 파동성을 잘 보여준 학자였는데, 그가 고안한 실험 중 가장 유명한 것은 빛의 간섭 현상을 보여준 이중슬릿 실험이다. 우리가 이미 살펴보았듯이, 이 실험은 나중에 전자로도 재현되어 양자물리의 기초를 확립하는 데 결정적으로 기여했다. 다양한 분야에 관심을 가졌던 영은 물리학자이면서 의사였고, 언어학자이면서 고고학자였다. 그는 "모든 것을 알았던 마지막 사람"이라고 일컬어지며, 우리가 익숙하게 사용하는 에너지라는 단어도 영이 처음 도입했다고 한다.

영이 25세가 되던 1798년, 나폴레옹이 이집트를 침략했다. 침략군은 이집트를 정복한 후에도 3년 동안이나 머물렀는데, 1799년 나일강 지류에 위치한 로제타라는 곳에서 그 유명한 로제타스톤을 발견했다. 다행히도 이를 발견한 군인들의 대장은 무지렁이가 아니어서 이 돌의 중요성을 깨닫고는 당장 카이로로 옮겼고, 이듬해 곧바로 사본이 만들어져 유럽 전역의 학자들에게 배포되었다고 한다. 로제타스톤은 1801년 영국군을 피해 알렉산드리아로 옮겨졌지만, 결국 영국군에 빼앗겨 지금은 대영박물관에 전시되어 있다.

로제타스톤이 중요한 이유는 이 돌을 연구함으로써 처음으로 이집트 문자가 해독되었기 때문이다. 로제타스톤에는 세 가지 다른 문자로 같은 내용의 글이 쓰여 있다. 그중 두 개는 두 가지 형태의 이집트 문자이고 다른 하나는 그리스 문자였기 때문에 이 둘을 비교하여 난해한 이집트 문자를 해독한 것이다. 고문자를 해석하는 일은 암호문을 푸는 것과 비슷하다. 원문 없이 암호문만 가지고 푸는 것은 워낙 어려운 일인데, 이집트 문자의 경우에는 구조 또한 굉장히 복잡해서 오랫동안 수없이 많은 사람들이 도전했다가 실패했다. 그런데 로제타스톤이 발견되면서 암호문과 대조할 원문이 나타나 그나마 실마리를 찾은 것이다.

문자는 크게 표음문자와 표의문자로 나뉜다. 우리 한글처럼 기호 하나하나가 아무 의미도 없이 소리만을 표기하는 문자가 표음문자이고, 한자처럼 각각의 기호가 모두 의미를 갖는 문자가 표의문자이다. 언뜻 보면 표의문자는 한 글자로 복잡한 의미를 전달하므로 더 경제적이고 발달된 것같이 느껴지지만 사실은 정반대이다. 원시인들이 그린 해나 달 그림은 사실 해나 달을 의미하는 표의문자 역할을 했던 것이므로, 표의문자는 기본적으로 상형문자이며 다소 원시적인 문자이다. 중국인들이 컴퓨터 자판을 치는 모습을 보면 세종대왕에게 감사하지 않고는 못 배길 것이다.

고문자를 해석하는 사람들은 우선 그 문자가 표음문자인지 표의문자인지를 알아내는 데서 시작한다. 그런데 이집트 문자는 특이하게도 같은 기호를 어떤 때는 의미를 전달하기 위해 쓰고 어떤 때는 단순히 음을 표기하기 위해 사용한, 표음문자와 표의문자의 짬뽕이었다. 로제타스톤을 연구하여 이집트 문자가 표의문자와 표음문자 역할을 동시에 한다는 사실을 처음 알아낸 사람이 바로 토머스 영이다. 더 나아가 영은 외래어가 분명히 표음문자로 표기될 것이라고 추리해서 이집트 문자가 표음문자로 작용할 경우의 몇 가지 발음도 알아냈다. 중국인은 도이치를 '獨逸(독일)'이라고 표기한다. 이는 그들이 獨逸을 읽을 때 발음이 도이치에 가까워서 그렇게 표기한 것이지, 도이치라는 나라가 '홀로'라는 뜻의 獨과 '달아나다'라는 뜻의 逸이 합쳐진 의미를 떠올려서 그런 것이 아니라는 사실과 마찬가지이다. 물리학자들은 기본적으로 퀴즈 풀기를 좋아하는데, 인간이 만든 퀴즈는 금방 질리므로 자연이 내는 퀴즈를 푸는 것이 업인 사람들이다.

그런데 고문자 해독은 난이도가 높아서 물리학자의 관심을 끌었던 것 같다.

애석하게도 영은 해독을 완벽하게 끝내지는 못했고, 결국 영예는 해독을 끝마친 장-프랑수아 샹폴리옹Jean-François Champollion에게 돌아갔다. 샹폴리옹이 그리스어와 이집트어가 새겨진 오벨리스크를 입수해 로제타스톤에는 없던 추가 정보를 얻을 수 있었기 때문이다. 뭐, 그래도 괜찮다. 영은 샹폴리옹과는 비교도 안 될 만큼 훌륭한 업적을 이루었으니까.

4장

중첩과 기본 가설

물질파

파동이 입자의 성질을 가지고 입자가 파동의 성질을 가졌으니, 이제 입자는 파동이라고 말해도 좋을 것 같다. 독자들은 지금쯤 아마도 입자가 파동이라는 사실을 떠올릴 때 오른쪽 그림처럼 입자가 파동의 궤적을 따라 움직이는 모습으로 상상하고 있을지도 모른다. 그런데 입자가 파동이라는 사실과 그 입자가 움직이는 궤적은 완전히 별개의 이야기이다. 입자가 파동이라는 말은 입자가 진동하든 그러지 않든 상관없이 입자 자체가 파동이라는 뜻이다. 이렇게 입자의 진동 내지 파동 운동과 입자 자체의 파동성을 구별하기 위해서 입자 자체의 파동성을 나타내는 파동을 특별히 '물질파'라고 부

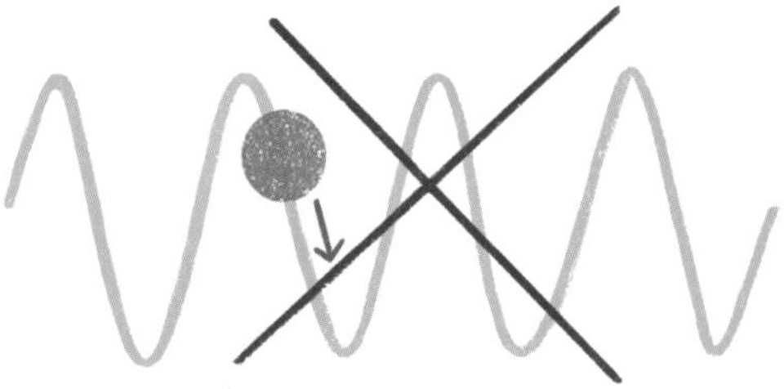

물질파는 입자가 움직이는 궤적이 아니다.

른다. 입자의 떨림이나 그로 인해 발생하는 파동은 우리가 잘 '이해'하는 현상이고, 물질 자체의 파동성을 나타내는 물질파는 우리가 '알지만 이해하지 못하는' 대상이다. 앞으로 이야기하는 파동은 별다른 언급이 없는 한 모두 물질파를 의미한다.

입자의 운동을 기술하고자 할 때는 입자의 위치가 시간에 따라 어떻게 변하는지, 즉 위치를 시간의 함수로 써주면 된다. 이 함수만 있으면 위치를 시간에 대해 미분해서 속도와 가속도까지 구할 수 있으므로, 입자에 관한 완전한 정보를 얻게 된다. 우주 속 모든 입자의 위치를 시간의 함수로 안다면 마이너스 1억 년을 넣어서 공룡 시대의 모습도 알 수 있고 2525년의 미래 지구 모습도 알 수 있다.

파동의 운동을 나타낼 때는 파동의 모습을 시간의 함수와 위치의 함수 둘 다로 나타내야 하므로 입자의 운동을 기술할 때보다 더 복잡하다. 입자의 위치는 시간이라는 변수 1개의 함수이고, 파동의 모습은 시간과 위치라는 변수 2개의 함수이다. 그런데 입자가 파동이고 파동이 입자라면 도대체 세상을 어떤 방식으로 기술해야 할까? 복잡한 함수로 간단한 현상을 기술할 수는 있지만 간단한 함수로 복잡한 현상을 설명할 수는 없다. 결국 물리학자들은 삼라만상을 모두 파동으로 기술하게 되었고, 그래서 양자물리를 파동역학이라고 부르기도 한다.

입자의 운동이 뉴턴의 운동 방정식으로 기술되는 것처럼 일반 파동의 운동은 파동 방정식으로 기술된다. 물질파의 운동은 당연히 일반 파동과 다르며, 물질파를 기술하는 방정식은 1925년 이를 처음 만들어낸 에르빈 슈뢰딩거Erwin Schrödinger의 이름을 따서 '슈뢰딩거 방정식'이라고 부른다. 이 식은 양자물리에서 가장 기본이 되는 식이다. 슈뢰딩거의 무덤에도 쓰여 있는 이 식은 물리학과 학생들이 티셔츠를 제작할 때 가장 흔하게 사용하는 단골 메뉴인데, 워낙 간단해서 시험 볼 때 앞에 앉은 학생의 티셔츠를 커닝할 필요도 없다. 파동을 나타내는 함수, 즉 파동함수를 나타낼 때 쓰는 그리스 문자 프사이Ψ는 물리에서 영어 알파벳을 제외하고 가장 자주 쓰이는 문자이다. 루트비히 볼츠만의 묘비에도 엔트로피 식 하나만 달랑 쓰여 있다는데, 슈뢰딩거 방정식과 엔트로피 식은 세월의 흐름에 묘비에서 이름이 지워지더라도 인류가 멸망하는 순간까지 그 무덤의 주인이 누구인지 알려줄 것이다.

중첩

굴절, 반사, 에돌이, 간섭 등 파동이 만들어내는 모든 현상은 파동의 중첩성에 의해 나타난다. 중첩이란 두 개의 파동이 만날 때 합쳐진다는 뜻이다. 좀 더 정확히 표현하자면 두 파동이 만난 지점에서, 합쳐진 파동의 진폭이 두 파동의 진폭을 더한 결과가 된다는 뜻이다. '간섭도 비슷하게 정의됐던 것 같은데?' 하고 기억한다면 예리한 독자이다. 간섭은 단지 몇 개의 파동만 중첩되는 현상이고, 굴절과 반사와 에돌이는 아주 많은 파동이 중첩하여 생기는 현상이다. 바이러스처럼 생명인지 아닌지 애매한 경계에 있는 녀석들이 늘 있는 것처럼, 간섭과 에돌이를 구분하기 애매한 경우도 물론 있다. 여기서는 이런 구분보다 파동의 모든 현상은 중첩에서 비롯한다는 사실이 더 중요하다. 피아노로 도·미·솔 세 음을 한꺼번에 치면 우리 귀에 아름다운 화음이 들린다. 세 음이 한꺼번에 들린다는 것은 세 개의 소리 파동이 합쳐졌다는 뜻이며, 이렇게 여러 개의 파동이 합쳐지는 성질이 중첩이다. 빨강, 파랑, 초록 세 빛을 합하면 하얀색이 된다. 같은 현상을 두고 물리학에서는 세 개의 빛 파동을 중첩시키면 하얀색이 된다고 표현한다.

우리는 이런 현상을 많이 경험해봤기 때문에 이해하기가 어렵지 않다. 그런데 양자물리는 입자로 이루어진 물체도 파동의 성질을 가지고 있다고 주장한다. 그러면 어떻게 되겠는가? 물체도 당연히 파동처럼 중첩될 수 있어야 한다. 이 책에서 전하고 싶은 가장 중요한 두 번째 메시지는 바로 중첩에 관한 것으로, **양자컴퓨터가 고전컴퓨터보다 혁신적으로 빠른 이유는 양자 세계의 중첩 성질 때문이다**라는 것이다. 위에서 화음을 예로 들어 파동의 중첩을 설명했는데, 물체의 중첩은 어떻게 이해해야 할까? 도·미·솔 세 개의 소리는 공기가 떨리는 주기가 다르다. 도 소리보다 솔 소리가 날 때 공기가 빨리 떨린다. 즉 파동의 중첩은 여러 가지 다른 떨림 상태가 합쳐지는 현상이다.

양자물리에서 말하는 물질파의 중첩도 물체가 가질 수 있는 여러 '상태'의 중첩을 뜻한다. 예를 들어보자. 우리가 고등학교 과학 시간에 배운 원자에서는 태양계의 행성들이 태양을 중심으로 서로 다른 궤도를 돌고 있는 것처럼 전자들이 원자핵을 중심으로 돌고 있다. 태양계의 행성들은 궤도 반경에 따라 에너지가 달라지며 어떤 반경의 궤도나 돌 수 있다. 그런데 원자에서는 전자가 아무 궤도나 돌지 못하고 특정한 반경의 궤도만 돌 수 있으며, 따라서 가질 수 있는 에너지도 양자화되어 있다. 에너지나 궤도가 어떤 값에서 다른 값으로 껑충 뛰는 퀀텀 점프가 일어나기도 한다. 그리고 원자는 에너지가 다른 두 상태가 중첩되어 있을 수 있다. 이해가 되는가? 이 말이 이해가 되면 제정신이 아닌 것이다. 입자는 파동이라는 주장도 이해가 되지 않는데, 거기서 파생되는 중첩이라는 성질이 어떻게 이해가 될 수 있겠는가? 다시 한번 강조하는데, 이해가 되지 않더라도 이해되지 않은 채로 받아들여야 한다. 이중슬릿 실험의 결과는 중첩이 '팩트'라고 말하고 있기 때문이다. 물체의 상태는 일반적으로 중첩되어 있고, 그렇지 않다고 생각하며 살아온 우리가 잘못인 것이다.

전자 궤도가 중첩된다는 것이 무슨 소리인지 알아듣지는 못했지만, 일상생활과 아무 관계 없는 미시세계에서 일어나는 일이므로 수업이 끝나고 강의실 문턱을 넘으며 '그냥 그런가 보다' 하고 부담 없이 잊어버리게 된다. 그런데 만일 같은 현상이 우리가 사는 세상에서도 일어난다면 그럴 수 없을 것이다. 탁자가 여기에 있는 상태와 저기에 있는 상태가 중첩되어 있다든지, 혹은 고양이가 살아 있는 상태와 죽어 있는 상태가 중첩되어 있을 테니 말이다. 살아 있는 상태와 죽어 있는 상태가 중첩되어 있다니, 그게 도대체 어떤 상태일까? 이런 주장을 들으면 이제 심각해지지 않을 수 없다.

측정

다행스럽게도 일상에서는 이런 중첩된 상태를 볼 수 없으므로 혼란을 겪지 않는다. 그런데 양자물리의 주장이 맞다면 왜 우리는 중첩된 상태를 경험하지 못하는 것일까? 양자물리는 물체의 상태가 중첩되어 있다가 우리가 보는 순간 중첩이 사라진다고 주장한다. 얼마나 편리한 변명인가! "무궁화꽃이 피었습니다"라고 말하며 뒤돌아 있을 때는 내 등 뒤에 있는 돌멩이가 이쪽에 있는 상태와 저쪽에 있는 상태가 반반씩 중첩되어 있다가, 내가 싹 돌아서서 보는 순간 아무 일도 없었던 것처럼 돌멩이가 이쪽이나 저쪽 둘 중 하나에 있게 된다는 것이다. 우리가 돌멩이를 본다든지, 피아노 소리를 듣는다든지 하는 것은 물리적으로 말하면 돌멩이에서 반사된 빛이나 피아노로부터 전파된 소리를 측정하는 행위이다. 그러므로 양자물리의 주장을 물리적으로 표현하면, 측정 전에 중첩되어 있던 여러 상태는 측정되는 순간 하나 빼고 모두 사라진다는 것이다. 하나만 제외하고 나머지 상태들이 모두 사라지는 현상을 '붕괴'한다고 표현하기도 한다.

측정을 하는 순간 중첩상태가 중첩되지 않은 상태로 바뀌게 되므로 측정은 상태를 변화시킨다. 즉, 측정하려는 대상을 전혀 교란시키지 않고 측정할 수는 없다. 우리는 일반적으로 정보를 얻고 싶은 대상에 영향을 끼치지 않으면서 측정하고 싶어 한다. 측정이 대상에 영향을 끼치면 당연히 측정치가 원래 알고 싶던 값이 아닐뿐더러 측정 행위가 대상에 미치는 영향이 우려될 때도 있다. 관을 흐르는 유체의 속도를 재려고 측정 장치를 삽입하면, 장치 주변의 흐름이 변화하므로 아무리 작은 장치를 삽입한다고 해도 속도는 원래와 달라진다. 그런데 레이저를 이용해서 유속을 측정하는 방법이 있다. 이 방법은 유체 속에 아무것도 삽입하지 않고 밖에서 레이저를 쏘아 그 반응만으로 속도를 측정하기 때문에 유체의 흐름에 영향을 주지 않는다. 이런 방식을 전문용어로는 좀 무시무시하게 비파괴검사라고 부른다. 비파괴검사로 우리에게 친근한 예로는 병원에서 만나는 CT나 MRI가 있다. 이런 장치가 없던 시절에는 우리 몸속을 들여다보려면 살을 째서 속이 드러나게 하거나 현미경관을 삽입해야만 했다. 비파괴검사라고 불리는 이 장치들 덕분에 털끝 하나 안 건드리고 우리 몸속을 구석구석 샅샅이 들여다볼 수 있게 된 것이다. 양자물리에서 이야기하는 바는, 우리가 대상을 관찰하려 할 때 이런 비파괴검사들처럼 거시적으로는 전혀 교란시키거나 파괴하지 않는다고 해도 미시적으로는 반드시 대상에 영향을 준다는 것이다. 이 제한은 자연계의 기본 속성이어서 절대로 피할 수 없다. **측정하면 상태가 변화한다.**

우리는 측정이란 행위를 통하여 오감으로 세상을 관찰한다. 물론 관찰하기 전에는 대상이 어떤 상태에 있는지 모른다. 만일 어떤 대상이 관찰될 수 없다면, 물리학에서는 그에 관하여 절대 이야기하지 않는다. 우리가 결코 관찰하고 경험해볼 수 없는 것을 추측하는 행위는 물리학에서 아무 의미도 없기 때문이다. 우주 밖에는 무엇이 있는가, 빛의 속도보다 빨리 달리면 어떻게 되는가 등의 질문이 그에 해당한다. 그런 의미에서 양자물리의 주장은 물리학에서 상당히 이례적이다. 측정 전의 알 수 없는 상태에 대해서 명확히 규정하고 있기 때문이다. 우리가 결코 관측할 수 없는 상태에 대한 주장은, 신이 있는가 하는 물음처럼 증명도 반증도 할 수 없다. 그러나 중첩된 상태가 측정시 붕괴되어 하나만 남는다는 주장은 워낙 비상식적이어서 합리적인 사람은 도저히 받아들일 수가 없다. 만일 소리도 양자물리의 법칙을 따른다면 도·미·솔을 한꺼번에 쳐도 그중에 한 음만 들릴 뿐이고 화음은 절대 들을 수 없다는 주장에 해당하니까. 그런데 양자물리의 예측은 여태 틀린 적이 없기 때문에, 말도 안 된다는 이유로 단순히 무시해버릴 수 없다는 게 딜레마이다.

중첩된 상태와 확실히 구별하기 위해, 측정 후 나타날 수 있는 상태들을 '고유상태'라고 부른다. 이 정의로 정확히 표현하자면, 중첩된 상태란 고유상태들이 중첩된 상태이다. 중첩된 상태를 측정하면 고유상태 중 하나로 붕괴하므로 양자 세계의 물체들은 고유상태에 있거나 중첩상태에 있다. 돌멩이가 왼쪽 고유상태와 오른쪽 고유상태로 중첩되어 있거나, 수소 원자가 에너지 바닥인 고유상태와 바로 위 에너지를 가진 고유상태로 중첩되어 있을 수 있다. 양자 세계의 피아노로 친 으뜸화음은 도·미·솔이라는 세 개의 고유상태들이 중첩된 상태인 것이다. 물론 돌멩이는 중첩되지 않은 채 왼쪽 고유상태에 있을 수도 있고, 수소 원자는 에너지가 바닥인 고유상태에 있을 수 있으며, 양자 세계의 피아노로는 '미' 음만 칠 수도 있다.

중첩된 상태를 측정하면 여러 고유상태 가운데 어떤 고유상태가 측정되는 것일까? 예를 들어 양자 세계의 피아노로 으뜸화음을 치면 도·미·솔 중에서 어느 음이 들리게 되는 것일까? 양자물리의 기본 가설에 따르면, 어떤 음이 들릴지는 완전히 무작위로 정해진다. 다만 그 확률이 음마다 다를 수는 있는데, 세게 친 음, 즉 음파의 진폭이 큰 음이 들릴 확률이 더 높다. 그러므로 양자 세계의 피아노로 으뜸화음을 반복해서 친다면 매번 다른 음이 들릴 것이다. 솔·솔·미·도·솔…… 이런 식으로 말이다. 원자가 에너지 바닥 상태와 들뜬 상태의 중첩상태에 있을 때 측정하면 둘 중에 어느 상태로 붕괴되어 측정될지는 완전히 무작위로 정해진다. 어느 상태가 더 높은 확률로 측정될지는 처음 준비 과정에 달렸다. 오른쪽에 있는 상태와 왼쪽에 있는 상태가 중첩된 돌멩이는 측정시 붕괴되어 왼쪽 혹은 오른쪽, 둘 중 한쪽에만 나타난다. 왼쪽이나 오른쪽에서 나타날 확률은 내가 "무궁화꽃이 피었습니다"라고 말하고 있을 때 돌멩이가 준비되는 과정에 달려 있다. 이와 비슷하게 여러 개의 물질파가 중첩되어 있으면 각 고유상태에 해당하는 물질파의 진폭의 제곱에 비례해서 측정될 확률이 정해진다는 것이 바로 양자물리의 기본 가정이다.

측정된 상태를 다시 한번 측정하면 어떻게 될까? 첫 번째 측정시 중첩되어 있던 상태는 붕괴되어 하나의 고유상태로만 남아 더 이상 중첩된 상태가 아니므로, 두 번째로 측정하면 100% 확률로 다시 같은 상태가 측정되어야 한다. 에너지가 바닥 상태로 측정된 원자를 다시 측정하면 또다시 바닥 상태가 나타난다는 뜻이다. 바닥 상태로 측정된 원자가 두 번째 측정에서는 들뜬 상태로 나온다면, 에너지 보존 법칙에 위배되므로 그사이 누군가가 에너지를 공급해 주었다는 이야기가 된다. 오른쪽에 돌멩이가 놓여 있는 걸 보고 뒤돌아서서 "무궁화 꽃이 피었습니다"를 외친 후 다시 뒤돌아보면, 역시 누가 몰래 옮겨놓지 않은 한 오른쪽에 그대로 놓여 있어야 한다. 에너지를 공급하거나 몰래 옮겨놓거나, 이런 식으로 측정 대상을 건드리지 않는 한 처음과 같은 물체의 상태가 측정되어야 한다. 당연한 이야기를 너무 진지하게 하는 것 같다.

양자물리의 기본 체계와 양자 피아노

지금까지 설명한 양자물리의 체계는 닐스 보어와 베르너 하이젠베르크Werner Heisenberg가 정립한 것으로서, 그들이 같이 연구했던 닐스 보어 연구소의 소재지를 따서 '코펜하겐 해석'이라고 불린다. 지금은 정설로 굳어진 이 체계는 처음에는 가설로 머물다가 1927년 벨기에 솔베이에서 열린 제5차 세계물리학회에서 당시 가장 저명한 대가 30여 명이 논의를 거쳐 양자물리의 기본 틀로 인정한 것이다. 양자물리의 기본 체계를 요약하자면 다음과 같다.

1. 삼라만상은 입자이면서 파동이다.
2. 물체는 중첩상태 혹은 고유상태에 있다.
3. 중첩된 상태를 측정하면 하나의 고유상태만 남고, 나머지는 모두 붕괴되어 사라진다. 즉, 측정 행위는 상태를 변화시킨다.
4. 어느 고유상태가 남는지는 무작위로 결정된다.
5. 한 고유상태가 측정될 확률은 물질파의 진폭의 제곱에 비례한다.

이를 양자 세계의 피아노로 연주된 으뜸화음을 듣는 과정에 빗대어 다시 한번 정리해보자. 양자 세계에서 도·미·솔이라는 세 음이 중첩된 상태가 연주되면 그중에 한 음만 들리며, 그 음이 들리는 동시에 나머지 두 음은 붕괴되어 사라진다. 어느 소리가 들릴지는

양자 세계에서 피아노로 으뜸화음을 반복해서 치면 '미·미·미·도~'라는 선율과 함께 운명의 신이 내 방문을 노크하는 것처럼 들릴 수 있다. 그림에서 피아노를 연주하는 사람은 하이젠베르크, 선율을 듣는 사람은 보어이다. 하이젠베르크는 피아노 연주 실력이 수준급이었다고 한다.

무작위라서 미리 알 수가 없다. 다만 강하게 칠수록 들릴 확률이 더 높아진다. 한 음이 들린 후 잠시 귀를 막았다가 다시 들어봐도 같은 음만 들린다. 이미 첫 번째 측정에서 나머지 두 음은 붕괴되어 사라졌기 때문이다.

평행우주론

물론 이런 괴상하고 비합리적으로 보이는 해석에 불편해했던 물리학자들이 있었다. 그들은 실험으로 증명된 입자의 파동성에는 아무런 이의가 없었지만, '측정시 붕괴'와 '확률적인 결과'라는 괴상한 해석에는 거부감을 표했다. 확률적 해석을 싫어한 대표 주자 아인슈타인은 여러 각도에서 그 해석의 모순점을 지적하려 했다. 측정시 붕괴라는 해석을 피해보려는 시도도 여럿 있었는데, 이 중에서 '다세계 해석' 혹은 '평행우주론'이라고도 불리는 가설이 가장 유명하다. 이 가설에 따르면, 우리가 측정할 때 중첩된 상태들 가운데 하나만 빼고 모두 붕괴되어 없어지는 것이 아니라, 중첩을 이루는 모든 고유상태들이 각기 다른 세상으로 전개되어나가며 우리가 사는 세상은 그중 하나일 뿐이다. 즉, 의자가 이곳과 저곳의 중첩상태로 이루어져 있었는데 우리가 측정하니 이곳에서 나타났다면, 의자가 저곳에 있는 또 다른 세상이 존재하고 있다는 것이다. 만일 세 개의 상태가 중첩되어 있었다면, 측정 후 세 개의 세계로 갈라지고 그중 하나가 우리의 세계이다. 갈라진 세상은 우리가 절대 경험할 수 없으며, 우리의 우주와 따로 제 갈 길을 가고 있는 평행한 우주이다.

이 주장은 썩 만족스럽지는 않다. 측정할 때마다 붕괴가 일어나 우리가 있는 세계와 다른 새로운 세계가 자꾸 생겨난다면 도대체 얼마나 많은 세상이 갈라져나간다는 것일까? 우리는 하루 종일 뭔가를 보고 있으며 보고 있다는 것은 관측을 하고 있다는 이야기이므로, 이 주장에 따르면 하루 종일 새로운 세상이 생겨나서 갈라지고 있다. 더구나 나만 관측하고 있는 게 아니라 다른 모든 사람들, 모든 생명체가 관측하고 있으니, 갈라지는 세상은 얼마나 많으며 그 세상들은 다 어디에 있는 것이란 말인가?

그러나 우리가 경험하지 못하는 수없이 많은 세상이 우리의 세상과 평행하게 제 길을 가고 있다는 생각은, 예술가들에게 매력적으로 보였는지 많은 소설과 영화에 등장했다. 실제로는 가지 않은 다른 길로 갔다면 나는 어떻게 되었을까, 하는 상상을 과학에서 뒷받침해주니 매력적인 소재로 보였을 것이다. 예를 들어 조선시대 말에 우리와 다른 세상이 하나 갈라져 평행하게 진행되고 있다면, 그 세상에서는 우리나라가 일제에 먹히지 않았고 따라서 조선왕조가 없어지지도 않았으며 남북이 갈라지는 일도 없었으므로 분단되지 않은 대한제국을 황제가 통치하고 있을지 모른다. 이런 생각들을 소재로 한 드라마나 영화에서는 우리의 세상과 또 다른 세상 사이를 왔다 갔다 하면서 흥미로운 상황을 만들어내는데, 물론 실제로 그런 일은 불가능하다.

슈뢰딩거의 고양이

사실 양자 세계의 중첩과 그와 관련된 해석에 불편해한 것은 슈뢰딩거 방정식을 만든 슈뢰딩거 본인도 마찬가지였다. 슈뢰딩거는 고양이가 죽어 있는 상태와 살아 있는 상태가 중첩된 상황을 제안했는데, 이것은 그냥 아무렇게나 지어낸 말이 아니다. 양자물리 법칙으로 우리가 겪게 될 철학적 혼란에 주의를 환기시키기 위해 직접 만든 사고실험이었다. 여기에 나오는 주인공 고양이를 '슈뢰딩거의 고양이'라고 부른다.

그림의 상자 안에는 방사능 물질과 방사능 측정 장비, 독약 병, 그리고 고양이가 같이 들어 있다. 방사능 물질이 붕괴하면 방사선이 나오고 방사능 측정 장비가 작동하면서 망치가 독약 병을 깨도록 설계되어 있다. 독약 병이 깨지면 독가스가 나오는데, 이를 마신 고양이는 사망한다. 방사능 물질은 반감기가 지날 때마다 2분의 1의 확률로 붕괴하면서 방사선을 내보낸다. 즉 반감기가 지나고 나서 방사능 물질의 상태를 측정해보면, '붕괴되지 않은 상태'로 측정될 확률이 2분의 1이고 '붕괴된 상태'로 측정될 확률이 2분의 1이다. 이런 상황은 양자물리적으로 '붕괴되지 않은 상태'와 '붕괴된 상태'의 중첩에 해당한다. 방사능 물질이 붕괴되지 않았다면 고양이는 살아 있을 것이고, 붕괴되었다면 죽어 있을 것이다. 이렇게 방사능 물질의 붕괴 여부와 고양이의 생사 여부라는 두 사건은 필연적으로 연결되어 있으므로, 방사능 물질이 붕괴되지 않은 상태는 고양이가

슈뢰딩거의 고양이. 고양이가 살아 있는 상태와 죽어 있는 상태가 중첩되어 있다니, 이게 무슨 말이나 되는 소리인가?

살아 있는 상태와 동등한 표현이고, 방사능 물질이 붕괴된 상태는 고양이가 죽은 상태와 동등한 표현이다. 그러므로 방사능 물질의 상태를 붕괴되지 않은 상태와 붕괴된 상태의 중첩으로 표현할 수 있다면, 고양이의 상태도 살아 있는 상태와 죽어 있는 상태의 중첩으로 표현할 수 있어야 맞다. 고양이의 상태가 중첩되어 있다니, 이 상황을 도대체 어떻게 이해해야 할까? 양자물리의 원칙을 우리가 사는 거시세계까지 확장해 적용하면 이런 이상한 일이 생기는 것이다.

고양이가 어떤 상태인지 알아보기 위해 상자의 뚜껑을 열어보면, 고양이의 상태는 물론 살아 있거나 죽어 있거나 둘 중 하나일 것이다. 우리가 열어본 후에는 이미 상태가 결정되어 있지만 열어보기 전에는 중첩되어 있어야 한다. 중첩된 상태가 관측시 붕괴된다면, 내가 상자를 열어보는 대신 친구가 몰래 열어본 후에 다시 닫아놓았을 경우에는 고양이의 상태를 어떻게 기술해야 할까? 반드시 내가 관측해야만 상태가 붕괴되는 것은 아닐 터다. 열어보는 행위에 뭔가 수상한 과정이 숨겨져 있다는 느낌이 든다면, 이건 어떨까? 내가 들어가기는 싫으니 친구를 상자에 같이 넣어서 고양이의 상태를 관측하게 하는 것이다. 그런데 위험하게 친구를 넣지 않아도, 고양이 역시 눈이 있으니 고양이도 직접 관측을 할 수 있지 않은가? 혹은 눈먼 고양이를 상자에 넣었다 해도 자기가 살았는지 죽었는지는 알 것 아닌가? 그러면 고양이의 상태는 무엇일까? 뭐 이런 식으로 이상한 이야기를 끝도 없이 늘어놓을 수 있다. 이것은 모두 관측 전 중첩상태가 관측시 붕괴되어 하나의 고유상태만 나타난다는 괴상한 코펜하겐 해석 때문이다. 결국 논란의 핵심, 즉 우리가 이해하지 못하는 양자물리의 핵심은 물질파의 중첩으로 귀결된다.

• 물리학자들이 사는 세상 •

임팩트 팩터

슈뢰딩거의 묘비에는 슈뢰딩거의 방정식이 쓰여 있다. (ⓒ Wikipedia)

루트비히 볼츠만의 묘비에는 달랑 엔트로피 식 하나만 적혀 있다고 한다. 본관부터 시작해서 이력이 하나 가득 주저리주저리 적혀 있는 우리나라의 천편일률적인 비석들에 비하면 얼마나 쿨한가! 하기는 우리도 쿨하기 싫어서 주저리주저리 적어놓는 것은 아니다. 엔트로피 식은 볼츠만이나 묘비에 쓸 자격이 있는 것이지, 우리 같은 사람이 생애에 슈뢰딩거 방정식을 좋아했다고 해서 묘비에 쓴다면 지나가는 개도 비웃을 것이다. 우리 시대의 한국 과학자가 볼츠만과 슈뢰딩거의 묘비명을 본 따 묘비에 자신의 인생을 압축하는 표현을 하나 쓴다면, 그

것은 피인용지수라고 점잖게 번역되는 '임팩트 팩터'이다.

과학자들은 고수와 하수를 어떻게 가릴까? 신임 교원을 뽑을 때 가장 실력 있는 사람을 뽑아야 하는데 어떻게 우열을 가릴 수 있을까? 가장 객관적인 방법은 그 사람이 평생 출간한 논문들의 수준을 살펴보는 것이다. 그런데 똑같이 물리학을 연구한다고 해도 전공 분야가 다양하기 때문에, 다른 전공의 논문은 보아도 내용을 이해하기 어렵고 또 그 논문이 해당 분야에서 얼마나 가치 있는 것인지 모른다. 그래서 보통 비슷한 분야의 전문가에게 평가를 부탁하게 된다. 학술지에 논문을 투고했을 때 동일 분야 전문가에게 심사를 맡기는 것과 유사하다. 이것은 시간과 돈이 드는 일인데, 과학 선진국에서 많이 쓰는 방법이다. 우리나라에서는 동일 분야에 전문가가 많지 않아서 평가해줄 사람을 찾기 어렵다. 또 서로 다 아는 사이인 경우가 많아서 공정한 평가를 하려면 무척 신경 써야 한다.

논문 집필은 무에서 유를 창조하듯이 아무것도 없는 데에서 혼자 갑자기 '뿅' 하고 연구 결과를 내는 작업이 아니다. 남들이 앞서 개척해놓은 지식의 최전선을 모두 공부한 후에 아직까지 발견되지 않은 새로운 사실을 밝혀내는 작업이다. 이 과정을 생략해버리면, 남들이 컬러 TV를 보고 있는데 혼자 산속에 들어가 열심히 연구해서 흑백 TV를 발명해오는 일이 발생한다. 한편 새로운 발견을 논문으로 발표할 때는 자신이 공부하고 참고한 내용을 논문 뒤에 인용 문헌으로 반드시 밝혀놓는다. 좋은 논문이라면 남들이 인용을 많이 해줄 것이므로, 인용된 횟수를 세어보면 논문의 가치를 얼추 알 수 있다. 그래서 논문의 피인용 횟수를 평가자 평가와 함께 평가지표로 많이 사용한다.

객관성 있는 평가지표로 가장 많이 쓰고 있는 것은 게재된 학술지의 피인용지수이다. 학술지의 피인용지수는 그 학술지에 게재된 논문들이 평균 몇 번 인용되느냐를 나타내는 수치이다. 그러므로 피인용지수가 높으면 해당 학술지에 게재된 논문들의 평균 인용 횟수가 높다는 뜻이기 때문에, 그 학술지는 좋은 논문들이 많이 실리는 좋은 학술지이며 거기에 실린 자신의 논문도 그만큼 수준이 높다는 방증이 된다. 이 수치를 사용하면 평가가 이상하네 마네 싸울 일이 없어지기 때문에 현재 우리나라에서 많이 사용되고 있다. 아니, 너무 남용되고 있다.

이제 연구 업적은 피인용지수라는 수치 하나로 대변되고, 피인용지수는 인사고과와 연구비 신청과 수상 등 각종 평가에서 반드시 기재되는 숫자가 되었다. 이 나라의 연구자들이 죽고 나서 묘비에 평생의 업적을 한마디로 요약한다면 자신의 피인용지수를 새겨넣게 된 것이다. 이 수치로 연구자들의 서열이 정해지고, 연구자들이 스트레스를 받아 자살하는 일도 생겼다. 피인용지수 때문에 스트레스를 받는 것이 우리나라만은 아니다. 해외에서도 부작용이 많아서 과학 연구 부정행위가 여럿 발생했다. 독일과 미국 과학자들이 피인용지수 때문에 데이터를 조작하려는 경향이 더 짙어진다는 보고도 있다. 선 세계에서 이 수치에 가장 집착하는 나라는 중국이다. 중국은 인구가 많아서 평가해줄 전문가들도 많을 텐데, 왜 그러는 것일까? 2007년에는 한 유럽 학술지가 2005년부터 2006년까지 그 학술지에 실렸던 모든 논문들을 인용하는 사설을 하나 실었더니, 0.66이었던 피인용지수가 당장 1.44로 뛰어올랐다. 이 학술지는 꼼수를 쓰려고 이렇게 한 것이 아니라, 피인용지수의 오남용에 대한 항의로 이런 일을 벌였다고 한다. 어쩔 수 없다. 이런 전환기를 한 번쯤은 거치지 않을 수 없으니, 때를 기다리는 제갈공명의 지혜를 배우는 수밖에.

토머스 제퍼슨Thomas Jefferson은 생애에 훌륭한 업적을 남겼기에 멋있는 묘비명을 남긴 것일까, 아니면 멋있는 묘비명을 남길 인격이 있었기에 훌륭한 업적을 남겼던 것일까? 그의 무덤에는 자신의 요청으로 “미국 독립선언문의 작성자이며, 버지니아 대학의 창설자”라는 글이 새겨졌다고 한다. 이 묘비명이 유명해진 이유는 제퍼슨이 미국의 3대 대통령이었는데도 이 사실이 언급되지 않았기 때문이다. 제퍼슨은 미국이 그에게 준 것이 아니라 그가 미국을 위해 한 일로 자신이 기억되기를 바랐다는 것이다.

5장

불확정성 원리

양자 세계의 비결정성

미래는 알 수 없다. 물리학을 사용하면 현재의 상태로 미래를 예측할 수 있긴 하지만, 그 현재의 상태를 정확히 알 수 없기 때문이다. 카오스 이론도 비슷한 이야기를 내놓는다. 카오스 이론의 상징인 나비효과는 중국 북경에서 나비가 날개를 펄럭이면 미국 뉴욕에 허리케인이 불 수 있다는 것이다. 보통은 무시해버리거나 구분할 수 없을 정도로 작은 초기 조건의 차이가 기후에 큰 영향을 미치기 때문에 기후를 예측할 수 없다는 것이 나비효과의 의미이다. 그러나 만약 우리가 전 지구상 모든 나비의 운동을 관찰할 정도로 충분히 주의를 기울일 수 있다면 뉴욕의 허리케인을 예측할 수 있다. 그러므로 카오스 이론에서 말하는 미래의 불확실성은 우리가 지닌 측정 능력의 불완전성에 기인하는 것이다.

그런데 양자물리에 따르면, 측정 능력이 완전하다고 해도 여전히 미래는 알 수 없다. 양자물리에서 말하는 미래의 불확실성은 현재의 중첩상태를 측정했을 때 어떤 고유상태가 나타날지 알 수 없다는 '비결정성'에 기인한다. 측정 능력이 완전해도 어떤 고유상태가 초기 조건으로 나타날지를 확률적으로만 알 수 있을 뿐이므로 미래도 확률적으로 예측할 수 있을 뿐이다. 따라서 우리의 미래는, 그렇지 않아도 카오스적 효과로 불확실한데 거기에 미시적인 양자물리 효과까지 얹혀 더욱 불확실해진 셈이다.

아인슈타인이 양자물리의 측정에 대한 확률적 해석을 싫어했다는 사실은 "나는 신이 주사위 놀이를 하고 있다고 생각하지 않는다"라는 유명한 말에 잘 표현되어 있다. 주사위를 던지면 결과가 무작위로 나오며, 오직 어떤 숫자가 나올 확률만 예측할 수 있을 뿐이다. 아인슈타인이 여기저기에서 이런 이야기를 하고 다니니까 보어가 "신에게 이래라 저래라 하지 마시오"라고 대꾸했다고 한다. 물론 아인슈타인이 양자물리의 측정 과정에 대한 괴상한 해석을 한 번만 공격한 것은 아니다. 측정을 하면 상태가 변화하는데, 이때 꼭 내가 측정을 해야만 상태가 변화하는 것은 아닐 터다. 내 친구가 해도 되고, 심지어 고양이가 해도 된다. 이런 상황을 비꼬며 아인슈타인은 이렇게 말했다고 한다. "나는 고양이가 쳐다본다고 해서 달의 상태가 변한다는 사실을 믿을 수 없다."

사실, 고양이뿐 아니라 어느 누가 쳐다보아도 달의 상태가 달라진다는 양자론의 주장은 기본적으로 물리학자라면 받아들이기 어렵다. 물리학자라면 누구나 아인슈타인의 말처럼 '외부 세상이 관찰자의 인식과 무관하게 존재한다는 믿음은 모든 자연과학의 기본'이라고 생각하기 때문이다. 자연은 내가 관측을 하건 말건 나의 행위와 무관하게 객관적인 상태로 존재해야 연구할 가치가 있다고 느껴진다. 또 내가 측정을 하느냐 혹은 다른 사람이 측정을 하느냐에 따라 측정 결과가 달라진다면 사람마다 인식하는 진실도 달라지므로, 그렇게 주관적인 진실은 평생을 바쳐 연구해볼 절대적인 가치가 있다고 생각되지 않는다.

아인슈타인의 말을 듣고 보어는 이렇게 반박했다고 한다. "아인슈타인 덕분에 우리 물리학자들은 시간과 공간이 절대적이지 않고 관찰자의 운동에 대해 상대적이라는 점을 알게 됐다. 우리는 이런 사고방식을 양자론에서 한 걸음 더 나아간 것뿐이다. 자기 자신의 생각을 자연스럽게 확장했을 뿐인데, 아인슈타인은 왜 그렇게 받아들이기 힘들어하는가?" 상대론에 따르면 관측자가 관찰하는 물체의 상태는 물체와 관측자의 상대적인 속도에 따라 달라진다. 그래서 상대론이 '상대'론이라고 불리는 것이다. 보어의 말에 아인슈타인은 "훌륭한 농담도 반복하면 재미없다"라고 응수했다고 한다.

트럼프 카드 하나를 뽑아서 뒷면이 보이도록 엎어놓았다고 하자. 이 카드를 뒤집어보면 검은색 혹은 빨간색이 나올 것이다. 같은 행위를 반복하면 어떤 때는 검은색이 나오고 어떤 때는 빨간색이 나오며, 시행을 많이 반복할수록 각 색이 나올 확률은 50%에 가까워진다. 이 카드가 만약 빨간색과 검은색 상태가 동일한 정도로 중첩된 상태, 즉 일대일 중첩상태에 있다면 카드를 뒤집어서 측정했을 때 똑같은 결과가 나올 것이다. 즉, 빨간색이나 검은색이 모두 50%의 확률로 나오게 된다. 그러면 보지 않고 덮어놓은 카드의 상태가 검은색 카드와 빨간색 카드가 일대일 중첩상태로 있는 것과 정확히 같은 상황이라고 말할 수 있을까? 양자물리에 관한 이야기를 이 책에서 처음 들었는데 질문에 답할 수 있다면 정말 훌륭한 독자이다. 양자론자들의 답은 '아니다'이다. 왜 그럴까? 두 경우의 차이는 무엇일까? 실제 카드를 한 장 뽑아 엎어놓았을 때, 우리는 그 카드가 어떤 색인지 몰라도 사실 색은 이미 결정되어 있다. 다시 말해서 카드의 색을 모르는 것은 우리의 무지 때문이며 자연은 이미 결정되어 있다. 반면 상태가 중첩되어 있을 때는 결정되어 있는 것이 아무것도 없으며, 이러한 비결정성은 자연의 속성이지 우리의 무지와 무관하다는 것이 양자론자들의 입장이다.

숨은 변수 이론

양자론의 비결정성을 싫어해서 반대 입장을 취한 물리학자들도 있다. 뒷면이 보이게 엎어져 있는 카드처럼 자연은 이미 결정되어 있으나 우리가 무지해서 모르고 있다는 관점으로 세상을 기술하고 싶은 물리학자들이다. 그들은 자연계에 우리가 알지 못하지만 관측 대상의 성질을 완전하게 규정하는 보이지 않는 변수가 있다고 주장하는데, 이 주장을 '숨은 변수 이론'이라고 부른다. 대표적인 예로 기체의 상태를 기술하는 숨은 변수가 있다. 기체의 상태는 압력과 부피와 온도 등으로 기술하는데, 기체를 이루는 각 분자들의 속력이 압력과 온도를 완전하게 결정하지만 우리는 수없이 많은 기체 분자의 속력을 하나하나 모두 알지는 못한다. 그러므로 분자들의 속력은 기체계系의 숨은 변수라고 할 수 있다. 물리에서 확률적으로 결과를 예측하는 경우가 둘 있는데, 하나는 양자물리이고 다른 하나는 열물리이다. 우리가 관측하는 열 현상은 관측 대상을 구성하는 입자 하나하나의 성질을 모두 모아 통계적으로 평균을 내는 방식으로 매우 잘 설명된다. 이러한 성공은 물리학자들로 하여금 양자물리의 확률적 성질도 열물리에서처럼 숨은 변수에 기인한다고 생각하게 했다. 그래서 숨은 변수의 대표적 예도 열물리에서 고정 메뉴로 다루는 기체에서 가져오게 된 것이다.

숨은 변수들은 고전적인 물리 법칙에 따라 변화해서 미래 값이 완전히 결정되어 있으므로, 양자물리의 비결정성은 물리계에 숨어 있는 하부구조에 대한 지식 부족에서 비롯된다는 것이 숨은 변수 이론 지지자들의 생각이다. 겉으로는 똑같아 보이는 계들도 하나 또는 그 이상의 숨은 변수들로 모두 구분되며, 계들을 측정했을 때 나오는 값 또한 숨은 변수들이 결정한다. 그러므로 숨은 변수 이론에 따르면, 숨은 변수까지 포함해서 계를 기술하지 못하는 양자물리 이론은 불완전하다. 그래서 양자물리를 대체할 숨은 변수 이론 체계를 개발한 물리학자들도 있다. 그러나 이 이론들은 양자물리를 대체할 수는 있지만 훨씬 더 복잡하다. 물리학자들은 복잡한 것은 진실에서 멀다고 믿기 때문에, 오늘날에는 이 책이 설명하는 양자물리 이론이 정설로 정립되어 있다.

불확정성 원리

측정하기 전에는 그 결과를 확률적으로만 알 수 있다는 양자 세계의 비결정성 때문에 미래를 예측할 수 없다면, 측정이 끝난 결과를 초기 조건으로 잡으면 미래를 명확히 예측할 수 있지 않을까? 즉, 측정한 직후부터는 미래를 확실하게 알 수 있는 건 아닐까? 그렇지도 않다. 입자는 파동이라는 양자물리의 기본 가설에서 필연적으로 따라나오는 특성, 소위 '불확정성 원리' 때문이다. 이것은 자연계의 가장 밑바닥에 깔려 있는 양자 세계의 특성으로서, 1927년에 하이젠베르크가 발견했다. 불확정성 원리가 출현한 뒤 종교, 철학 등에서 예정조화설 같은 결정론이나 비결정론이 모두 큰 영향을 받았다고 한다. 이제 그 유명한 불확정성 원리가 입자는 파동이라는 양자물리의 기본 가설과 어떻게 연결되는지 살펴보기로 하자.

우선 파장이 조금 다른 두 개의 소리 파동이 합쳐지는 경우를 생각해보자. 자연계에서 가장 흔하게 나타나는 기본 파형은 사인파라고 불리는 것이다. 이 파형은 아래 그림에서 (가)와 (나)처럼 생겼는데, 삼각함수의 한 종류인 사인함수를 그리면 나타나는 모양이다. 이 사인파를 소리로 들어보면 매우 맑고 건조한 소리가 난다. (다)는 파장이 조금 다른 두 사인파 (가)와 (나)가 일직선상에서 합쳐진 모습이다. 합쳐진 파동의 파장은 두 파동의 파장의 평균이 되고, 진폭은 위치에 따라 그림과 같이 두 배 커진 곳도 있고 0이 되는 곳도 있다. 파장이 조금 다르다 보니, 위치에 따라 보강간섭과 상쇄간섭이 되는 곳이 주기적으로 생기는 것이다. 이렇게 생긴 소리 파동은 진폭이 커졌다 작아졌다 하므로, 들어보면 주기적으로 '웡~ 웡~' 하는 소리가 들린다. 이 현상을 '맥놀이'라고 부른다.

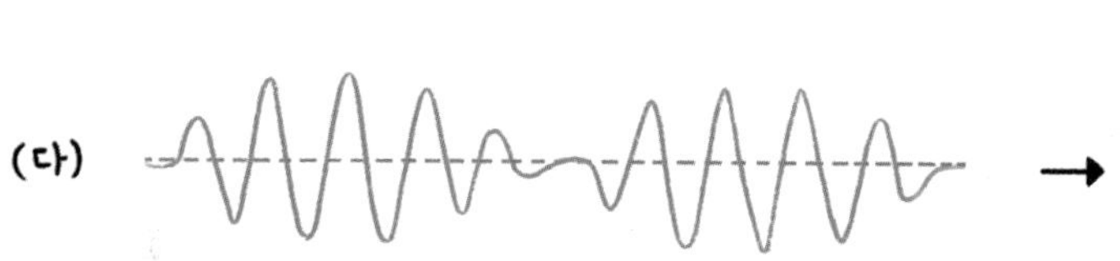

파장이 조금 다른 (가)와 (나)를 합치면 (다) 같은 모습이 된다. (다)와 같이 주기적으로 진폭이 커졌다가 작아졌다가 하는 파동을 맥놀이 파동이라 한다.

기타 줄을 조율할 때 요즘은 자동차 열쇠만 한 크기의 튜닝기를 사용한다. 튜닝기가 없으면 핸드폰 튜닝 앱을 써도 된다. 튜닝기가 없었던 시절에는, 기본으로 '라' 음을 내는 조율피리를 사용하여 기타의 5번 줄을 맞추고 나머지 줄은 5번 줄을 기준으로 맞추었다. 이때 나머지 줄을 정확히 조율하려면 맥놀이를 사용하면 된다. 알다시피 기타는 한 줄에서 한 음만 나지는 않는데, 프렛을 짚으면 더 높은 소리가 난다. 6번 줄도 5번 줄과 같은 '라' 음을 내도록 프렛을 짚고 두 줄을 동시에 쳐보면 '윙~ 윙~' 하고 일정한 주기로 소리가 커졌다 작아졌다 하면서 맥놀이가 들린다. 이 주기가 길수록 두 음의 주파수가 비슷한 것이며, 더 이상 맥놀이가 들리지 않을 때까지 6번 줄을 조절하면 조율이 끝난다. 이런 식으로 나머지 줄도 근처 줄과의 맥놀이를 이용해서 모두 조율할 수 있다.

이제 물질파 이야기로 다시 돌아와서, 다음 쪽의 그림 (가)와 같은 상자 속 입자 하나의 위치를 표현하는 파동을 생각해보자. 이 파동은 입자가 있는 위치에 있어야 할 것이므로 그림에서 (나)와 같이 공간에 국한되어 있는 모습이 예상된다. 즉, 입자가 있는 곳은 파동의 진폭이 있고, 입자가 없는 공간은 파동 또한 없어야 하므로 진폭이 0이어야 할 것이다. 이렇게 공간에 국한되어 있는 형태의 파동을 '파동꾸러미'라고 부르기로 하자.

물질파도 파동이므로 두 개의 사인파를 더해서 맥놀이 형태의 파형을 만들어낼 수 있다. 또 그림 (다)처럼 많은 사인파를 더해 물질파의 파동꾸러미를 만들 수도 있다. 이렇게 어떤 모양의 파형이라

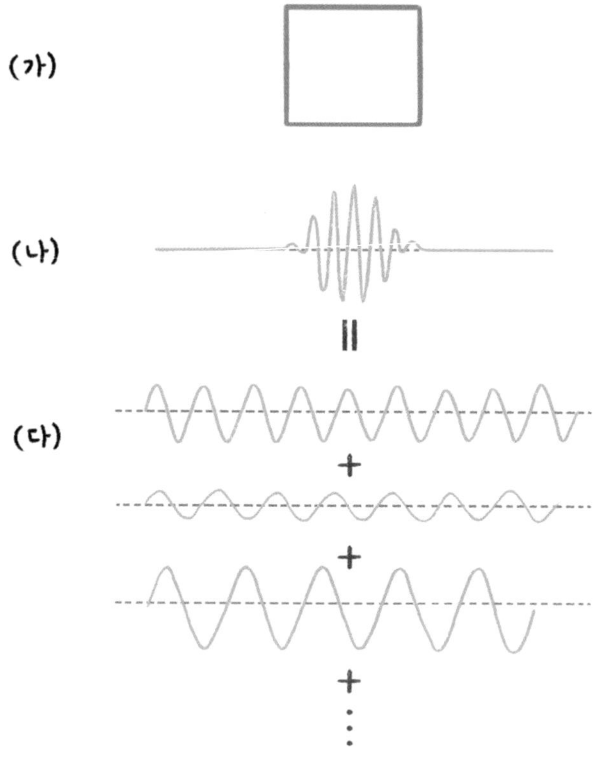

(가) 입자가 갇힌 상자. (나) 파동꾸러미. (다) 파동꾸러미를 구성하는 사인파들.

도 파장이 다른 사인파들을 합해서 만들어낼 수 있다는 사실은 푸리에변환이라는 수학식이 보증한다. 앞서 살펴본 맥놀이 파동 그림에서 맥놀이형 물질파 (다)의 파장을 측정하면, 이 물질파를 구성하는 두 개의 사인파 (가), (나)의 파장 중에서 하나가 측정된다. 둘 중 어느 것이 측정될지 모르므로 이 물질파의 파장은 다소 불확실하다. 마찬가지로 파동꾸러미 물질파의 파장을 측정하면 많은 사인파의 파장 중에서 하나가 측정될 것이다. 이 경우도 어느 것이 측정될지 모르므로 물질파의 파장은 불확실하며, 맥놀이형 물질파보다 나올 수 있는 값의 가짓수가 더 많으므로 파장의 불확실성이 더 크다.

이제 물질파에서 입자가 존재하는 공간의 범위와 파장의 관계에 주목해보자. 하나의 완전한 사인파형 물질파는 파장이 명확하며 공간에 한없이 퍼져 있다. 이런 물질파는 우주 공간 어디서나 파동의 진폭이 일정하므로 어디에서도 발견될 확률이 같으며, 이것은 다시 말해서 이 입자가 어디 있는지 전혀 알 수 없다는 뜻이다. 그러므로 이런 물질파의 파장에는 불확실성이 없는 반면, 위치의 불확실성은 무한대이다. 이와 달리 파동꾸러미 물질파는 공간적으로 매우 작은 범위에 국한되어 있어 입자 위치의 불확실성이 매우 작은 반면, 구성하는 사인파가 많으므로 파장의 불확실성은 꽤 크다. 맥놀이형 물질파의 경우는 그 중간이다. 파장이 둘 중 하나이므로 파장의 불확실성은 작지만 약간은 있다. 맥놀이 파동은 진폭이 0인 지점이 주기적으로 반복되는데, 진폭이 0인 지점은 입자가 존재하지 않는 곳이므로 입자가 존재하는 공간이 다소 제한되는 셈이다.

즉, 위치의 불확실성이 단 한 개의 사인파보다는 약간 작다. 자, 이 세 가지 경우(사인파형, 파동꾸러미형, 맥놀이형)를 비교하면 어떤 결론에 이를 수 있는가? 위치의 불확실성이 크면 파장의 불확실성이 작고, 위치의 불확실성이 작으면 파장의 불확실성이 크다. 물리학자들이 찾아낸 위치와 파장의 불확실성 사이의 관계는 결국 둘의 곱이 항상 일정 값 이상이어야 한다는 것이었다.

입자의 상태를 규정하는 가장 대표적인 두 가지 속성은 에너지와 운동량이며, 파동의 경우에는 파장과 주파수이다. 파장이란 주기적으로 같은 모양이 반복되는 파동에서 한 주기의 공간상 길이고, 주파수는 1초에 같은 모양이 몇 번이나 반복되는지를 나타낸다. 입자가 파동이고 파동이 입자라면, 에너지와 운동량은 파장과 주파수와 어떻게든 관계가 있어야 한다. 그런데 그 관계란 것이, 알고 보니 너무나 단순해서 감동스러울 지경이었다. 사인파의 주파수는 해당 입자의 에너지에 비례하고 파장은 운동량에 반비례했던 것이다. 더구나 비례상수도 같았다. 바로 이 간단한 주장으로 드브로이가 노벨상을 받았던 것이다. 100년 전에 태어나지 못한 것이 한스럽지 않은가?

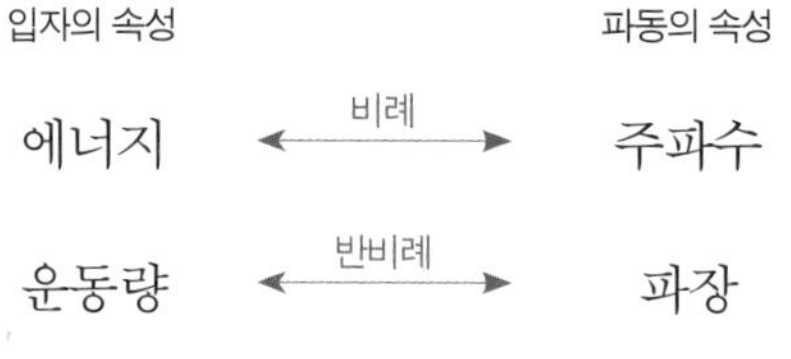

여기에서 주목하고 싶은 점은 물질파의 파장이 주어지면 해당 입자의 운동량도 결정된다는 것이다. 따라서 물질파의 파장에 불확실성이 있으면 운동량에도 파장과 같은 만큼의 불확실성이 있게 된다. 그렇다면 위에서 위치와 파장의 불확실성에 대해 얻은 결론을 이렇게 표현할 수 있다.

(위치의 불확실성) × (운동량의 불확실성) ≥ 플랑크 상수

이것이 바로 양자물리에서 말하는 불확정성 원리이다. 위치와 운동량의 불확실성을 곱한 양의 최솟값이 되는 상수는 양자물리의 시조 막스 플랑크를 기념하여 플랑크 상수라고 불린다. 이 상수는 우리가 일상생활에서 하는 측정의 오차와 비교할 수 없을 정도로 작다. 그래서 우리가 사는 세상에서는 불확정성 원리로 인한 제한을 전혀 느낄 수가 없다.

미래를 정확하게 알 수 없는 치명적인 이유가 바로 이 불확정성 원리 때문이다. 그러나 불확정성 원리는 위치와 운동량을 동시에 정확히 알 수 없다는 뜻이지, 하나만 알려고 할 때에도 제한이 있다는 것은 아니다. 위치나 운동량 둘 중 하나는 정확하게 알 수 있다. 하지만 위치를 정확히 알아도 운동량을 모르면 그 입자가 미래에 어디로 가 있을지 알 수 없으며, 반대의 경우도 마찬가지이다. 그렇다면 어떤 물질의 운동량을 먼저 정확하게 측정한 뒤에 위치를 측정하면 어떨까? 그러면 이런 일이 벌어진다. 예를 들어 파동꾸러

미의 운동량을 측정하면 수많은 측정 가능한 값 가운데 하나가 측정될 것이다. 운동량이 결정되었다는 것은 파장이 결정되었다는 뜻이고, 파장이 확실하다는 것은 파동꾸러미를 구성하는 모든 사인파 중에서 그 파장을 가진 사인파를 뺀 나머지 사인파는 모두 붕괴되어 사라졌다는 뜻이다. 해당 파장을 가진 사인파는 운동량은 명확하지만 위치의 불확실성은 무한대이다. 그러므로 물질의 위치를 전혀 알 수가 없으며, 이 상태에서 위치를 측정하면 우주 안의 모든 위치가 다 측정될 수 있다. 운동량과 위치를 둘 다 정확히 알 수 있는 방법은 없다.

지금까지 파동의 중첩을 사용하여 불확정성 원리를 설명했지만, 불확정성 원리는 중첩상태의 확률적 해석과는 무관하다. 중첩상태와 관련하여 비결정론적인 코펜하겐 해석을 따를지 아니면 결정론적인 숨은 변수 이론을 따를지는 선택의 문제일 수 있지만, 불확정성 원리는 실험으로 증명되는 '팩트'이다. 그러므로 미래를 알 수 없다는 것도 '팩트'이다. 입자의 미래를 알려면 현재의 위치와 운동량을 정확히 알아야 하는데, 둘 다 혹은 적어도 둘 중의 하나는 정확히 알 수 없기 때문이다.

닐스 보어

양자물리의 아버지 닐스 보어. (© Wikipedia)

양자물리를 이야기하면 닐스 보어를 빼놓을 수 없다. 보어는 핵 주위에서 전자들이 양자화된 궤도들을 돌고 있다는 원자모형을 고안하여 노벨상을 받았다. 그러나 보어가 양자물리의 아버지라고 불리는 이유는 단순히 노벨상을 받았기 때문만은 아니다. 그는 닐스 보어 연구소를 설립해 많은 물리학자들에게 토론의 장을 만들어주었고, 그들의 멘토가 되어주었으며, 그 결과 하이젠베르크와 함께 현재의 양자물리 체계 '코펜하겐 해석'을 정립했기 때문이다. 1920~30년대에는 거의 모든 물리학자가 새로운 학문인 양자물리에 관심을 가졌는데, 닐스 보어 연구소가 양자물리 연구를 전폭적으로 지원해서 그 당시 난다 긴다 하는 물리학자들은 모두 그 연구소에서 많은 시간을 보냈다고 한다. 대가들이 몇 달이고 묵으면서 서로 자유롭게 토론을 벌일 수 있는 기회는 그리 흔치 않을 것이다.

닐스 보어 연구소는 보어의 모국인 덴마크 정부와 칼스버그 맥주회사의 자금으로 코펜하겐에 설립되었다. 아마도 칼스버그 맥주회사 역사상 가장 잘한 일일 것이다. 우리나라에서도 대기업이 닐스 보어 연구소나 미국의 벨 연구소 같은 기관을 설립한다면 회사의 이미지는 영원히 걱정할 필요가 없을 텐데, 아쉬운 일이다. 칼스버그의 사장은 훌륭한 덴마크 학자가 자신의 저택을 사용하도록 유언을 남겼는데, 보어가 그 사장의 집에서 살았다고 한다. 물론 칼스버그 맥주는 공짜로 원 없이 먹었을 것이다.

제2차 세계대전이 시작되자 덴마크는 곧바로 독일에게 점령당했고, 보어는 영국으로 피신했다. 전쟁이 발발한 후, 하이젠베르크는 독일 핵무기 개발 프로젝트의 책임자가 되었고, 보어는 연합국의 대응 프로그램인 맨해튼 프로젝트에 참여했다. 두 사람은 전쟁 중에 하이젠베르크가 보어를 방문하여 한 번 만났는데, 그때 무슨 이야기를 했는지가 세간의 관심을 끌기도 했다. 다행스럽게도 두 사람 모두 전후에 아무런 처벌도 받지 않았다.

아인슈타인은 보어가 구축한 양자물리 체계에 의문을 제기하고 이를 대체해보려 했는데, 이 과정에서 보어와 여러 차례 논쟁을 벌였다. 물론 그에 대한 보복은 아니었겠지만, 보어도 아인슈타인의 광양자 가설을 싫어해서 이를 대체하는 이론을 개발해보려 노력했다고 한다. 보어는 유머 감각이 뛰어났던 모양인데, 아인슈타인과 여러 차례에 걸쳐 재치 있는 논쟁을 벌인 것으로도 유명하다. 보어의 고향인 덴마크에는 대문 앞에 수탉 모형을 달아놓으면 행운을 가져다준다는 미신이 있었다. 보어의 집 앞에도 수탉 모형이 달려 있었는데, 어떤 사람이 그걸 보고 당신 같은 과학자도 그런 미신을 믿느냐고 묻자 보어는 이렇게 대꾸했다고 한다. "나는 물론 그 미신을 믿지 않지만, 내가 믿건 안 믿건 이 수탉이 행운을 가져다준다는군요."

꾸벅꾸벅 졸다가
세미나가 끝나자
갑자기 정신을 차린
대통령이 물었다.

"그러니까
강 박사님도 양자물리를
알지 못하신다는 겁니까?
30년을 연구했는데도?"

"이해를 못 한다고 했지,
알지 못한다고는
얘기 안 했습니다."

**"그게 다른
말이었습니까?"**

"……."

2부

두 번째 세미나

양자의 암흑시대

6장

얽힘

양자물리는 지난 한 세기 동안 열렬히 응용되어 현대 문명을 완전히 변화시켰으나 그동안 전혀 사용되지 않은 속성이 하나 있었다. 그것은 얽힘이라는 속성으로서, 이 속성을 응용한 기술은 나중에 양자정보기술로 발전하여 양자컴퓨터를 발명하게 해준다. 우리가 지금까지 이야기한 중첩은 입자 한 개가 지닌 상태들의 중첩이었다. 하지만 입자 여러 개의 상태도 중첩될 수 있으며, 이 경우 훨씬 더 다양하고 재미있는 현상들이 벌어진다.

쉽게 설명하기 위해 비유를 들어보자. 한 남자가 춤을 춘다고 하자. 아니, 측정할 수 있는 생명체가 춤을 춘다고 하면 괜히 측정의 문제가 오해를 불러일으켜 상황이 복잡해질 수 있으므로, 남자 모습을 한 로봇이라고 하자. 이 남자 로봇은 단순해서 춤을 출 때 왼발을 앞으로 하고 오른발을 뒤로 하는 자세와, 반대로 오른발을 앞으로 하고 왼발을 뒤로 하는 자세, 이 두 가지 자세 중 하나만 취할 수 있다. 편의상 첫 번째 자세를 1번 자세, 두 번째 자세를 2번 자세라고 부르자. 남자 로봇은 어느 순간 이 두 가지 자세의 양자적 중첩상태에 있을 수 있으며, 그런 중첩상태에 있는 로봇을 측정한다면 1번 자세와 2번 자세 가운데 하나가 측정된다.

이제 남자 로봇에게 여자 파트너가 있어서 그 여자 로봇도 똑같이 두 가지 자세 중 하나를 취하면서 춤을 춘다고 하자. 남자 로봇과 마찬가지로 여자 로봇도 두 자세의 중첩상태에 있다가, 측정하면 1번 자세나 2번 자세가 된다. 두 로봇이 오랫동안 춤을 추면서 반복해서 측정을 한다면 1번 자세가 측정될 확률이나 2번 자세가 측정될 확률이 두 로봇 모두 같을 것이다. 남자 로봇과 여자 로봇이 각각 따로 떨어져 독립적으로 춤을 춘다면, 둘 다 중첩된 자세에 있을 때 남자 로봇을 측정해서 나오는 결과는 여자 로봇을 측정해서 나오는 결과와 무관하다. 즉, 여자 로봇의 측정 결과는 남자 로봇의 측정 결과가 1번이든 2번이든 전혀 상관이 없다. 남자 로봇이 어떤 상태로 측정되든, 여자 로봇이 1번 자세로 측정될 확률은 2분의 1이고, 2번 자세로 측정될 확률도 2분의 1이다. 당연한 이야기이다.

이제 두 로봇이 같은 무대에 서 있다고 하자. 우리는 공연을 관람할 때 무대 전체를 동시에 보지 배우를 한 명 한 명 따로 보지는 않는다. 그러므로 이제 각 로봇의 상태를 따로따로 이야기하지 말고, 두 로봇의 상태를 함께 기술하기로 하자. 남자 로봇과 여자 로봇이 함께 취할 수 있는 자세는 다음처럼 네 가지가 가능하다.

(11) 남자 로봇, 여자 로봇 둘 다 왼발을 앞으로 한 자세

(12) 남자 로봇이 왼발을 앞으로 하고, 여자 로봇이 오른발을 앞으로 한 자세

(21) 남자 로봇이 오른발을 앞으로 하고, 여자 로봇이 왼발을

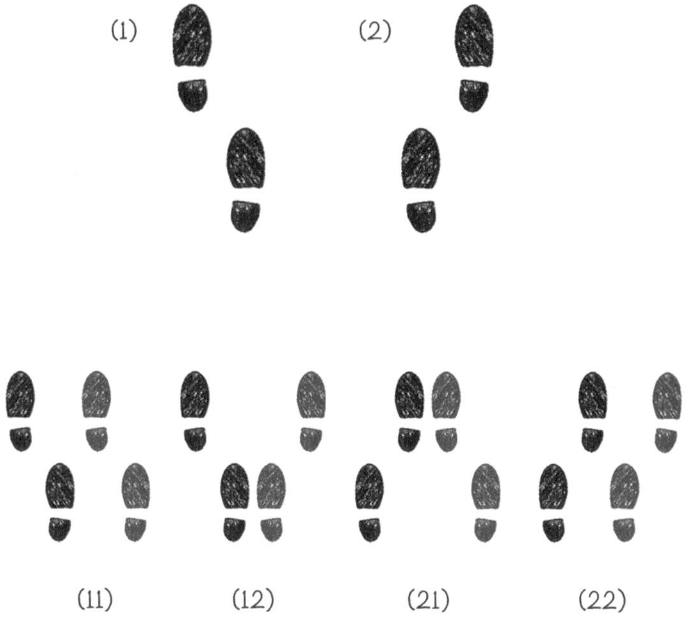

춤의 스텝. (1), (2) 남자 로봇이 취할 수 있는 두 가지 자세. (11), (12), (21), (22) 남자 로봇(검은색)과 여자 로봇(빨간색)이 취할 수 있는 네 가지 자세. 두 로봇 모두 같은 방향을 보고 서 있다.

앞으로 한 자세

(22) 남자 로봇, 여자 로봇 둘 다 오른발을 앞으로 한 자세

각 로봇이 각각 1번 자세와 2번 자세의 중첩상태에 있다는 것은 두 로봇이 위의 (11), (12), (21), (22) 네 가지 자세의 중첩상태에 있다는 이야기와 같다. 네 가지 자세가 중첩된 상태에서 두 로봇의 상태를 동시에 측정하면, 네 가지 자세 중 하나가 각각 4분의 1의 확률로 무작위로 나타날 것이다. 이 네 가지 경우 중에서 여자 로봇이 1번 자세인 경우가 두 번, 2번 자세인 경우가 두 번이므로, 각 자세가 나타날 확률은 똑같이 2분의 1이다. 즉, 여자 로봇의 자세는 남자 로봇의 자세와 무관하다는 앞의 설명과 일치한다. 똑같은 상황을 두 로봇 각각에 대해 기술하느냐 아니면 한꺼번에 기술하느냐의 차이만 있을 뿐이므로 결과는 당연히 같아야 한다.

지금까지는 두 로봇이 각각 따로 스텝을 밟고 있었는데, 이제는 함께 사교춤을 춘다고 해보자. 두 로봇은 춤을 추는 동안 서로 마주보고 붙잡은 채 간격을 일정하게 유지한다고 하자. 따라서 남자 로봇의 오른발이 앞에 있으면 여자 로봇은 왼발을 뒤로 빼고, 남자 로봇의 오른발이 뒤에 있으면 여자 로봇은 왼발을 앞으로 내민다. 즉, 두 로봇은 둘 다 오른발이 앞에 있거나 왼발이 앞에 있는 자세만을 취한다. 남자 로봇의 오른발이 앞에 있는데 여자 로봇이 왼발을 앞으로 내밀거나 혹은 반대 상황이면, 두 로봇 사이의 간격이 멀어져서 어색하고 이상해 보일 것이다. 그러므로 두 로봇이 사교춤을 추

사교춤을 추는 남자 로봇과 여자 로봇.

는 경우 아래 그림의 네 가지 자세 중에서 (11)과 (22)만 가능하다. 예를 들어, 왼쪽 그림의 두 로봇은 (11) 자세를 취하고 있다.

만일 두 로봇이 (11)과 (22) 자세의 중첩상태에 있으면 매우 특이한 일이 벌어진다. 이 상태에서 남자 로봇의 자세를 측정해서 1번 자세가 나오면, 여자 로봇의 자세는 굳이 측정해보지 않아도 1번 자세임을 알 수 있다. 반대로 남자 로봇의 자세가 2번으로 측정되면, 여자 로봇의 자세를 측정하지 않아도 똑같이 2번임을 알게 된다. 분명 측정하기 전에는 여자 로봇의 상태가 중첩되어 있으므로 여자

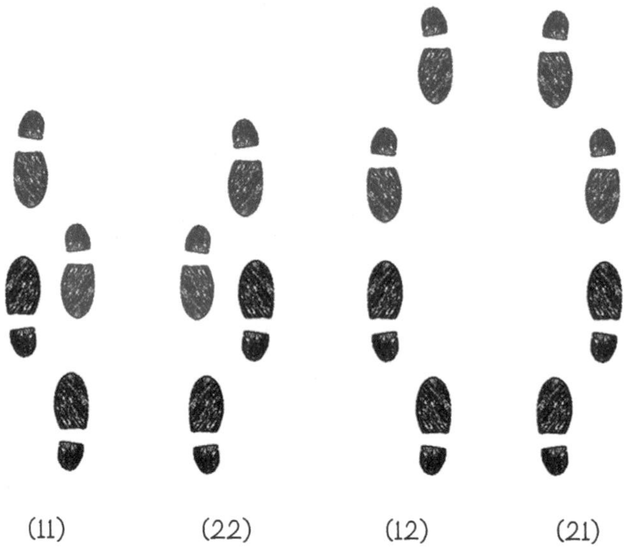

사교춤을 출 때의 자세. 두 로봇은 서로 마주 보고 있다. (11), (22)는 가능하지만 (12), (21) 같은 자세는 취하지 않는다고 가정한다.

로봇의 자세가 1번인지 2번인지 모른다. 그런데 여자 로봇의 자세를 직접 측정하지 않고도, 남자 로봇의 상태를 측정하면 여자 로봇의 상태를 저절로 알게 되는 것이다. 이는 두 로봇이 사교춤 규칙에 따라 늘 일정한 간격을 유지하며 춤을 추기 때문에 생기는 일이다.

입자의 얽힘

이와 같은 일이 자연에서도 벌어진다. 전자기파의 일종인 빛은 전기장의 진동이 공간에 퍼져나가는 파동이다. 전기장은 어떤 방향으로도 진동할 수 있으며 그 진동 방향을 '편극 방향'이라고 부른다. 자연에서는 가끔 광자 한 쌍이 동시에 생성되는 경우가 있는데, 이때 생성되는 두 개의 광자는 편극 방향이 서로 다르다. 1번 광자의 편극 방향이 수평이면 2번 광자는 수직이고, 1번 광자의 편극 방향이 수직이면 2번 광자는 수평이다. 한 쌍의 광자는 이 두 가지 상태가 중첩된 채로 생성된다. 즉, 1번이 수평이고 2번이 수직인 상태와 1번이 수직이고 2번이 수평인 상태가 중첩되어 있다. 그러면 일정한 간격을 유지하며 사교춤을 추는 로봇의 경우처럼, 1번 광자의 편극 방향을 측정해서 수평이 나오면 2번 광자의 편극 방향은 측정해보지 않아도 수직이며, 1번 광자의 편극 방향이 수직이 나오면 2번 광자의 편극 방향은 측정해보지 않아도 수평이다. 이렇게 두 개의 입자가 독립적이지 않고 상대의 측정 결과에 영향을 받을 때, 이 두 입자는 서로 '얽혀 있다'라고 말한다. 사교춤을 추는 두 남녀 로봇이 밀접하게 얽혀 있듯이 말이다. 물론 세 개 이상의 입자도 서로 얽혀 있을 수 있다.

태초에 얽힌 상태로 태어난 두 개의 광자가 각각 반대 방향으로 날아가서 우주의 한쪽 끝과 반대쪽 끝에 도달했다고 하자. 놀랍게도 이 입자들은 편광의 얽힘 관계를 그대로 유지하고 있기 때문에, 이토록 멀리 떨어져 있어도 한 광자를 측정하면 그 즉시 다른 광자의 상태를 알 수 있게 된다! 이 두 광자는 하나의 상태를 알면 다른 하나의 상태를 완전히 알 수 있기 때문에 100% 얽혀 있다. 완전히 독립적이라면 얽힘의 정도가 0이다. 물론 그 중간 상태들도 있다. 입자들은 중력이나 전자기력 등으로 상호작용을 하면 서로 얽히게 된다. 그러므로 태초에 대폭발, 즉 빅뱅이 일어나면서 태어난 모든 입자들은 헤어질 때 서로 어느 정도 얽혔을 것이다. 빅뱅으로 얽히지 않았어도 그 이후의 상호작용으로 얽히게 된다. 모든 입자들은 지금 전 우주 공간에 퍼져 있으므로 우주의 모든 물체는 서로 얽혀 있으며 독립적인 것은 아무것도 없다. 우주의 한쪽 끝과 반대쪽 끝의 물체들이 서로 즉시 영향을 미치며, 그렇게 우주의 삼라만상이 모두 얽혀 있는 것이다. 얽혀 있는 두 입자 A, B가 그토록 멀리 떨어져 있는데도, A 입자가 측정되었다는 사실을 B 입자가 어떻게 알고 그에 따라 상태가 변하는 것일까? 아인슈타인은 한 입자의 측정이 다른 입자의 상태를 순간적으로 결정하는 이 원거리 작용을 "유령 같은 작용"이라고 불렀다.

중첩이 야기하는 이해할 수 없는 현상 중에서도 얽힘은 가장 괴상한, 가장 양자스러운 현상이다. 얽힘은 여러 측면에서 비상식적으로 보이는 상황을 만들어내며, 이것이 바로 양자정보기술을 마치 공상과학같이 느껴지게 하는 이유이다. 얽힘은 양자정보기술의 기반이 되는 핵심 현상이며, 양자컴퓨터가 고전컴퓨터보다 혁신적으로 빠른 이유이기도 하다. 양자전산은 중첩상태를 이용하기 때문에 빠르며, 알고리즘이 중첩상태 중에서도 얽힌 상태를 다루도록 짜여 있다면 고전컴퓨터는 양자컴퓨터를 흉내낼 도리가 없다. 이렇게 **양자전산이 고전전산보다 빠른 이유는 중첩에 의한 현상 가운데서도 얽힘을 활용하기 때문이라는 것**이 책에서 전달하고 싶은 세 번째 메시지이다. 양자전산이 어떻게 중첩으로 인해 빨라지는지는 후반부에서 충분히 설명할 생각이지만, 얽힘이 그런 계산 과정에 실제로 어떻게 관여하는지는 너무 전문적인 내용이어서 그저 양자전산 알고리즘의 핵심 요소라는 점만 지적하고 넘어가려 한다. 양자전산의 원리를 이해하는 데는 그걸로 충분하지만, 어쨌든 메시지에 대한 설명이 불충분해서 메시지의 반만 전달하는 것 같다. 그래서 이 책에서 전달하고자 하는 메시지가 두 개 '반' 있다고 했다.

얽힘이 만들어내는 이상한 현상 중에서 단연 으뜸은 우주의 한쪽 끝에서 어떤 입자의 상태를 측정했을 때, 그것과 얽힌 채 반대쪽 끝에 놓인 입자의 상태를 즉시 알 수 있다는 것이다. 이 사실은 상대론에 위배되는 것처럼 보인다는 이유로 물리학자들의 주목을 받았다. 상대론에 따르면 빛보다 빠른 것은 없으며 따라서 어떤 정보도 빛보다 빠른 속도로 전달될 수 없다. 반면 양자론에 따르면 얽혀 있는 입자들 중 하나를 내가 측정해서 그 결과를 보는 즉시, 나는 우주 반대편에 있는 입자의 상태에 대한 정보도 알게 된다. 우주 반대편의 입자와 같이 있는 내 친구도 물론 마찬가지이다. 자기가 가진 입자의 상태를 측정하는 즉시, 친구는 내가 가진 입자의 상태 정보까지 갖게 된다. 빛의 속도는 고작 1초에 30만 km를 가는 정도여서 빛이 우주의 한쪽 끝에서 다른 쪽 끝까지 날아가는 데 300억 년이나 걸리므로, 상대론에 따르면 불가능한 현상인 것처럼 보인다. 그런데 정보를 즉시 알게 되는 것과 정보를 보내는 것 사이에는 미묘한 차이가 있다. 내 입자와 얽혀 있는 상대방 입자의 상태 정보를 내가 즉시 알 수는 있지만, 이런 메커니즘을 이용해서 정보를 보낼 수는 없다. 왜냐하면 내 입자의 상태를 측정했을 때 어떤 결과가 나올지 나도 모르기 때문이다. 내가 원하는 내용을 전달할 수 있어야 정보가 전달되었다고 할 텐데, 무작위인 내용이 전달되어서는 그럴 수가 없다. 따라서 순간적으로 정보를 알 수 있다고 해서 초광속 통신이 가능한 것은 아니다. 이렇게 해서 당장 전운이 일 것 같았던 양자론과 상대론은 화해하게 되었다.

국소성이란 말 그대로 공간에 국한되어 있다는 뜻인데, 물리학에서는 한 사건이 공간적으로 떨어진 다른 사건에 순간적으로 영향을 줄 수 없다는 뜻이다. 아인슈타인이 정립한 상대성이론이 어떤 것도 빛보다 빠를 수 없다는 사실을 밝혀내자, 국소성은 좀 더 정량적으로 정의되었다. 다음 쪽 그림은 시공간 좌표인데, 수평축들은 거리를 나타내고 수직축은 시간을 나타낸다. 우리가 사는 공간은 3차원이지만, 시간 축까지 포함한 4차원을 그릴 방법이 없으므로 공간을 1차원 줄여 2차원 xy평면으로, 시간을 1차원 z축으로 표현한 것이다. 시간 축의 플러스 방향은 미래를, 마이너스 방향은 과거를 나타낸다. 그러므로 xy평면은 현재를 뜻하며, 그림에서 원점 O가 현재 내가 있는 시간과 위치이다. 내가 소파에 누워서 팝콘을 먹으며 TV를 보고 있으면, 시간은 흐르지만 위치는 변화하지 않으므로 나는 좌표상의 점 O에서 P로 이동한다. 내가 거리를 걸어가고 있다면 시간이 흐름에 따라 위치도 변화하므로, 예를 들어 O에서 R로 이동할 수 있다. 그런데 Q는 나와 시간은 같은데 위치가 다르므로 나는 O에서 Q로 이동할 수 없다. 순간이동인 셈이니 말이다. 빛은 일정한 속도로 달리므로 빛의 경로를 시공간 좌표에 그리면 원뿔 모양이 되는데, 그래서 이 원뿔을 '광원뿔'이라고 부른다.

상대론에서 말하는 국소성은, 어떤 물체도 빛보다 빨리 달릴 수는 없으므로, 두 사건이 일어났는데 서로 인과관계가 있다면 두 사건은 모두 광원뿔 안에 있어야 한다는 것이다. 예를 들어 내가 O에서 커피를 내리는 원인 사건이 있고 1분 후에 거실에서 커피를 마시는 결과 사건이 있다면, 미래의 결과 사건은 미래 광원뿔 내부의 한 점이어야 한다. 마찬가지로 한 시간 전에 내가 마트에서 커피를 사오는 원인 사건이 있었고 그 결과로 현재 O에서 커피를 내리고 있다면, 과거의 원인 사건은 과거 광원뿔 내부의 한 점이어야 한다. 측정이라는 행위가 교란을 가한다면, 교란의 원인과 결과는 인과관계

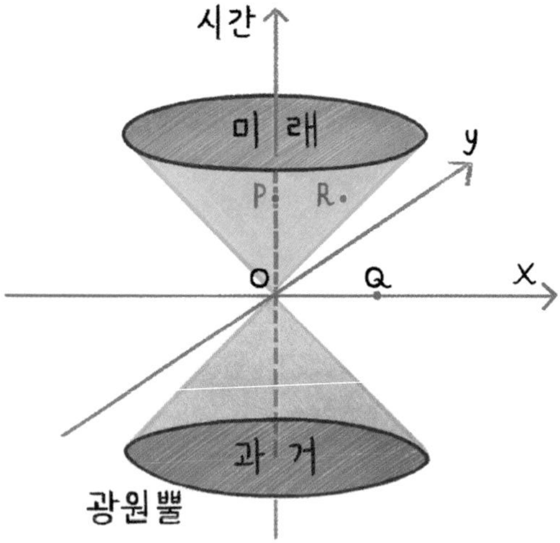

시공간 좌표에 그린 광원뿔.

로 연결되어 있으므로 측정 역시도 광원뿔 안에서 이루어져야 한다는 것이 아인슈타인의 입장이다. 그런데 두 입자가 각각 O와 Q의 위치에 놓인 채 서로 얽혀 있는데 O에 놓인 입자를 측정한다면, Q에 있는 다른 입자의 상태가 변화하므로 인과율에 어긋나는 것 같아 보인다. 하지만 앞서 말했다시피 얽힌 상태를 통한 측정은 정보를 전달하는 것과 다르기 때문에 인과율을 어기는 것은 아니며, 그런 식으로 양자론은 상대론과 일단 화해하게 되었다. 그러나 이렇게 순간적으로 영향을 미치는 것이 과연 가능하냐는 비국소성의 문제는 여전히 남아 있었다.

귀고리와 대칭성

카이스트 물리학과 복도에 붙어 있던 시간대칭 시계. 잘 맞지는 않았다. (© 이순칠)

나는 여자들이 입고 쓰는 물건이 좋은 것인지 아닌지 잘 모른다. 아내를 처음 만났을 때 나는 아내가 촌스러운 옷을 입었다고 생각했는데, 나중에 들어보니 세련된 것으로 칭송이 자자했던 옷이라고 했다. 내 아내가 촌스러웠던 것이 아니라 패션을 보는 내 안목이 촌스러웠던 것이다. 연애하던 시절 나는 데이트할 때 아내가 뭘 입고 나왔는지, 어떤 색의 옷이었는지, 머리를 어떻게 하고 화장은 어떻게 하고 나왔는지 전혀 기억을 하지 못했다. 데이트 다음 날에 기억하지 못한 것은 물론이고, 같이 앉아 있는 자리에서도 막상 뒤돌아서면 어떤 복장이었는지

기술할 수가 없었다.

내가 이런 점에 무디다는 점도 물론 깨닫지 못하고 있었다. 그런데 내가 확실하게 기억하는 장신구가 하나 있다는 것을 알게 되었는데, 그것도 물론 스스로 깨달은 것이 아니고 아내가 지적을 해줘서 알게 되었다. 그 장신구는 다름 아닌 아내의 귀고리였다. 귀고리의 모양이나 색깔이 아니라 양쪽 귀고리가 같은지 아닌지를 기억했다. 그 당시 귀고리는 양쪽을 다르게 다는 패션이 세련된 것이라고 했는데, 나는 양쪽 귀고리가 대칭이 아니면 계속 신경이 쓰였다. 그래서 지난번에는 비대칭으로 하고 나오더니 오늘은 대칭이로구나 하고 생각하면서 그 사실을 입 밖으로 내는 모양이었다.

물리학자들이 철석같이 믿는 원칙이 있는데, 그것은 바로 대칭성이다. 물리학자들은 대칭성이 자연의 가장 근본적 성질이라고 믿고 있으며, 또 가장 아름답다고 생각한다. 결정을 확대해보면 원자들이 면을 중심으로 대칭이거나 한 점을 중심으로 대칭인 배열을 무한대로 나타내는 아름다운 모습을 볼 수 있다. 이런 공간적 대칭도 있지만, 시간대칭이라는 것도 있다. 공이 하늘로 올라갔다가 내려오는 모습을 동영상으로 찍어서 거꾸로 재생해보아도 이상하게 보이지 않는다. 이것이 자연계의 시간대칭이다. 이 밖에도 몇 가지 대칭성이 더 있는데, 대칭성이 있으면 그에 따르는 보존 법칙이 있으며 보존 법칙은 대칭성과 동등하게 물리학자들이 자연계의 기본 성질로 신봉하는 것이다. 대칭성을 워낙 신봉하다 보니, 대칭성이 작게라도 깨지는 현상이 발견되면 큰 사건이 된다.

공간에서 쌍으로 창조되는 입자와 반입자도 자연계가 내포한 대칭성의 일부로 느껴지며, 입자의 수만큼 반입자가 존재해야 한다고 생각된다. 그런데 우리가 사는 우주에는 입자가 반입자보다 훨씬 많다. 반입자의 수가 입자와 비슷하면 큰일인데, 입자와 반입자는 만나면 즉시 빛을 내며 사라지기 때문이다. 그러지 않아 다행스러운 일이기는 하지만, 대폭발로 세상이 창조될 때 왜 입자만 많이 생기고 반입자는 적게 생겼는지 궁금하지 않을 수 없다. 그래서 물리학자들은 이런 상상을 하기도 한다. 우리의 우주 외에 반우주가 존재하는 것은 아닐까? 우리 우주에서 전자와 양성자가 원자를 만들고 원자들이 세포를 만들어 결국 세포들이 모여 나를 이루는 것처럼, 반우주에서는 반전자와 반양성자가 반원자를 만들고 그 반원자들이 반세포를 만들어 결국 반세포들이 모여 반나를 이루는 것은 아닐까? 입자와 반입자가 만나면 사라지는 것처럼 나와 반나가 만나면 빛을 내며 찬란하게 사라지는 것은 아닐까? 그 반우주는 어디에 있을까?

유학 시절 시카고 대학에 놀러 갔을 때 본 것인데, 어떤 교실 앞에 거꾸로 가는 시계가 붙어 있었고 그곳에 '시간대칭'이라고 쓰여 있었다. 그 유머 감각이 너무나 마음에 들어서, 내가 학과장을 하던 시절 이게 기회다 싶어 거꾸로 가는 시계를 하나 주문해서 제대로 가는 시계와 함께 두 개를 한 세트로 학과 복도에 붙여놓았다. 물론 시간대칭이라는 글과 함께. 이 시계는 오래되니까 잘 맞지 않기 시작하더니 이 책이 출판될 시점에는 철거되어버려 안타깝게도 이제 더 이상 볼 수 없다.

7장

암흑기

30년간의 눈부신 양자 전성시대가 끝나고 1980년대까지 약 50년간 양자물리의 암흑기가 도래한다. 이 시기에는 양자물리 연구가 외면받았던 것일까? 전혀 아니다. 양자물리는 당시에도 엄청나게 활발히 사용되어 현대 과학의 토대를 마련하고 현대 문명을 가져다준 주인공이었다. 양자물리 덕분에 화학은 드디어 오늘날의 현대 화학이 되었고, DNA의 염기서열이 알려지면서 유전공학이 시작되었다. 반도체를 발명하여 전자공학을 일으키기도 했는데, 그 결과가 어떤지는 우리가 잘 알고 있는 대로이다. 스마트폰, 자율주행 자동차, 드론, 4차 산업 등등 현대인의 생활에서 전자공학과 관계가 없는 것은 하나도 없다. 핵분열을 이해하여 원자폭탄이나 원자로를 만들게 해준 것도 양자물리이다. 그럼 도대체 이 시기를 왜 암흑기라고 부르는 것일까?

국소성이 어떻고 하며 양자물리에 철학적 의문을 계속 던지면서 머리를 싸매고 우주 같은 거대한 문제를 고민하는 물리학자들에게 보어가 그랬다. "입 닥치고 계산이나 열심히 해." 중첩이나 얽힘 같은 것들을 직관적으로 이해할 수는 없지만, 양자물리의 예측은 틀린 적이 없으니 철학적 해석에 시간 낭비하지 말고 열심히 계산이나 해서 쓸모 있는 결과를 내라는 뜻이었다. 양자물리의 이상한 속성은 정말 호기심이 가는 문제이고 그것에 자연의 깊은 진리가 숨어 있겠지만, 당장 실용성 있는 연구로 연구비를 따야 했던 대부분의 학자들은 보어 말대로 열심히 계산해서 지금의 현대 문명을 일으켰다. 그러면서 얽힘 연구는 물리학의 주류에서 제외되었다. 생각은 하지 않고 열심히 기계적으로 계산만 했기 때문에 이 시기를 암흑기라 부르는 것인데, 암흑기가 양자물리의 아버지라 불리는 보어에 의해 도래했다는 사실은 아이러니하다. 암흑기에 양자물리의 기본 철학에 대한 연구는 거의 이루어지지 않았다.

여기에 예외인 큰 사건이 두 개 있었는데 하나는 EPR패러독스이고 다른 하나는 벨의 부등식이다. 양자물리의 확률적 해석에 끝끝내 동의할 수 없었던 아인슈타인은 1935년 이른바 'EPR 패러독스'라는 논문을 출간했다. EPR은 논문의 공저자 알베르트 아인슈타인Albert Einstein, 보리스 포돌스키Boris Podolsky, 네이선 로즌Nathan Rosen의 머리글자이다. 양자물리에 관한 논문 중 가장 유명하지 않을까 싶은데, 실제로 유수의 학술지 〈피지컬 리뷰Physical Review〉에 130년 동안 실린 논문 가운데 인용이 많이 되기로 열 손가락 안에 든다고 한다.

패러다임이라는 용어를 『과학혁명의 구조』라는 책에서 처음 사용한 토머스 쿤Thomas Kuhn은 과학철학자였다. 과학자들은 호기심 때문에 연구하는 것이지 어떤 철학을 가지고 하는 것은 아니다. 그래서 '새는 조류학자가 자기를 어떻게 분류하는지 전혀 관심이 없다'라는 말로 과학철학자를 놀리기도 한다. 이런 비판에서 완전히 자유로울 수 있는 주제가 바로 인식론과 존재론의 문제를 내포한 양자물리이며, 그래서 그런지 과학철학의 주요 연구 대상이다. EPR 논문은 양자물리의 철학적 문제점을 처음 지적한 논문으로, 몇 십 년 후에 양자물리의 르네상스를 일으키는 단초를 제공했다. 이 논문은 논지가 복잡할 뿐 아니라 애매하기까지 해서 이해하기가 어렵다. 논리가 애매한 덕분에 여러 사람이 반박과 그 반박에 대한 반박을 이어가는 논문들을 내면서 박사학위를 받을 수 있었다고 한다. 논쟁은 아직도 끝나지 않고 계속되고 있다.

EPR 논문은 논리는 완전하지 않았지만 암흑기의 물리학자들이 양자물리의 근본 문제를 생각하게 했으며, 논리가 완전하지 않아 오히려 많은 생각을 불러일으켰다. EPR 논문의 주장을 요약하자면 이렇다.

1. 양자물리에 따르면 물리량은 실재성이 있다 없다 한다.
2. 경우에 따라 이랬다저랬다 하므로 양자물리는 불완전한 이론이다.

논지는 이것인데, 여기에서 가장 핵심이 되는 단어인 '실재성'에 대한 논란이 불거졌다. 이후 논란의 중심은 '비국소성'의 문제로 옮겨갔는데, 이것은 나중에 양자정보과학을 탄생시킨 얽힘의 핵심 특성이다. EPR논문의 자세한 논리에 관심이 있는 분은 부록을 참고하기 바란다. 정리가 되긴 했지만 이렇게 말로만 이루어진 이론은 실증을 할 수가 없으므로, 논의는 지지부진하면서 더 이상 큰 발전이 없었다.

그러다가 1964년 존 스튜어트 벨John Stewart Bell이라는 과학자가 이 문제를 수식의 형태로 정리하여 실험으로 증명할 수 있는 수준으로 만들었다. 1935년에 나온 EPR 논문과 더불어 벨의 논문은 암흑기에 양자물리의 근본에 대한 사색의 맥이 끊기지 않게 해준 대표적인 업적이다. 벨은 "EPR 패러독스에 관하여"라는 제목으로 발간한 논문에서 자연에 국소적 숨은 변수가 있을 때 만족해야 하는 부등식을 제시했다. '벨의 부등식'이라 불리는 이 식은, 만족되지 않으면 양자물리가 옳거나 혹은 숨은 변수가 있다고 해도 비국소적이어야 한다는 뜻을 함의했다. 그러므로 벨은 비국소적 숨은 변수 이론이 양자물리를 대신할 수도 있다고 했다. 다만 간단한 이론을 더 복잡한 이론으로 대체할 필요가 없을 뿐이다. 결론적으로 벨의 부등식은 양자물리의 비국소성이 옳은지 아닌지를 테스트할 수 있는 시금석인 셈이다. 이제 저 높은 곳에서 이루어지던 양자물리의 철학에 관한 논쟁은 실험실에서 테스트해볼 수 있는 과학의 영역으로 내려왔다.

양자물리의 아버지 보어의 말을 안 듣고 이딴 연구를 하던 사람들은 다 어떻게 됐을까? 양자물리가 현대 문명을 눈부시게 창조하는 동안 딴짓을 하던 사람들은 직장도 없었고 운 좋게 직장을 잡은 사람들도 연구비를 딸 수가 없었다. 양자물리가 완성된 지 10년이 지나자 제2차 세계대전이 일어났다. 비슷한 시기에 핵분열이 발견되었고, 전쟁이 발발하면서 독일과 연합국은 독자적으로 원자폭탄을 개발하기 시작했다. 모든 연구비가 원자폭탄 개발에 들어가도 모자랄 판인데, 한가한 연구나 하라고 연구비가 주어졌을 리 없다. 그 이후도 마찬가지였다. 연구비는 부가 창출되는 곳에 지원되기 마련이니 양자물리 분야 중에서도 레이저, 반도체 등의 개발에 응용되는 연구만 지원받았을 것이다. 물론 우리나라와는 상관없는 이야기이다. 양자물리에 암흑기가 드리웠을 때 우리나라는 일본의 식민지였으니 독립운동에 매진해야 했고, 암흑기가 끝날 무렵에는 박사가 아니어도 교수를 할 수 있던 어수룩한 시절이어서 교수에게 연구하라고 연구비를 줘야 한다는 개념 자체가 희박했다.

직장과 연구비만 없는 것이 아니었다. 이런 분야의 연구는 학술지에 잘 실어주지도 않았다. 이른바 시급하거나 시의적절한 연구가 아니기 때문이다. EPR 논문은 물리학에서 가장 권위 있는 학술지에 실렸지만, 아인슈타인의 이름이 들어가 있기 때문에 그랬을 것이다. 벨의 논문은 여기저기에서 퇴짜를 맞다가 간신히 한 이름 없는 학술지에 실렸는데, 학술지는 단 네 차례만 발간하고 폐간되어버렸다. 학술지의 이름은 '물리물리물리'라고, 물리를 세 나라 말로 나열한 학술지였는데, 창간호에 실을 논문을 모으느라 벨의 논문을 실어준 모양이다.

이런 학술지의 논문을 어디서 어떻게 구했는지 알랭 아스페Alain Aspect라는 사람이 "당신의 부등식을 실험으로 증명해보고 싶다"라고 하며 벨을 찾아왔다. 벨이 그 말을 듣고 제일 먼저 한 말은 "당신 영년직이냐"라는 질문이었다고 한다. 우리나라도 그렇지만 대학교의 신임 교수들은 말하자면 비정규직이다. 우리나라를 예로 들면, 임명된 후 약 3년마다 학교 인사위원회에서 재계약 여부를 심사하는데, 지난 3년간의 연구와 교육의 결과가 만족스러우면 계약을 다시 연장하는 것이고 부족하면 학교를 떠나야 한다. 재계약은 두 번 정도만 가능하며, 세 번째는 통과하면 정년까지 재직할 수 있는데, 이를 영년직이라 부른다. 영년직이 되면 정규직으로서 더 이상 심사를 받지 않게 되는 것이다. 벨의 걱정은, 실험을 해보겠다고 찾아온 사람이 실험에 성공을 하든 실패를 하든 그 결과가 영향력 있는 학술지에 실릴 가능성이 없다는 것이었다. 그렇다면 영년직 평가를 받을 때 도움이 되지 않을 것이고, 그럼 이 사람은 학교에서 쫓겨날 수도 있었다.

1982년, 아스페는 결국 벨의 부등식이 만족되지 않는다는 사실을 실험으로 증명했다. 얽힌 두 입자 중 하나의 입자를 측정하면 동시에 나머지 입자의 중첩상태가 순간 붕괴되어 사라진다는 사실을 입증한 것이다. 하지 말라고 말리는데도 고집을 부린 아스페는 어떻게 되었을까? 2022년 노벨물리학상을 받았다. 사실 이 실험을 최초로 실험실에서 구현한 사람은 2022년 노벨물리학상의 공동수상자 중 하나인 존 클라우저John Clauser이다. 벨의 부등식은 실험실에서 증명하기 힘든 형태였기 때문에 클라우저는 상황을 약간 바꾸고 이에 맞게 부등식을 유도한 후 이를 실제 실험하여 벨의 부등식이 깨짐을 증명하였다. 그런데 나중에 보니 이 실험은 허점이 있음이 발견되었고, 아스페가 실험을 보완해 수행하여 드디어 양자물리의 주장대로 자연계는 국소적이지 않다는 사실을 증명하게 되었다. 하지만 아스페의 실험적 증명에도 여전히 완벽하지 않은 점들이 있어, 나중에 논리적 허점으로 지적되었다. 그랬더니 허점을 보완하는 실험이 나왔으며, 이어서 또 다른 논리적 가능성들이 제기되고 이를 다시 보완하는 새로운 실험이 나오기를 반복했다. 아직도 실험 결과의 다른 해석 가능성이 남아 있지 않은 것은 아니지만, 이제 남은 가능성들은 워낙 비현실적인 것들이라 물리학계에서는 별로 이슈도 되지 않는다.

양자물리가 완전하냐 아니냐를 떠나서, 벨의 이론이 실험으로 증명되면서 자연계는 국소적이지 않다는 사실이 확실해졌다. 물리학 연구자의 원조 격인 뉴턴은 원래 자연계는 국소적이지 않다는 입장이었다고 한다. 물체와 물체 사이에는 중력이 작용하는데, 이 힘은 빛의 속도로 전파된다. 빛이란 전자기력이 진동해서 만들어진 전파이므로, 전자기력이나 중력이나 전파되는 속도가 같다는 뜻이다. 햇빛이 태양에서 지구까지 오는 데 약 8분이 걸린다. 만일 태양이 갑자기 사라진다면 지구에서 보는 태양의 모습이 사라지는 데도

8분이 걸리겠지만, 우리 지구가 갑자기 중심을 잃고 어쩔 줄 모르는 현상을 겪기 시작하는 것도 8분 후이다. 뉴턴의 시대에는 물론 이렇게 빠르게 전파되는 현상을 측정하거나 상상할 수 없었을 것이며, 따라서 모든 힘은 순간적으로 작용한다고 생각하는 것이 더 자연스러웠을 터다. 그랬던 것을 아인슈타인이 상대성이론을 발견하면서 빛의 속도가 자연의 제한 속도임을 알게 되었고, 결국 자연은 국소적이라는 입장이 대두하게 되었다. 그런데 이번에는 양자물리가 자연은 비국소적이라고 주장하며 다시 뉴턴의 손을 들어주게 된 것이다.

벨과 같은 훌륭한 일을 할 수 있다면 왜 안 할까 싶지만, 막상 연구자가 되면 그게 쉽지가 않다. 직장과 연구비, 연구 결과와 스펙 때문이다. 지긋지긋한 주입식 입시 교육을 끝내고 드디어 청운의 꿈을 품고 대학교 물리학과에 들어와도, 우선 지난 300년간 물리학에서 천재들이 쌓아온 지식을 머릿속에 구겨 넣기 바쁘다. 좋은 학점을 받아야 하기 때문이다. 연구를 할 수 있는 대학원에 들어올 때쯤에는 아인슈타인의 꿈을 포기하고, 빨리 좋은 연구 결과를 많이 내서 졸업 후 좋은 직장을 가질 수 있는 스펙 쌓기에 목을 매게 된다. 박사학위를 받고 전문 연구자가 되면 좋은 논문을 많이 써야 연구비를 많이 딸 수 있고, 그제야 내가 하고 싶은 연구를 할 수 있으며 연구원을 많이 확보해서 더 훌륭한 논문을 쓸 수 있다. 이 쳇바퀴를 잠시라도 벗어나기란 무척 어렵기 때문에 책을 보아도 당장 논문을 쓰는 데 도움이 되지 않는다면 시간 낭비라는 생각이 든다.

양자물리의 기본 철학 문제에 흥미가 있고 그것이야말로 물리학자로서 인생을 걸 가치가 있는 큰 문제 중 하나라고 생각할지라도 감히 들여다볼 엄두를 내지 못한다.

이론물리학자 스티븐 와인버그Steven Weinberg는 네 가지 기본 힘 가운데 약력과 전자기력을 통일적으로 다루는 이론을 개발한 공로로 노벨상을 받았는데, 나 같은 사람을 향해 이렇게 말했다. "이런 문제들에 대해서는 아무런 생각도 하지 않은 채 인생을 보내고 있다." 물리학과에서 양자물리를 전공하는 학자는 별로 없다. 양자물리는 뉴턴역학, 전자기학, 통계물리 등과 함께 물리학과에서 누구나 기본으로 배우는 과목 중 하나이다. 물리학의 세부 전공으로는 입자물리, 핵물리, 응집물리, 광학 등이 있는데, 이 모든 분야들에서 양자물리를 비롯한 기본 과목의 지식이 활용된다. 암흑기에 몇 안 되는 양자물리 연구자 중 야키르 아하로노프Yakir Aharonov가 있었다. 그는 마찬가지로 양자물리학자였던 데이비드 봄David Bohm과 함께 아하로노프-봄 효과라는 것을 발견했는데, 물리학 교과서에도 나오는 유명한 현상이다. 이 대가도 와인버그와 비슷한 취지로 이렇게 말했다. "이런 문제들은 외면하고 인생을 낭비하고 있다." 대가들이야 이런 말을 하기가 쉽다. 하지만 맞는 말이라는 것도 부정할 수 없다. 벨이나 아스페 같이 자신의 꿈과 가치만을 따라서 비난과 두려움을 무릅쓰고 거센 주류의 물결을 거슬러간 몇몇 용기 있는 사람들 덕분에, 양자물리는 암흑기를 끝내고 르네상스 시대를 맞이하며 비주류가 주류가 되는 새로운 세상을 열게 되었다.

• 물리학자들이 사는 세상 •

물리 논문 게재

DESCRIPTION OF PHYSICAL REALITY 777

MAY 15, 1935 PHYSICAL REVIEW VOLUME 47

Can Quantum-Mechanical Description of Physical Reality Be Considered Complete?

A. EINSTEIN, B. PODOLSKY AND N. ROSEN, *Institute for Advanced Study, Princeton, New Jersey*
(Received March 25, 1935)

In a complete theory there is an element corresponding to each element of reality. A sufficient condition for the reality of a physical quantity is the possibility of predicting it with certainty, without disturbing the system. In quantum mechanics in the case of two physical quantities described by non-commuting operators, the knowledge of one precludes the knowledge of the other. Then either (1) the description of reality given by the wave function in quantum mechanics is not complete or (2) these two quantities cannot have simultaneous reality. Consideration of the problem of making predictions concerning a system on the basis of measurements made on another system that had previously interacted with it leads to the result that if (1) is false then (2) is also false. One is thus led to conclude that the description of reality as given by a wave function is not complete.

EPR 논문

양자물리의 완전성에 대한 논란을 불러일으킨 EPR 논문은 1935년 물리학계에서 가장 권위 있는 학술지 〈피지컬 리뷰〉에 실렸다. 아인슈타인의 이름이 제일 먼저 등재되어 있지만, 언어 문제로 포돌스키가 써서 제출했다고 한다. 아인슈타인은 읽어보지도 않고 보낸 것이라서 나중에 자신의 생각과는 좀 다르다고 말했다 한다.

당시에는 논문 한 편을 학술지에 실으려면 적어도 반년이 걸렸다. 물론 인터넷과 이메일이 없었기 때문이다. 저자가 논문을 타이핑해서 우편으로 학술지

편집장에게 보내면서 투고 과정이 시작된다. 편집장은 일주일에 한 번쯤 그동안 투고된 논문을 다 모아서 훑어본 후 적당한 전문 편집인들에게 나누어 우편으로 송부한다. 우편물을 받은 편집인들은 적당한 심사자를 골라 논문을 보내면서 심사를 해줄 수 있는지 문의한다. 심사자가 즉시 심사해서 반송해주는 경우도 있지만, 훌륭한 심사자들일수록 늘 바쁘기 때문에 심사 과정에만 한두 달 걸리는 게 예사이다. 심사자가 여러 가지 이유로 심사를 하지 못하겠다고 반송하는 경우도 있는데, 어떤 때는 반송도 안 하고 그렇다고 심사도 하지 않으면서 그냥 논문을 깔고 앉아 있는 경우도 있다. 반송이 되면 다른 심사자를 골라서 다시 이 과정을 반복해야 하고, 한 달이 지나도 아무런 회신이 없으면 편집자는 심사자에게 다시 편지를 써서 심사를 촉구한다. 편집자는 좀 더 빨리 심사해달라고 닦달하고 싶지만, 이 심사라는 것이 돈 한 푼 안 받고 순수 봉사로 하는 일이라 그러지도 못한다.

심사평이 도착하면 편집자는 그것을 원저자에게 보내 심사평에 적절히 대응하도록 요구한다. 심사자가 틀렸다고 생각하면 반박을 하고, 맞다고 생각하면 심사자의 요구에 따라 논문을 수정하는 것이다. 저자가 논문을 수정해서 편집자에게 보내면, 편집자는 논문을 다시 심사자에게 보내 심사평이 제대로 반영되었는지 검토를 받는다. 이 재검 과정에서 통과가 되면 드디어 논문이 학술지에 게재되는 것이고, 재수정이라는 결과가 나오면 재검 과정이 반복된다. 모든 과정은 우편으로 진행된다. 과정이 모두 끝나면 이제야 논문이 인쇄소로 들어간다. 이러다 보면 투고에서 인쇄까지 1년이 걸리는 일이 예사이다.

그런데 EPR 논문은 접수된 다음 날 게재 승인이 나서 바로 인쇄에 들어갔다고 한다. 논문을 접수한 편집장이 편집자나 심사자에게 돌리지도 않고 편집장

권한으로 게재를 결정해버린 것이었다. 아인슈타인의 이름이 논문에 들어가 있으니 편집장으로서 얼마나 반가웠겠는가. 언감생심 심사 같은 걸 하겠다고 할 상황이 아니었을 것이다. 하긴 심사를 돌렸던들 어느 누가 아인슈타인의 논문이 틀렸다고 게재 불가 판단을 내릴 수 있었겠는가? 논문이 하필 777쪽으로 시작하는 것이 우연이 아니라는 생각이 들 정도이다.

EPR 논문의 제목은 "물리적 실재에 대한 양자물리의 기술은 완전하다고 할 수 있는가?"였다. 우리 같은 사람이 이런 식의 제목으로 논문을 투고해도 역시 접수 다음 날 결정이 날 것이다. 건방지다고 게재 불가로. 우리가 쓰는 논문의 제목은 보통 이런 식이다. "삼각격자 반강자성체 이트륨망간삼산화물에서 비자성 불순물 주위의 스핀 무질서 상태". 논문 제목이 이렇게 길고 어려운 이유는 보고하는 새로운 내용이 어떤 상황에서 발견되는 것인지 최대한 명확히 규정해야 하기 때문이다. 근거 없는 과일반화를 하지 않아야 한다는 과학적 이유 때문이다. 그래서 '넓을 박' 자를 쓰는 박사는 사실은 넓게 알지 못하고 매우 좁은 분야만 알기 때문에 '협사'가 적합한 명칭이라고 하기도 한다. EPR 논문 제목같이 일반화된 제목은 대가들이나 붙일 수 있는 것이다.

보어의 반박 논문은 '같은 해' '같은 학술지'에 '같은 제목'으로 실렸다고 한다. 같은 제목이라니! 물론 보어였으니까 가능한 일이다.

쉬는 시간에 강 박사가 잠시 자리를 비우자 대통령이 이 수석에게 속삭였다.

"어휴, 나는 무슨 이야긴지 하나도 모르겠어요. 이 수석은 어때요?"

"저만큼 이해하신 것 같습니다."

"얽힘에 관해 들으니 머릿속이 막 얽혀요."

"이해가 안 되어야 정상이라고 했으니 우리는 잘하고 있는 것 아닐까요?"

"머릿속이 얽히니까 잠은 잘 와요."

3부

세 번째 세미나

양자의 르네상스

8장

양자정보기술의 탄생

하지 말라면 말 안 듣고 하는 사람들이 꼭 있다. 이런 말썽꾸러기들은 일반적으로 문젯거리이지만, 나처럼 규칙대로 하는 사람만 있는 사회는 진보하지 못해 낙후될 것이다. 보어의 말을 듣지 않고 '쓸데없는' 생각을 한 벨과 아스페 같은 말썽꾸러기들의 바통을 이어받은 사람들이 있었는데, 그들은 암흑기 말년에 실용성과는 무관하게 순전히 재미로 물리적으로 가능한 모든 상황들에 관해 상상의 나래를 펴곤 했다. 이 사람들에게는 당연히 얽힘과 벨 테스트가 가장 흥미로운 상상의 주제였는데, 거기에서 공상과학 같은 양자정보기술이 탄생했다.

양자물리 전성기의 끝인 1930년에서 50년이 지난 1980년, 미국 아르곤연구소의 젊은 연구자 폴 베니오프Paul Benioff가 제시한 양자컴퓨터의 개념은 암흑기가 끝나고 양자 르네상스가 시작했음을 알리는 신호탄이나 다름없었다. 곧바로 1982년에는 파인먼이 양자컴퓨터가 있으면 고전컴퓨터로는 불가능한 계산을 처리할 수 있다는 사실을 지적하였다. 1984년에는 찰스 베넷Charles Bennett이 질 브라사르Gilles Brassard와 함께 양자암호통신 방법을 제안했다. 도청이 원천적으로 불가능한 양자암호통신은 5년 후인 1989년 베넷이 존 스몰린John Smolin과 함께 처음으로 직접 구현하는 데 성공하였다. 도청은 암호와 밀접한 관계가 있고, 암호는 국가 안보에 중요하다. 그래서 양자암호통신의 이론이 나왔을 때만 해도 아무도 신경 쓰지 않다가 실제로 구현이 되자 국방부에서 조금씩 관심을 가지게 되었다. 물론 우리나라 이야기는 아니다.

1993년, 베넷은 양자원격이동 기술을 발표했다. 원격이동이란 한마디로 순간이동을 의미하는 것인데, 도사들이 뿅 하고 사라졌다가 다른 곳에 나타나는 기술을 말한다. 물론 도사들의 기술과 조금 다르기는 하지만 기본 개념은 같다. 이 원격이동이야말로 양자정보 기술 중에서 가장 쓸모가 없으나 가장 재미있는 기술일 것이다. 유일한 쓸모라면 SF 소설이나 영화에서 보여주는 원격이동 장면에 과학적 근거를 제공해준다는 점이다. 이 기술은 1997년에 광자, 즉 빛을 이용하여 안톤 자일링거Anton Zeilinger가 처음 구현하였는데 그 업적으로 2022년 노벨 물리학상을 받았다. 나중에는 원자로도 구현되었다.

1994년, 피터 쇼어Peter Shor는 공개키 암호를 깰 수 있는 양자알고리즘을 발표했는데, 아마도 양자정보기술의 발전 과정에서 가장 충격이 큰 사건이 아니었을까 싶다. 암호는 국방이나 안보에만 사용되는 것이 아니라 금융 등 인터넷을 이용한 통신에서도 많이 사용되기 때문에, 암호체계가 무너진다는 것은 바로 우리 사회가 붕괴된다는 뜻이다. 1996년에는 로브 그로버Lov Grover가 데이터검색 알고리즘을 발표했다. 데이터검색은 빅데이터 처리가 중요한 모든 산업에 큰 영향을 미칠 수 있을 뿐만 아니라 비밀키 암호를 격파하는 데도 쓸 수 있다. 양자컴퓨터가 듣기에 섹시하기는 한데 그걸 도대체 어디에 쓰느냐는 의문이 편재했던 냉소적인 분위기가 이 두 알고리즘이 나오고 나서는 싹 바뀌었다. 암호를 격파한다니 일단 일반인들도 흥미를 가지는 주제였고, 국방안보 전문가들은 이제 무슨 말인지 알아들을 수도 없는 양자물리를 머리 싸매고 공부하지 않을 수 없게 되었다.

1997년에는 핵자기공명으로 양자컴퓨터가 처음 구현되었다. 비록 2비트짜리 장난감 수준의 데모였지만, 이제는 정말로 암호를 깨는 양자컴퓨터가 눈앞에 다가온 것이었다. 내가 양자컴퓨터에 처음 관심을 가지게 된 것도 바로 이때였다. 우리 연구실에서는 핵자기공명으로 실험을 하고 있었기 때문에 남들보다 먼저 소식을 듣게 되었다. 이때부터 양자컴퓨터 연구 선진국에서는 정부 차원에서 막대한 규모의 연구비를 지원하기 시작했다.

양자정보기술이 공상과학같이 들리는 이유는 바로 양자물리에서 이해가 되지 않았던 중첩과 특히 얽힘이라는 이상한 현상이 그

기저에 도사리고 있기 때문이다. 이 공상과학 같은 기술들은 모두 곧바로 실험으로 증명되었으니, 이제 중첩과 얽힘이라는 이상한 현상은 더 이상 쓸데없는 공상의 주제가 아니라 우리에게 신세계를 가져다줄 새로운 패러다임을 이루었다. 양자정보기술에 관련된 논문들은 이제 곧 폐간될 학술지가 아니라 가장 인기 있는 학술지에 실리기 시작했으며, 심지어 논문들을 양자정보기술과 관계가 있는 것처럼 포장하는 경향까지 나타났다. 분야 전공자들은 이제 첨단 분야를 연구한다는 자부심을 갖고 직장 걱정 없이 연구를 한다.

9장

원격이동

얽힘이 일으키는 공상과학 같은 일 가운데 먼저 원격이동 기술을 살펴보자. 원격이동이란 〈스타트렉〉 같은 SF 영화에서 빔 업이나 빔 다운하여 사람을 우주선 안팎으로 보낸다든지, 도사들이 앉은 상태로 공간 이동을 한다든지 하는 현상을 일컫는 말이다. 서울역에서 사라진 사람이 3시간 후에 부산역에 나타났다면 그리 신기할 일이 아닐 것이다. 원격이동은 순간적으로 이루어져야 의미가 있으며, 그런 뜻에서 순간이동이라고 불리기도 한다.

양자원격이동이 〈스타트렉〉에서처럼 물체를 순간적으로 이동시키는 것은 아니다. 물체는 순간이동할 수 없다. 순간이동하려면 속도가 순간적으로 무한대가 되었다가 다시 순간적으로 0이 되어야 한다. 하지만 물체의 속도는 무한대가 될 수 없으며, 조금이라도 순간적으로 변할 수도 없다. UFO는 이동 방향이 순간 직각으로 꺾이며 운행한다고 하는데, 이렇게 속도가 순간적으로 바뀌려면 무한대의 힘이 가해져야만 한다. 힘을 무한대로 가하는 것은 불가능할 뿐 아니라, 가능하다고 해도 그 안에 타고 있는 생명체가 견디지 못하고 즉사할 것이다. 우리보다 우수한 문명을 자랑하는 외계인들도 우주의 법칙을 거스를 수는 없다. 속도가 순간적으로 변할 수 없으므로, 순간이동도 물론 불가능하다.

양자원격이동은 물체를 원격이동시키지 않고 물체에 대한 정보를 원격이동시킨다. 물체의 구성 요소와 구성 상태의 정보만 전달하면, 도착지에서 같은 입자들을 구해 같은 상태로 구성하면 된다. 나 같은 유기체는 주로 탄소, 수소, 질소 등의 원소가 레고 블록 쌓이듯이 합쳐 이루어져 있으며, 이 세상 모든 물질은 모두 100여 개 원소의 조합으로 이루어져 있다. 지구에서 8.6광년 떨어진 별 시리우스에도 이런 원소들이 있을 것이므로, 어떤 원소들이 어떻게 쌓여서 나를 구성하고 있는지에 관한 정보만 전달하면 시리우스에서 같은 원소들을 구해 같은 방식으로 쌓으면 된다.

우주는 네 가지 기본 힘에 따라 운행된다. 바로 강력, 약력, 전자기력, 중력이다. 강력과 약력은 핵보다도 작은 기본 입자들 사이에서 작용하는 힘이기 때문에 제3차 세계대전이 일어나서 핵무기가 터지지 않는 한 우리가 직접 느껴볼 기회는 없다. 우리 인생과 밀접한 것은 전자기력과 중력인데, 얼핏 생각하기에는 중력과 더 밀접할 것 같다. 우리는 서 있거나 누워 있거나 언제나 중력을 느끼며,

중력 덕분에 지구에서 떨어져나가지 않고 땅 위에서 안전하게 이동할 수 있다. 우주에서는 우리와 우주선이 서로 끌어당기는 힘이 너무 약해서 우리는 우주선에 붙어 있을 수 없다. 요즘 잘 만든 우주 SF 영화들을 보면 이 사실이 리얼하게 표현되어 있어서 우주선 밖으로 나간 우주인이 혹시라도 우주선에서 멀어질까 봐 가슴 졸이게 된다.

하지만 중력의 영향은 거기까지고, 우리 인생은 완전히 전자기력에 의해서 결정된다고 할 수 있다. 우리 신체를 구성하는 세포는 세포벽을 통해 물질을 교환하는 등 여러 가지 신진대사로 생명을 유지한다. 이런 신진대사는 모두 화학 작용을 통해 이루어지며, 화학 작용은 모두 전기적인 힘에 의해 이루어진다. 그러므로 화학은 전자기력이 일으키는 현상을 다루는 학문이며, 우리의 생명 또한 전자기력의 법칙을 따라 유지된다. 생명체 안에서 이루어지는 모든 현상이 전자기력의 법칙을 따르므로 우리의 기억이나 사고, 심지어 감정도 그럴 것이다. 내가 어느 날 누군가와 사랑에 빠졌다고 하자. 그날부터 나는 밤에도 잠이 오지 않고, 천장에는 그 사람의 얼굴만 어른거린다. 그 사람을 본 적이 없었던 어젯밤과 보고 난 오늘 밤, 그사이 내 머릿속이 어떻게 달라졌기에 이럴까? 그 변화가 구체적으로 어떤 것인지는 알 수 없으나, 머릿속에서 핵의 변화가 일어났을 리는 없고 머릿속 세포 간에 중력이 달라져서도 아닐 것이니, 결국 그 변화란 머릿속 구성 요소들 간의 전자기력 분포가 달라진 것일 터다. 신은 우리의 감정을 조절하는 도구로 전자기력을 선택했다.

기억이 변할 때마다 뇌를 구성하는 신경세포들 간의 연결 상태가 변한다고 한다. 감정이 변화할 때 뇌 속에 어떤 변화가 일어나는지는 아직 모른다. 기억이든 감정이든 변화가 생길 때, 세포들 간의 연결 상태같이 눈에 보이는 거시적 변화 외에도, 미시적으로 들여다보면 구성 입자들의 양자 상태가 전자기력에 의해 어떻게든 달라졌을 수도 있다. 예를 들어 내 머릿속 세포를 구성하는 전자들 중 일부가 중첩되지 않은 상태에 있다가 중첩이 된다든지 하는 식으로 말이다.

우리는 도사 같은 능력이 없다면 스스로 원격이동할 수 없으니 〈스타트렉〉에 나오는 것과 같은 이동 기기의 힘을 빌려야 한다. 그러면 그 기계는 적어도 자기가 뭘 보내야 하는지는 알아야 할 것이므로, 캡슐 안에 들어온 물체를 병원의 CT 촬영기가 하듯이 스캔해야 할 것이다. 이 스캔하는 작업, 혹은 알아내는 과정은 바로 측정을 하는 과정이며, 측정을 하면 중첩된 상태가 붕괴된다. 즉, 양자 상태가 변한다. 그렇다면 우리의 기억이나 감정이 어떻게 달라질지 알 수 없는 일이며, 원격이동된 나와 여기 있는 나 중에서 어느 것이 더 나 같은 나인지 알 수 없다. 양자원격이동 기술의 자랑은 바로 구성 요소들의 양자 상태를 모르고도 그 상태를 전달할 수 있다는 것이다.

이제 내 몸을 구성하는 수없이 많은 전자들 중에서 딱 한 개의 상태를 시리우스로 보낸다고 해보자. 이 과정만 제대로 이루어진다면 몸을 구성하는 모든 전자와 핵에 대한 정보를 하나씩 다 보낸

후, 시리우스에서 같은 입자들을 구해 3D 프린터가 하는 것처럼 내 몸을 똑같이 만들어내면 된다. 이 과정에는 얽힘이 관여하므로 전자 대신 로봇의 스텝 비유를 다시 가져와 설명해보자. 이어지는 설명에서 로봇의 자세는 전자의 상태를 비유하는 것이다. 우리는 전자가 어떤 상태에 있는지 모르는 채로 정보를 전송할 것이다.

지구에 있는 갑돌이가 시리우스에 있는 을순이에게 한 로봇의 스텝 상태 정보를 원격이동으로 전송하려 한다. 그러기 위해서는 지구에서 한 쌍의 남자 로봇과 여자 로봇을 미리 다음 쪽의 그림 (가)처럼 두 가지 사교춤 스텝의 중첩상태로 만든다. 즉, 두 로봇을 얽힌 상태로 준비한다. 앞에서 설명한, 생성된 전자와 양전자가 이런 식으로 얽혀 탄생하므로 얽힌 두 로봇의 역할을 할 수 있다. 이제 얽힘을 그대로 유지한 채로 남자 로봇은 지구에 남겨두고 여자 로봇은 우주선에 태워서 시리우스로 보내 대기시킨다. 지구에 남은 남자 로봇의 스텝을 측정해서 1번 자세가 나오면 시리우스에 있는 여자 로봇도 1번 자세이고, 남자 로봇이 2번 자세로 측정되면 여자 로봇도 2번 자세이다.

이 준비 과정이 끝나고 나면 원격이동시키고 싶은 노란 로봇을 남자 로봇 옆에 데려온다. 여자 로봇은 먼 곳에 있으므로 물론 지구에 있는 갑돌이는 여자 로봇의 스텝을 측정할 수 없고, 함께 지구에 남은 남자 로봇과 노란 로봇의 상태만을 측정할 수 있다. 이제부터 두 로봇에 대해 조금 특이한 측정을 할 것이다. 로봇의 상태를 각각이 아니라 동시에 측정하는데, 둘의 스텝이 같은지 다른지만을 측

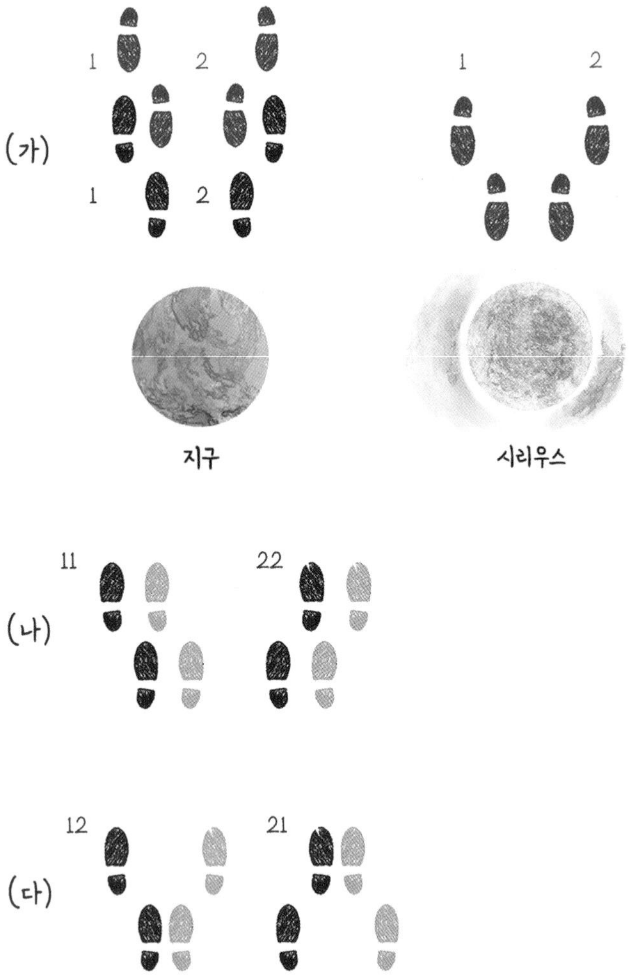

내 몸을 이루는 전자 하나의 상태를 시리우스로 보내는 방법.
(가) 남녀 로봇을 얽힌 상태로 준비한 후 여자 로봇을 시리우스로 보낸다.
(나) 남자 로봇과 노란 로봇의 스텝이 같은 경우.
(다) 남자 로봇과 노란 로봇의 스텝이 다른 경우.

정한다. 즉, 그림 (나)처럼 둘 다 1번 자세나 2번 자세로 같은지, 혹은 (다)처럼 하나는 1번 자세이고 다른 하나는 2번 자세로 서로 다른지를 측정한다. 이 특별한 측정을 벨의 이름을 따서 '벨의 측정'이라고 부른다. 노란 로봇은 원격이동하러 온 손님이고 남자 로봇은 이를 도와주는 도우미이므로 서로 처음 보는 사이고 아무런 관계도 없다. 즉, 완전히 독립적이며 전혀 얽혀 있지 않다.

측정을 해보니 남자 로봇과 노란 로봇이 같은 스텝을 취했다는 결과가 나왔다고 하자. 그러면 상태는 그림 (나)의 자세 (11)이나 (22) 중 하나일 것이며, 둘 중에 어느 것인지는 모른다. 갑돌이가 모르는 노란 로봇의 상태가 만일 1번 자세, 즉 왼발을 앞으로 둔 자세였다면 남자 로봇과 노란 로봇의 상태는 측정 후 자세 (11)일 것이다. 그리고 남자 로봇의 상태가 1번이면, 이와 얽힌 여자 로봇의 상태도 1번 자세이다. 만일 노란 로봇의 상태가 2번 자세, 즉 오른발을 앞으로 둔 자세였다면 남자 로봇과 노란 로봇의 상태는 자세 (22)일 것이다. 그리고 남자 로봇의 상태가 측정 후 2번 자세라면, 이와 얽힌 여자 로봇의 상태도 2번 자세이다. 즉, 노란 로봇이 어떤 상태이건 여자 로봇의 상태도 노란 로봇과 같아진다. 갑돌이는 노란 로봇의 상태를 모르므로 여자 로봇의 상태도 물론 알지 못하지만, 두 로봇의 상태가 같다는 사실은 안다. 즉, 노란 로봇의 상태가 아무도 모르는 채로 여자 로봇에게 이동된 것이다.

이번에는 측정을 해보니 남자 로봇과 노란 로봇의 스텝이 다르다는 결과가 나왔다고 해보자. 그럼 그림 (다)의 자세 (12)나 (21)

중 하나일 것이며, 어느 것인지는 모른다. 이 경우에도 위와 똑같이 분석할 수 있다. 갑돌이가 모르는 노란 로봇의 상태가 1번 자세였다면, 남자 로봇과 노란 로봇의 상태는 자세 (21)일 것이므로 남자 로봇의 상태는 2번 자세이며, 남자 로봇의 상태가 2번 자세이면 시리우스에 있는 여자 로봇의 상태도 2번 자세이다. 만일 노란 로봇의 상태가 2번 자세였다면, 남자 로봇과 노란 로봇의 상태는 자세 (12)이며, 남자 로봇의 상태가 1번 자세이므로 여자 로봇의 상태도 1번 자세이다. 즉, 노란 로봇이 어떤 상태이건 여자 로봇의 상태는 그것과 반대이다. 이 경우 지구에서 시리우스에 연락을 취해 두 로봇의 스텝이 다르다는 측정 결과를 알려준다. 그러면 시리우스에서는 여자 로봇의 상태가 뭐든 간에 원격이동시키려는 노란 로봇과 반대라는 걸 알게 되며, 그 상태가 뭐든 간에 반대로 만들어주는 조작을 해주면 된다. 결과적으로 역시 노란 로봇의 상태가 아무도 모르는 채로 여자 로봇에게 이동된 것이다. 고객인 노란 로봇의 신변에 대한 정보가 완벽히 비밀로 지켜진 채로 시리우스에 전달된 것이다.

두 로봇의 스텝이 같은지 다른지를 측정한 결과를 고전적인 통신 채널을 통해서 시리우스에 알려주어야 원격이동이 완성되므로, 사실 이 원격이동은 순간적으로 이루어지는 것은 아니다. 고전적인 통신은 빨라 봐야 빛의 속도로 진행되므로 원격이동도 기껏해야 빛의 속도로 이루어진다. 그러나 빛의 속도로 이동하는 것만 해도 어디인가. 지구에서 가장 가까운 별도 4광년 떨어져 있다고 하니, 살아생전에 다른 별에 가보고 싶다면 양자원격이동 기술이 유일한 희

망이다. 그런데 사실 여기서 설명한 과정은 전자나 광자 같은 미세한 입자 하나의 상태를 전달하는 것이다. 이 과정만 해도 미리 두 입자의 얽힘 상태를 만들고, 얽힌 쌍 중에서 하나의 입자를 (얼마나 걸릴지도 모르는) 우주선에 태워 시리우스로 보내고, 정보를 보내고 싶은 입자와 쌍으로 측정한 후 측정 결과를 8.6년 걸려 알려주어야 한다. 우리 몸을 구성하는 모든 입자에 대해 이 과정을 다 거치며 시리우스까지 원격이동을 마치려면, 양자비트라는 뜻으로 큐빗이라는 말을 처음 쓴 벤저민 슈마허Benjamin Schumacher의 말처럼 "차라리 걸어가는 게 낫다."

여기서는 간단히 노란 로봇의 상태가 1번 자세이거나 2번 자세 둘 중 하나인 경우를 예로 들어 설명했지만, 사실은 1번 자세와 2번 자세가 일반적으로 중첩된 상태까지도 모르는 채로 완벽하게 전달할 수 있다. 또 중첩 비율이 일대일이 아닌 일반적인 중첩상태도 전달할 수 있다. 그런데 남자 로봇과 노란 로봇의 스텝이 같은지 혹은 다른지를 측정하면 노란 로봇의 중첩상태가 깨져버린다. 즉, 노란 로봇의 원 상태는 여자 로봇에게 완벽히 전달되지만 노란 로봇의 중첩상태는 붕괴된다. 그러므로 원격이동 기술은 한 입자의 상태를 멀리 떨어진 다른 입자에게 팩스 보내듯이 복사해주는 것이 아니라 문자 그대로 '보내버리는' 것이다. 만일 나를 원격이동시킨다면 나와 똑같은 것은 오히려 시리우스에서 만들어지는 나이며, 여기 남은 나는 변질되어 이전의 나와는 뭐가 달라도 달라진다. 갑자기 본 적도 없는 사람의 기억이 머릿속에 떠오를지도 모른다.

만일 원본과 이동된 물체가 완전히 같다면 이는 복사가 된 것인데, 양자정보과학에서는 복제가 불가능하다는 사실이 증명되어 있다. 복제가 가능하다면 임의의 중첩된 양자 상태를 수없이 많이 복제한 뒤, 그것들을 측정해서 나오는 결과로부터 고유상태들의 중첩 비율을 알 수 있다. 즉, 일반적인 중첩상태에 대해서 완벽하게 알게 되는 것이다. 그렇다면 어렵게 양자원격이동 기술을 사용하여 모르는 채로 보낼 것이 아니라 그냥 그 상태에 대한 정보를 일반 통신 채널로 보내면 된다. 복제 비용이 원격이동 비용보다 저렴하면, 자신의 정보를 비밀로 보낼 필요가 없다고 하는 손님에게는 싸게 이동시켜줄 수 있는 것이다. 이 복제불가 법칙을 두고 물리학자들은 이렇게 농담하곤 한다. "양은 복제할 수 있지만 전자는 복제할 수 없다." 물리적으로는 전자같이 간단한 물질도 복제할 수 없는데 생물학에서는 양같이 복잡한 물체도 복제한다고 하니 우습지 않느냐는 뜻이다. 물론 생물학에서 말하는 복제와 물리학에서 말하는 복제의 의미가 다르기 때문에 생긴 농담이다.

• 물리학자들이 사는 세상 •

백 가지 원소와 명품

명품 가방도 주기율표에 있는 흔한 원소로 구성되어 있다. (© Wikipedia)

이 세상 삼라만상은 백 가지 원소로 이루어져 있다. 금은보석과 다이아몬드도 모두 백 가지 원소로 이루어져 있기는 마찬가지이다. 우리 몸을 구성하는 주원료는 수소, 탄소, 질소 등이며, 산소, 규소, 철 등 여러 가지 원소 또한 주변에서 흔히 발견되고 우리 생활과 밀접히 관련되어 있다. 이 원소들은 생명 유지에 필수적이지만, 그렇다고 해서 내가 수소나 탄소, 질소에 특별한 애정을 가지고 있는 것은 아니다. 이것이 내가 탄소로 이루어진 다이아몬드에 특별한 흥미를 갖지 못하는 이유이다. 연필심을 이루는 흑연도 탄소로 이루어져 있다. 흑연과 다이아몬드의 차이는 제조 과정에서 탄소를 쌓는 방법이 다를 뿐인데, 나에게는 다이아몬드에서 탄소가 쌓이는 방식이 더 사랑스럽지는 않다.

명품 핸드백도 100여 종류의 원소 가운데 몇 가지로 이루어져 있기는 마찬가지이다. 그러므로 나는 이런 물건에 가치를 느끼지 못하며, 생일에 선물로 받고 싶은 물건도 없다. 어떤 물건이든 내 주위에 널린 원소들로 만든 것일 테니까. 그런데 내가 명품에 관심을 가져야 할 때가 지금까지 딱 한 번 있었다. 외국 출장을 가게 되었는데, 가기 전날 아내와 다투었다. 출장을 가서는 잘 지내다가 막상 돌아올 때쯤 되니까 슬슬 걱정이 되기 시작했다. 그래서 공항 면세점을 어슬렁거리면서 아내에게 화해의 제스처로 내밀 뇌물을 물색했다. 그런데 잠깐, 심지어 나도 아는 명품 브랜드 '푸르다'에서 세일을 하고 있는 것이 아닌가. 마침 잘됐다 싶어서 쇼윈도를 보니 작은 손가방이 있었다. 가격표를 보기 전에 생각했다. '이 정도의 물건을 만들려면 재료비와 인건비가 얼마 정도는 들 것이다. 사치품이니까 2배를 더 쳐주고, 유명 브랜드니까 거기에 또 2배를 더 쳐주자. 그 가격이면 살 만하겠다.' 크게 양보해서 결심을 하고 가격표를 보니까 놀랍게도 내가 마음속으로 생각한 가격과 똑같았다! 나는 감격한 나머지, 이렇게 흔하지 않은 기회를 놓칠 수 없지 생각하며 그 옆에 있던 더 큰 가방까지 두 개를 호기롭게 들고서 계산대로 갔다. 그런데 점원이 계산을 하는 것을 보니 뭔가 이상했다. 내가 짐작한 가격에 0이 하나 더 붙은 것이다! 내가 맨 처음 이 정도면 합리적인 가격이야 하고 생각한 가격의 40배였다. 실상은 이랬다. 나는 가격이 홍콩 달러로 표시된 줄 알았는데, 알고 보니 미국 달러로 표시된 것이었다.

10장

양자컴퓨터의 등장

고전컴퓨터의 한계

컴퓨터가 발명된 후 연산처리 능력은 눈이 부시게 증가되어왔다. 컴퓨터의 뇌에 해당하는 중앙 전산처리 장치CPU나 메모리칩의 용량은 약 1.5년마다 2배씩 증가되어왔다고 한다. 이렇게 복리로 가입한 은행 예금처럼 지수적으로 용량이 늘어난다는 것은 엄청난 일이다. 3년이면 4배, 6년이면 16배, 9년이면 64배가 증가할 테니 말이다. 1980년경 처음 나온 PC는 64킬로바이트, 그러니까 요즘 PC의 백만분의 일 정도의 메모리를 장착했으니 그간의 발전이 어떠했는지 이해할 만하다. 그때는 64킬로바이트나 되는 많은 메모리를 일반인이 다 어디에 쓰겠냐고들 했다. 이러한 지수적 증가 추세를 '무어의 법칙'이라고 하는데, 여러 이유로 이 법칙이 더 이상 맞지 않게 될 것이라는 예측이 오래전부터 있었으나, 도저히 불가능해 보이는 상황에서도 돈의 힘은 불가능을 가능으로 바꾸어왔다.

하지만 무어의 법칙도 절대로 뛰어넘을 수 없는 이론적 한계가 있다. 메모리칩이나 트랜지스터 같은 전자회로의 부품을 소자라고 부르는데, 같은 크기의 소자에서 메모리 용량을 늘리려면 메모리 한 비트가 차지하는 부분의 크기를 점점 작게 만드는 수밖에 없다. 그 극한은 결국 원자 한 개가 될 텐데, 사실 파인먼은 일찍부터 한 비트의 정보를 저장하는 가장 작은 단위로 원자를 쓰게 될 것이라고 주장하며 나노기술의 등장을 예언했다. 그런데 무어의 법칙은 그보다 한참 전에 맞지 않게 될 것이다. 왜냐하면 한 비트의 물리적 크기가 원자에 가까워지면, 미시세계의 양자물리적 현상이 강하게 나타나서 전자회로의 작동을 방해하기 때문이다. 전자소자 제조회사에서는 메모리 용량을 늘리느라 골머리를 앓고 있으며, 이 분야 연구자들의 관심은 어떻게든 양자적 현상을 제거하는 데 집중되어 왔다. 그런데 관점을 완전히 바꾸어서 양자적 현상을 제거하는 대신 이용해보자는 적극적인 아이디어가 등장했고, 이를 바탕으로 탄생하게 된 것이 바로 양자컴퓨터이다.

컴퓨터칩의 지수적 발전을 방해하는 또 하나의 요소는 바로 연산이 발생시키는 열이다. 한 소자에 얼마나 많은 메모리를 집어넣느냐를 나타내는 집적도뿐 아니라 연산속도 또한 컴퓨터칩 제조사들이 뛰어드는 중요한 경쟁의 장이다. 집적도와 연산속도가 동시에

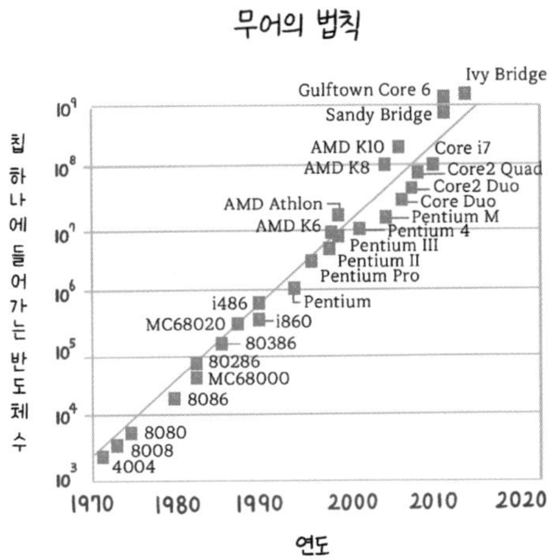

무어의 법칙. 반도체소자의 집적도는 시간이 흐름에 따라 지수적으로 증가해왔다.

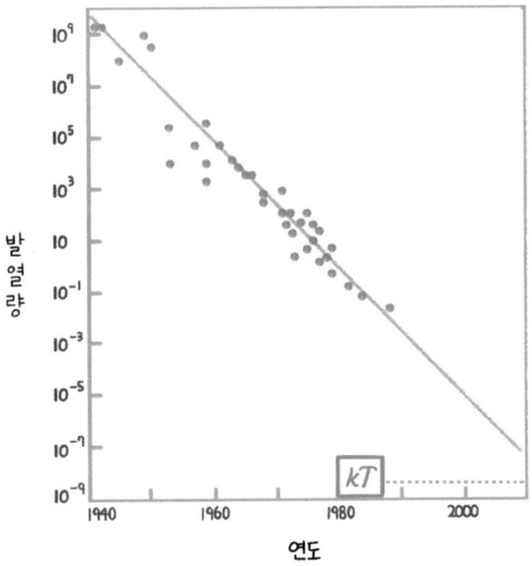

연산이 발생시키는 열. 시간이 흐름에 따라 줄어들고 있다.

올라가면 발생하는 열 또한 지수적으로 증가한다. 따라서 연산 하나당 발생하는 열을 줄이지 않는다면, 우리는 컴퓨터에 붙은 냉각팬이 돌아가는 소리에 정신을 차리지 못할 것이다. 발열량-연도 그래프는 연산 하나가 발생시키는 열이 줄어드는 추세를 보여주는데, 이 추세가 계속된다면 2020년이 되기 전에 kT라고 쓰인 바탕 선을 통과한다는 점을 지적하고 있다.

kT란 상온에서의 열에너지라는 뜻으로, 모든 물체가 상온에서 가지는 기본적인 열에너지를 뜻한다. 연산에 쓰이는 에너지가 kT와 같아지면, 우리가 연산을 하지 않았는데도 주변의 열에너지에 의해 무작위로 연산이 이루어진다. 예를 들어 에너지가 kT의 10배 정도는 되어야 연산이 되도록 제작된 소자는 우리가 $10kT$의 에너지를 공급할 때만 연산이 이루어지겠지만, kT 정도의 에너지만으로도 연산이 되도록 제작된 소자는 우리가 에너지를 공급하지 않아도 주변에서 공급되는 열에너지로 인해 연산이 이루어진다는 것이다. 그렇다면 연산을 통제할 수 없으므로 더 이상 컴퓨터로서 기능할 수 없다. 2020년에도 컴퓨터는 이런 지경에 이르지 않았으므로, 이 그래프에서 마지막 데이터가 표시된 1990년 이후에는 같은 추세가 계속되지 못한 것이 확실하다.

비가역과 엔트로피

그런데 도대체 왜 계산을 하는데 열이 발생할까? 기본 원인은 우리가 사용하는 연산이 비가역적이라는 사실에서 비롯한다. 뒤에서 더 자세히 설명하겠지만, 컴퓨터가 수행하는 연산이란 입력신호로 들어온 0이나 1을 원하는 조건에 맞게 출력해주는 조작을 의미한다. 예를 들어 AND 연산은 입력신호가 두 개이고 출력신호가 한 개인데, 입력 두 개가 모두 1이면 출력도 1이고, 나머지 세 경우, 즉 입력이 00, 01, 10 중 하나이면 출력으로 0을 내보낸다. 이때 출력이 1이면 두 입력이 모두 1이었음을 알 수 있지만, 출력이 0이면 두 입력이 모두 0이었는지 혹은 둘 중 하나만 1이고 나머지는 0이었는지 알 수가 없다. 이렇게 출력으로부터 입력을 복구할 수 없는 경우를, 거꾸로 갈 수 없다는 뜻으로 '비가역적 연산'이라고 한다. 반대로 거꾸로 갈 수 있는 연산을 '가역적 연산'이라고 부르는데, 그 예로는 NOT 연산이 있다. NOT 연산은 입력신호도 한 개이고 출력신호도 한 개여서, 입력이 0이면 출력으로 1을 내보내고 입력이 1이면 출력으로 0을 내보낸다. 이 연산에서는 출력신호를 보면 입력신호가 무엇이었는지 알 수 있으므로 출력으로부터 입력을 복구해낼 수 있다. 이미 눈치챘겠지만 컴퓨터의 비가역적 연산은 입력신호의 개수와 출력신호의 개수가 다르다는 데에서 비롯한다. 연산 과정에서 정보가 일부 손실되어 출력으로부터 입력을 복구할 수 없는 것이다.

가역과 비가역은 열물리에서 가장 중요한 개념 중 하나이다. 열역학 제2법칙에 따르면 비가역적 과정에서는 무질서한 정도, 즉 무질서도가 증가한다. 무질서도를 고상하게 '엔트로피'라고 부르기 때문에, 열역학 제2법칙은 보통 엔트로피 증가의 법칙이라고 불린다. 예를 들어 결혼식장에서 신랑 측과 신부 측이 나뉘어 앉아 있다면 무질서도가 낮은 상태이고, 아무렇게나 섞여 앉아 있다면 무질서도가 높은 것이다. 처음에 얌전히 나뉘어 앉아 있던 하객들은 나중에 피로연에서 한잔하고나면 처음 보는 사람들과도 얘기를 나누면서 아무렇게나 섞여 앉기 시작한다. 이것이 엔트로피가 증가하는 과정이고, 일단 이렇게 취해서 섞여 앉으면 다시 나눠 앉게 하기가 어렵기 때문에 비가역적 과정이다.

두 기체를 섞을 때도 마찬가지이다. 칸막이로 나뉜 상자가 있는데, 왼쪽에는 A 기체가 들어 있고 오른쪽에는 B 기체가 들어 있다고 하자. 칸막이를 치우면 두 기체가 섞이기 시작한다. 섞이기 전에는 구분이 잘되어 있다가 섞이고 나면 무질서도가 증가해 구분이 되지 않는다. 일단 섞이고 나면 자연적으로는 다시 분리되지 않으므로 이 과정은 비가역적이다. 상자의 왼쪽에만 기체가 들어 있고 다른 쪽은 진공인 상황에서 칸막이를 치워도 마찬가지이다. 양쪽 모두에 퍼진 기체는 한쪽에만 얌전히 몰려 있는 기체보다 무질서한 정도가 크며, 일단 퍼지면 자연적으로는 원래 상태로 되돌아가지 않으므로 비가역적이다. 비가역적 과정이 이루어지면 우리가 사용할 수 있는 에너지가 줄어든다. 상자 한쪽에는 기체가 들어 있고 다른 한쪽은 진공이라면 기체가 칸막이를 밀도록 일을 시킬 수 있는데, 이미

다 퍼져버린 기체는 더 이상 일을 할 수 없으니 사용할 수 있는 일이 낭비된 셈이다. 이렇게 사용 가능한 일이 낭비되면 열이 발생하는 경우가 많다. 폭포를 사용해 발전기를 돌리면 사용 가능한 에너지를 만들어낼 수 있는데, 폭포가 그냥 밑으로 떨어질 뿐이라면 결국 일은 물 분자의 온도를 높이는 데에만 사용되고 끝난다.

이렇게 비가역적인 과정은 일반적으로 발열을 동반한다. 컴퓨터로 정보를 기록하고 연산을 하는 과정도 결국은 전부 물리적인 소자들이 수행하는 것이므로, 연산이 비가역적이라면 이를 물리적으로 수행하는 과정에서 열이 발생하게 된다. 사실, 현재 우리가 쓰는 컴퓨터가 더운 김을 확확 뿜어대는 이유는 소자들이 비가역적으로 작동하기 때문이 아니라, 이론적인 한계보다 훨씬 더 비효율적으로 작동하기 때문이다. 그러나 비가역적 과정이 우리가 언젠가는 맞닥뜨려야 할 한계인 것은 분명하다.

1961년, 비가역적 연산에서 정보가 손실되고 정보가 손실되면 열이 발생한다는 사실을 처음 지적한 것은 롤프 란다우어Rolf Landauer였다. 당시 그는 IBM에서 근무했는데, 계산의 궁극적 한계라는 문제에 관심을 가지고 있었다. 정보를 지우는 데 에너지가 소모된다면 정보를 지우지 않는 컴퓨터를 만들면 어떨까? 이런 엉뚱하고도 혁신적인 생각을 처음 떠올린 사람은 롤프 란다우어 밑에서 연구원으로 일했던 베넷이다. 1973년, 베넷은 정보를 지우지 않는 연산만 수행하는 가역적 컴퓨터의 모델을 제시했다. 가역적 컴퓨터는 나중에 양자컴퓨터의 등장을 촉발했는데, 베넷은 이뿐만 아니라 후에 양자암호통신과 양자원격이동 등, 양자정보과학에서 중요한 기술들을 많이 발명해냈다.

양자계의 차원

1980년, 폴 베니오프는 양자물리 법칙에 따르면 가역적 연산이 가능하다는 사실을 지적했다. 양자컴퓨터의 개념이 처음으로 제시된 것이다. 1982년, 파인먼은 베니오프와는 다른 각도에서 양자컴퓨터의 유용성을 보여주었다. 파인먼은 베넷의 제안으로 양자컴퓨터를 연구하기 시작했는데, 가역적 과정이나 발열의 차원에서가 아니라 양자컴퓨터는 고전컴퓨터가 하지 못하는 일을 할 수 있다는 점을 지적했던 것이다.

예를 들어서 설명해보자. 전자, 양성자, 광자 등과 같은 기본 입자들은 이른바 '스핀'을 가지는 경우가 많다. 스핀이란 골프나 당구에서 구의 회전이라는 뜻으로 쓰이는데, 물리에서도 비슷하다. 입자가 스핀을 가진다는 것은 그 입자가 자전하고 있다고 생각하면 된다. 물체가 돌고 있을 때는 운동량보다 각운동량이라는 물리량을 사용하면 상황을 더 잘 기술할 수 있다. 각운동량은 운동량에 회전반경을 곱한 양으로, 물체가 계속해서 돌려는 성질이 얼마나 강한가 혹은 거꾸로 물체의 회전을 멈추기 위해 우리가 얼마나 애를 써야 하는가를 나타내는 정도라고 할 수 있다. 질량이 크거나, 빠르게 돌거나, 큰 반경을 돌면 각운동량이 크다. 돌아가고 있는 팽이를 멈추는 것보다 놀이터의 회전무대를 멈추는 것이 훨씬 더 힘이 드는 이유는 회전무대의 질량이 팽이보다 크기 때문이다. 물론 팽이보다 멈추기에만 힘이 더 드는 것이 아니라 돌리기도 더 힘들다. 회전무대가 빠르게 돌면 느리게 돌 때보다 당연히 멈추기가 더 힘들다. 또 같은 질량, 같은 속력이라고 하더라도 큰 반경을 돌수록 멈추기가 쉽지 않다. 아이들이 회전무대 가운데에 옹기종기 모여 있을 때보다 가장자리에 있을 때 돌리거나 멈추기가 더 힘이 드는 것이 이 때문이다.

자전도 회전하는 상태이므로 각운동량이 있는데, 이 각운동량을 '스핀 각운동량'이라고 부른다. 뒤에 붙은 단어가 너무 길어서 불편하므로 흔히들 그냥 간단히 스핀이라고 부르며, 우리도 앞으로 스핀 각운동량을 간단히 스핀이라고 부르기로 하자.

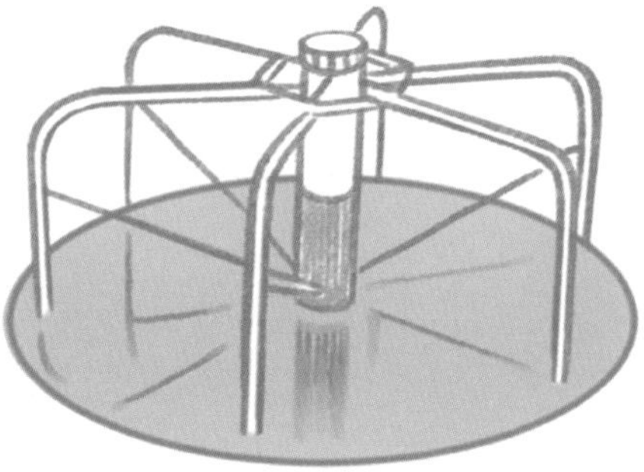

놀이터에 가면 흔히 보이는 놀이기구. 뺑뺑이, 뺑뺑이 등으로 불리는데 진짜 이름은 회전무대라고 한다.

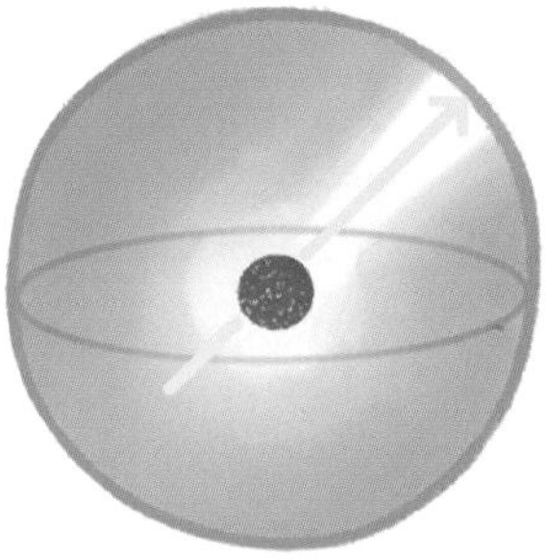

입자의 스핀. 빨간색 입자의 스핀을 노란색 화살표로 표시했다.

물체의 스핀을 표현하고 싶을 때는 위 그림처럼 화살표를 쓴다. 회전축의 위치에 화살표를 그려서 물체가 어느 축을 중심으로 회전하는지 표시하는 것이다. 같은 회전축에 대해서 돌 수 있는 방향이 두 가지가 있으므로 물체가 오른쪽으로 도는지 왼쪽으로 도는지를 화살표 방향으로 나타낸다. 물체는 어떤 방향으로든 회전할 수 있으므로 회전축은 어떤 방향으로도 향할 수 있다. 스핀의 크기는 입자의 고유 성질이기 때문에 정해져 있고 방향만 자유롭게 변화할 수 있는데, 스핀 1개의 상태를 표현하기 위해서는 2개의 변수가 필요하다. 같은 그림에서 화살표의 끝은 2차원 곡면 어떤 곳에든 위치할 수 있으니, 2차원 곡면인 지구 위에 한 곳의 위치를 표시하기 위해 경도와 위도라는 2개의 변수가 필요한 것과 마찬가지이다. 스핀이 2개라면 각각 2개씩 4개의 변수가 필요하고, 3개라면 6개, 따라서 N개가 있다면 $2N$개의 변수가 필요하다. 컴퓨터로 스핀 N개의 상태를 기술하려면 변수 $2N$개를 다루어야 한다는 뜻이다.

양자 세계에서는 스핀의 크기가 양자화되어 있다. 전자스핀의 경우에는 회전 방향이 반대인 두 가지 고유상태만 있으며, 이들을 '스핀 업'과 '스핀 다운' 상태라고 부르고 각각 위 방향과 아래 방향 화살표를 그려서 표현한다. 스핀의 두 고유상태는 어떤 비율로도 중첩이 가능하며, 이는 고전적인 스핀이 어떤 방향이든 향할 수 있다는 사실에 대응한다. 그러므로 일반적인 중첩상태를 기술하기 위해서는 2개의 변수가 필요하다. 스핀이 2개가 있을 때는 둘 다 업인 상태, 둘 다 다운인 상태, 둘 중 하나는 업이고 나머지는 다운인 상태, 그 반대인 상태, 이렇게 4가지의 고유상태가 있으므로, 이 상태들의 중첩을 표현하려면 총 4개의 변수가 필요하다. 필요한 변수의 수에 관한 한 여기까지는 고전적인 경우와 같지만, 스핀이 3개 이상이 되면 상황이 달라지기 시작한다. 스핀이 3개가 있을 때는 모두 업인 상태, 하나는 다운이고 나머지 둘은 업인 세 가지 상태, 둘은 다운이고 나머지 하나는 업인 세 가지 상태, 셋 다 다운인 상태, 이렇게 8가지의 고유상태가 존재한다. 그러면 이들의 중첩상태를 표현하기 위해서는 $2^3=8$개의 변수가 필요하며, 스핀이 N개가 있다면 2^N개의 변수가 필요하다.

자연이 고전적이라면, 즉 뉴턴 법칙만으로 세상이 기술될 수 있다면 스핀 10개의 상태를 기술하기 위해서 $2\times10=20$개의 변수를 다루면 되지만, 양자 세계에서는 $2^{10}=1024$개의 변수를 다루어야 한다. 그리고 알다시피 자연계는 고전적이지 않고 양자적이다. 컴퓨터로 자연계를 시뮬레이션하는 데 1000개 가량의 변수를 써서 계산을 해야 한다면, 필요한 메모리의 수도 최소한 1000개는 되어야 할 테고 무엇보다 계산량이 엄청날 것이다. 입자가 20개만 해도 백만 개의 변수가 필요하고, 입자가 40개 정도 되면 필요한 변수의 수를 생각하기도 싫어진다. 입자 20개면 단백질을 구성하는 아미노산 하나를 이루는 원자의 수 정도에 불과하므로, 아미노산 단 한 개의 양자 상태를 정확히 계산하는 것도 얼마나 어려운 일인지 알 수 있다.

이렇게 양자 상태를 컴퓨터로 시뮬레이션하기 어려운 이유는 우리가 사용하는 컴퓨터가 고전컴퓨터이기 때문이다. 파인먼은 바로 이 점에 착안하여 양자 세계의 시뮬레이션은 양자컴퓨터로 해결하면 된다고 제안했다. 즉, 스핀으로 만든 양자컴퓨터로 양자 세계의 스핀을 시뮬레이션한다면 같은 수의 스핀만 있으면 된다는 것이다. 그런 양자컴퓨터는 물론 다른 양자계도 시뮬레이션할 수 있다. 더구나 거꾸로 양자컴퓨터로 고전 세계를 시뮬레이션한다면 그 연산속도는 환상적일 것이다.

양자컴퓨터의 탄생

파인먼이 양자컴퓨터라는 말을 써가며 자신의 제안을 퍼트렸음에도 그 실체가 없던 탓에 사람들은 양자컴퓨터가 도대체 어떻게 생겼는지 아리송했는데, 1985년 데이비드 도이치David Deutsch가 처음으로 양자컴퓨터의 모델을 제시하고 아주 간단한 양자알고리즘도 같이 발표하면서 상황이 바뀌기 시작했다. 이 알고리즘은 고전적 알고리즘보다 문제를 두 배 빠르게 풀 수는 있었지만, 그 문제라는 것이 양자알고리즘의 우수성을 보여주기 위해 인공적으로 만든 매우 단순한 1비트 문제였기 때문에 별로 주목을 받지 못했다. 양자컴퓨터가 드디어 실체를 드러내긴 했지만 이걸로 도대체 뭘 하면 좋을지 아무도 몰랐던 것이다. 역사상 최초의 양자컴퓨터 알고리즘 발표에도 반응이 시큰둥하자, 도이치는 7년이 지난 1992년 리처드 조사Richard Jozsa와 함께 처음의 아이디어를 좀 더 일반화한 '도이치-조사 알고리즘'을 발표한다. 이 알고리즘은 비트 수가 많을 때는 고전적 알고리즘보다 훨씬 빠르게 결과를 산출했지만, 그래 봤자 문자 그대로 '쓸데없이' 빠른 알고리즘이었다.

양자컴퓨터 연구의 전기는 1994년 벨 연구소의 쇼어가 '소인수분해 알고리즘'을 발표했을 때 찾아왔다. 도이치-조사 알고리즘은 그 자체로는 별 쓸모가 없었지만 그다음에 나온 '사이먼 알고리즘'에 영감을 주었고, 사이먼 알고리즘은 또 그다음에 나온 쇼어의 소인수분해 알고리즘에 영감을 주었다. 쇼어의 알고리즘은 양자전산도 쓸모가 있음을 처음으로 증명했다고 할 수 있다. 아니 쓸모를 증명했다기보다는 충격을 주었다고 하는 것이 더 맞는 표현이다. 현대 사회에서 주로 쓰이는 공개키 암호체계는 소인수분해가 어렵다는 사실에 기초하는데, 쇼어의 알고리즘은 소인수분해를 잘했기 때문에 공개키 암호를 깰 수 있었던 것이다.

1996년에는 쇼어와 같은 연구소의 연구원이었던 그로버의 '데이터검색 알고리즘'이 발표된다. 이 알고리즘은 빅데이터 처리와 비밀키 암호 격파를 단시간에 해내는 능력이 있다. 쇼어의 소인수분해 알고리즘과 그로버의 데이터검색 알고리즘은 양자전산의 잠재력을 대중에게조차 충분히 알릴 수 있는 계기가 되었다. 같은 해에 세스 로이드Seth Lloyd는 양자계를 시뮬레이션할 수 있는 양자알고리즘을 발표했다. 파인먼이 애초에 제안했던 대로 양자계로 양자계를 시뮬레이션한다는 아이디어가 구현된 것이다. 양자컴퓨터의 유용성 내지 파워는 충분히 이론적으로 증명해냈으므로, 이제 남은 일은 양자컴퓨터를 만드는 일뿐이었다.

기본적인 양자연산이 처음 시연된 것은 1995년의 일이다. 1997년에는 2비트짜리 양자컴퓨터에서 양자알고리즘이 처음 시연되면서 사람들이 드디어 양자컴퓨터의 실체를 피부로 느낄 수 있게 되었다. 물론 양자컴퓨터는 극저온에서 작동하므로 진짜 피부로 느껴보려다가는 큰일 난다. 양자컴퓨터의 비트 수는 계속 늘어나 2010년경에는 약 20비트를 가진 양자컴퓨터 CPU칩이 개발되었다. 그 이후 비트 수의 증가는 다소 정체되어 있었으나, IBM, 구글, 인텔, 마이크로소프트 같은 사기업이 개발에 뛰어들면서 양자컴퓨터의 개발이 한 단계 퀀텀 점프하여 2022년에는 400비트가 넘는 양자컴퓨터 CPU칩이 개발되기에 이르렀다.

• 물리학자들이 사는 세상 •

리처드 파인먼

미국의 물리학자 리처드 파인먼. (ⓒWikipedia)

리처드 파인먼은 24세에 물리학 박사가 되었으며, 양자물리 분야에서의 연구 공로로 노벨 물리학상을 수상하였다. 또 복잡한 계산을 그림으로 쉽게 나타낸 파인먼 다이어그램을 개발해서 후학들이 쉽게 양자전기역학을 배울 수 있게 했다. 인류가 후손에게 단 하나의 지식만을 전달해야 한다면 그것은 원자라고 말함으로써 나노기술을 예견했으며, 양자컴퓨터의 개념을 제시한 천재이기도 하다.

파인먼과 관련된 재미있는 일화도 많아서 그 일화만 모은 책이 출간되어 베스트셀러가 되기도 했다. 파인먼의 물리학 강의록은 내가 대학을 다니던

1970년대부터 굉장히 유명했다. 그래서 그 당시 겉멋 들은 대학생들이 보지도 않는 타임지를 옆구리에 끼고 다니듯이 물리학과 학생들은 타임지 대신 표지가 빨간 파인먼의 강의록을 끼고 다녔다. 그가 재직했던 캘리포니아 공과대학의 구내 책방에 가보면 한 코너가 완전히 그의 책으로 도배되어 있다. 파인먼이 책을 많이 저술해서 그런 것은 아니고, 그의 유명한 강의록 세 권만으로 한 벽면을 가득 채워놓고 있었던 것이다. 하지만 사실 파인먼은 책을 한 권도 쓴 적이 없는데, 강의록이나 일화 모두 동료 교수가 듣고서 대신 글로 정리해놓은 것이다.

파인먼이 캘리포니아 공과대학에 교수로 재직하던 시절에 동 대학 화학공학과에서 유학생 신분으로 공부했던 내 동료는 파인먼이 자기에게 질문을 했다고 자랑스럽게 말하곤 했다. 천재 물리학 교수가 화공과 대학원생에게 질문할 일이 뭐가 있을까 하고 순진하게 생각했던 나는 친구에게 무슨 질문이었냐고 물었다. 그랬더니 그 친구 말이, 캠퍼스 내에서 우연히 파인먼을 마주쳤는데, 그때 파인먼이 자기에게 학생회관이 어디냐고 '질문'을 했다는 것이다. 사실 당시 파인먼은 그 대학에서 근무한 지 30년도 넘었기 때문에 학생회관이 어딘지 몰랐을 리가 없었다. 아마도 뭔가 골똘히 생각에 빠져 캠퍼스를 걷다가 문뜩 정신이 들었는데 갑자기 학생회관이 어딘지 생각이 나지 않았을 것이라는 게 친구의 해석이었다.

11장

양자컴퓨터의 기본연산

컴퓨터의 작동 원리

양자컴퓨터는 고전컴퓨터와 같은 점도 있고 다른 점도 있다. 그러므로 양자컴퓨터의 원리를 이해하려면 우리에게 익숙한 고전컴퓨터의 작동 원리와 비교하는 것이 쉽다. 여기서 말하는 고전컴퓨터란 옛날 고물 컴퓨터가 아니라, 우리가 지금 사용하고 있는 현대의 컴퓨터를 뜻한다. 즉, 반도체소자를 기판에 배열하여 만드는 CPU와 메모리로 계산하는 컴퓨터를 말한다. 고전컴퓨터에서는 0과 1을 나타내기 위해 전압이 0V와 5V인 상태를 사용한다. 러시아에서는 이런 이진법 대신에 삼진법을 쓰는 컴퓨터를 개발했다고 한다. 삼진법 컴퓨터는, 예를 들어 0V, 5V, −5V 이렇게 3개의 전압을 사용해야 하는데, 이러면 회로가 복잡해져서 값싸게 대량 생산하는 데 불리하므로 이진법 컴퓨터에 밀려버렸다. 하지만 삼진법의 장점도 많아서 아직도 새로운 컴퓨터로 연구하는 사람들이 있다. 이진법에서는 하나의 자릿수가 두 개의 숫자를 표현하므로, 열 자릿수라면 2^{10}, 즉 0부터 1023까지 총 1024개의 숫자를 표현할 수 있다. 그런데 삼진법을 쓰면 열 자릿수의 숫자가 3^{10}, 즉 59049개의 숫자를 표현할 수 있으므로, 이진법에 비해서 약 60배 더 많은 숫자를 나타낼 수 있다.

양자컴퓨터도 기본적으로 이진법을 사용하는데, 자릿수를 늘리는 것이 엄청 힘들기 때문에 삼진법 이상의 진법에 대한 연구가 고전컴퓨터보다는 활발한 편이다. 고전컴퓨터에서 비트bit라고 부르는 이진수 한 자리를 양자컴퓨터에서는 퀀텀비트quantum bit라는 뜻에서 '큐빗qubit'이라고 부른다. 비트와 큐빗의 차이라면, 비트는 0이나 1 둘 중 하나의 값만 가지지만 큐빗은 0과 1뿐 아니라 둘의 어떤 중첩상태도 될 수 있다는 점이다. 오해의 여지가 없을 때는 큐빗을 그냥 비트라고 부르기도 하므로 우리도 상황에 따라 그렇게 하기로 하자.

현대에는 모든 일을 컴퓨터로 처리하며, 컴퓨터가 없으면 아무 일도 할 수 없다고 느낀다. 스마트폰도 강력한 컴퓨터 기기이다. 컴퓨터가 수행하는 모든 일은 기본적으로 0과 1, 두 숫자에 대한 기본 연산의 조합으로 이루어진다. 고전컴퓨터의 기본연산에 대해 잠깐 알아보자. 이미 잘 알고 있는 독자들도 많겠지만, 누군가의 말처럼

"알고 있는 걸 듣는 즐거움도 있다." 처음 듣는 복잡한 이야기를 세미나에서 한 시간 동안 계속 듣고 있자면 머리에 쥐가 난다. 그러다가 어쩌다 아는 이야기가 나오면 머리가 쉴 수 있으니 좋지 않으냐는 뜻이다.

컴퓨터가 수행하는 가장 기본적인 연산은 0과 1을 조건에 따라 바꾸는 조작이다. 입력신호가 들어가면 출력신호가 나온다는 뜻에서, 연산을 하는 연산자를 '게이트'라고 부르기도 한다. 숫자가 0과 1 두 개뿐이니 별로 다양한 연산이 요구되는 것도 아니다. 입력신호와 출력신호 둘 다 하나일 경우에는 입력값과 출력값 모두 0, 1로 두 가지이니 총 네 가지 연산을 생각해볼 수 있다. 그림 (가)처럼 입력이 0이건 1이건 항상 출력이 0인 경우, (나)처럼 입력이 0이건 1이건 항상 출력이 1인 경우, (다)처럼 입력이 0이면 출력도 0이고 입력이 1이면 출력도 1인 경우, (라)처럼 입력이 0이면 출력이 1이

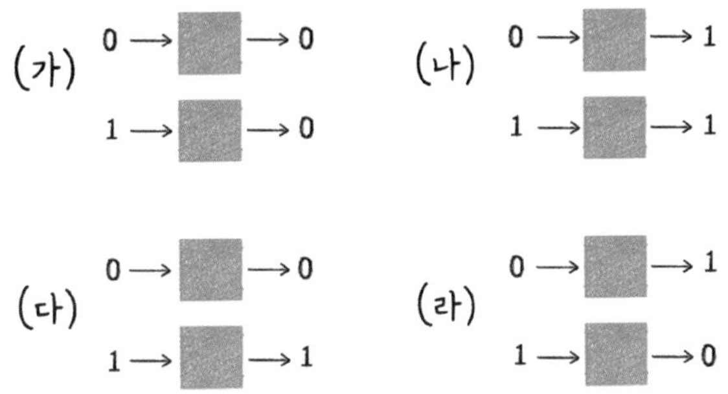

입출력값이 모두 1비트인 게이트들.

고 입력이 1이면 출력이 0인 경우. 이 중에서 첫째와 둘째 경우처럼 뭘 입력하든 내 갈 길을 간다 하고 항상 같은 결과를 내보내는 소자는 게이트로서 아무 쓸모가 없다. 셋째 경우 또한 입력과 출력이 같으므로 아무 일도 안 하고 그냥 무사통과시키는 게이트라서 역시 없는 것과 마찬가지이다. 그래서 입출력 단자가 각각 하나인 경우에는 네 번째, 즉 입력을 뒤집는 게이트만 쓸모가 있으며, 이런 연산을 입력의 반대값을 출력한다는 뜻으로 NOT 연산이라고 부른다.

이런 식으로 따져보면 입력이 두 개이고 출력이 한 개인 게이트는 총 8가지가 있을 수 있다. 161쪽에서 언급한 AND 연산은 가장 많이 쓰이는 연산 중 하나이다. 이 연산자들을 조합해서 컴퓨터가 모든 연산을 수행하게 할 수 있다. 예를 들어 한 자리 숫자 2개의 덧셈은, 그림 (가)처럼 입력 두 개가 같을 때는 0을 출력하고 다를 때

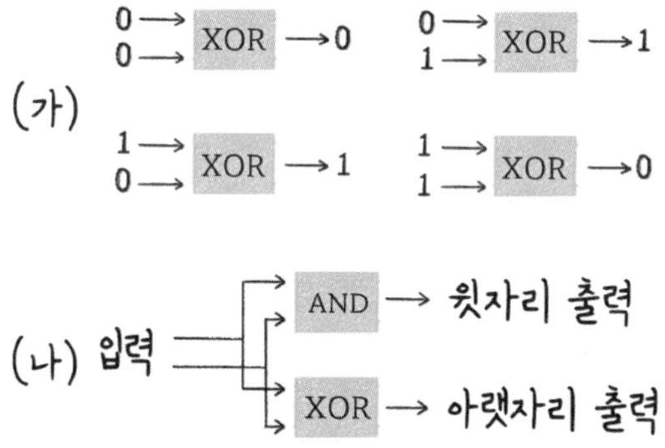

입력값이 2개인 게이트들. (가) XOR 게이트. (나) 덧셈 회로. 입력이 모두 0일 때는 출력이 00, 입력 중 하나는 0이고 다른 하나는 1이면 출력이 01, 입력이 모두 1이면 출력이 10이다.

는 1을 출력하는 XOR 게이트와 AND 게이트를 쓰면 된다. 꼼꼼히 따져보기를 좋아하는 독자라면 네 가지 입력에 대해 출력을 검토해 보면 확인할 수 있고, 그런 것이 골치 아프다면 그냥 내 말을 믿고 넘어가거나 디지털 논리회로 입문서를 참고하면 된다. 뺄셈은 5－2＝5＋(－2)처럼 두 번째 숫자의 부호를 바꿔서 더하는 과정이고, 곱셈은 덧셈을 여러 번 반복하는 것이며, 나눗셈은 곱셈의 반대 과정이니까 기본적으로 덧셈만 가능하다면 사칙연산이 다 된다.

사실 NOT 연산과 AND 연산을 결합한 NAND 연산, 즉 두 입력이 모두 1일 때만 출력이 0이고 나머지 세 가지 경우의 입력에 대해서는 1을 출력하는 연산 하나만 있으면 컴퓨터에 가능한 모든 일을 다 시킬 수 있다. 이를 '범용연산'이라고 부르는데, 범용연산자 하나만 있으면 덧셈, 뺄셈, 곱셈, 나눗셈 등 사칙연산을 할 수 있으며, 그 밖에도 논리연산까지 다 할 수 있다. 우리가 사용하는 컴퓨터의 CPU는 이 범용게이트를 조합해 100여 개의 단순 작업을 처리할 수 있는데, 이 단순 작업을 다양하게 조합하여 컴퓨터가 하는 모든 일을 수행한다. 키보드에 입력하는 정보를 CPU에 전달하기, 화면에 그림을 그리고 동영상을 띄우기, 인터넷에 연결하기, 이 모든 일을 조합하여 온라인 게임을 하고 이메일 보내기 등등 말이다.

게이트들은 트랜지스터 몇 개를 조합하여 만들 수 있다. 소자에는 입력과 출력을 위한 단자가 달려 있어서, 예를 들어 AND 게이트의 입력단 두 개에 모두 5V의 전압이 걸리면 출력단에는 5V가 나오고, 입력단 둘 중 하나라도 전압이 0V라면 출력단도 0V가 된다. 트랜지스터 회로를 어떻게 꾸며야 이런 일을 할 수 있는지도 매우 흥미로운 주제이지만, 책의 범위를 벗어나므로 생략하기로 한다. 고전컴퓨터 게이트의 물리적 작동 원리는 다른 참고 서적에서 쉽게 찾을 수 있으므로 생략하겠지만, 양자컴퓨터 게이트의 물리적 작동 원리는 찾아보기 힘들기 때문에 자세하게 설명할 예정이다.

양자컴퓨터의 회전연산

양자컴퓨터에도 CPU가 있고, CPU는 단순한 연산들을 수행한다. 가장 기본적인 연산은 회전연산과 CNOT이라 불리는 연산이다. 이 두 가지를 조합하면 양자전산의 모든 연산을 할 수 있다는 사실이 증명되어 있다. 즉, 두 연산이 같이 양자전산의 범용게이트를 이루는 것이다. 먼저 회전연산이 무엇인지, 왜 그런 이름이 붙었는지 알아보자.

양자컴퓨팅을 하려면 우선 양자비트, 즉 큐빗이 있어야 한다. 고전컴퓨터의 비트를 0V와 5V의 두 전압 상태로 구현하듯이 양자컴퓨터의 큐빗 상태도 무언가 물리적 실체의 상태로 구현해야 읽고 쓸 수 있다. 큐빗으로는 여러 가지 양자 상태를 사용할 수 있는데, 이론상 두 개의 고유상태를 가진 아무 양자계나 가능하다. 그중 간편해서 가장 많이 쓰이는 양자계로 스핀이 있다. 오른쪽 그림처럼 숫자 1과 0을 나타내기 위해 각각 스핀 업과 스핀 다운 상태를 사용

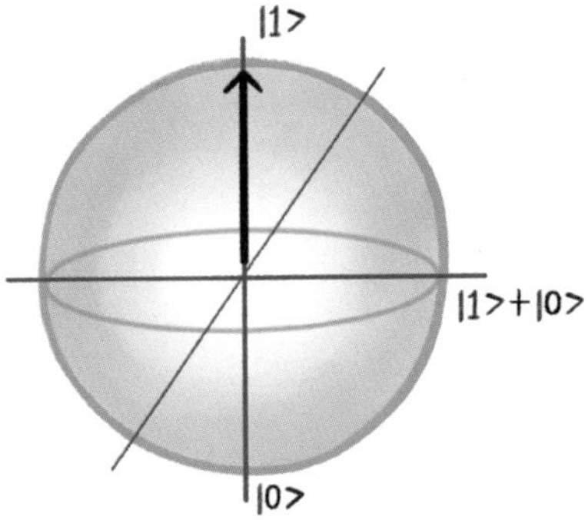

스핀 큐빗의 상태. |1⟩과 |0⟩은 각각 1인 상태와 0인 상태를 의미한다.

할 수 있다. 광자도 스핀 방향이 두 개이기 때문에, 숫자 1과 0을 나타내기 위해서 광자의 두 스핀 방향을 사용할 수 있다.

이제부터 스핀을 큐빗으로 사용해보기로 하자. 스핀의 회전축을 180도 돌려주는 물리적 조작을 가하면 스핀 업인 상태가 다운으로 바뀌고, 다운이었던 상태는 업으로 바뀐다. 그러므로 이 조작은 스핀 큐빗에 NOT 연산을 가한 셈이 된다. 스핀은 180도 회전만이 아니라 임의의 각으로도 회전이 가능하며, 이렇게 스핀 큐빗의 방향을 돌리는 연산을 '회전연산'이라고 부른다. NOT 연산은 회전연산의 특수한 경우인 셈이다. 회전연산을 가해 회전각이 90도가 되도록 바꾸면, 즉 그림에서 시계방향으로 90도 회전시키면, 스핀이 위를 향한 상태가 1, 아래를 향한 상태가 0이므로 중간을 향하는 이 상태는 1인 상태와 0인 상태가 반반씩 섞인 중첩상태이다. 회전각을 달리하면 1인 상태와 0인 상태가 섞이는 비율도 달라진다. 처음에는 1인 상태였던 스핀 큐빗을 조금만 회전시키면, 1인 상태와 0인 상태가 중첩되긴 하겠지만 여전히 1인 상태의 진폭이 훨씬 더 클 것이다. 만일 90도 넘게 회전시키면 그때부터는 0인 상태의 진폭이 더 커질 것이다. 이렇게 회전연산은 큐빗을 임의의 각도로 회전시킬 수 있다.

CNOT 연산

회전연산은 큐빗 한 개의 상태를 변화시키는 것이므로 입력신호도 한 개, 출력신호도 한 개인 단일 큐빗 연산자이다. 양자전산의 연산은 모두 가역적이므로 입력신호의 수와 출력신호의 수가 같다. 양자전산에서 입출력이 두 개씩인 연산으로 대표적인 것은 'CNOT 연산'이다. CNOT는 controlled-NOT의 준말로, 조건부 NOT 연산이라고도 불린다. 이 연산은 두 입력 큐빗 중 한 큐빗의 상태에 따라 나머지 큐빗의 상태를 바꾸거나 그대로 두는 연산자이다. 첫 번째 비트를 제어비트라고 하고 두 번째 비트를 표적비트라고 하자. CNOT 연산은 제어비트에는 아무런 조작도 하지 않고 그대로 통과시킨다. 제어비트가 0이면 표적비트도 아무런 변화 없이 통과하는데, 제어비트가 1이면 표적비트의 상태가 뒤바뀐다. 즉, 0은 1로, 1은 0으로 뒤바뀌는 NOT 연산이 수행된다. 이를 표로 나타내면 다

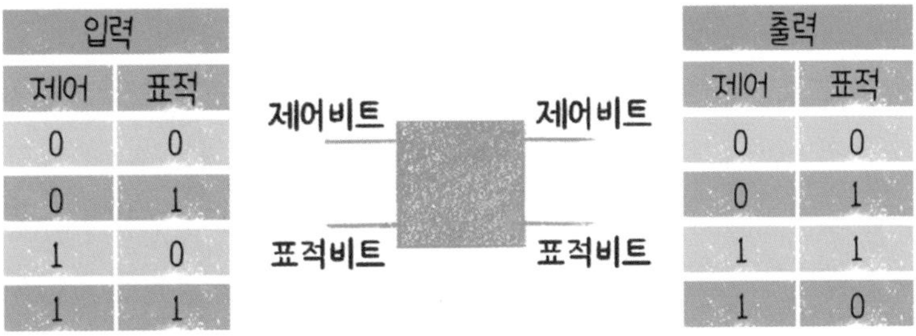

CNOT 연산.

음 그림과 같다.

제어비트와 표적비트가 모두 0으로 입력되면, 제어비트는 변함없이 0으로 출력되고 표적비트도 역시 바뀌지 않고 0으로 출력된다. 제어비트와 표적비트가 각각 0과 1로 입력될 때도 두 비트 모두 변함없이 각각 0과 1로 출력된다. 제어비트와 표적비트가 각각 1과 0으로 입력되면, 여전히 제어비트는 1로 출력되고 표적비트는 뒤바뀌어 1로 출력된다. 제어비트와 표적비트가 모두 1로 입력되면, 제어비트는 똑같이 1로 출력되고 표적비트는 뒤바뀌어 0으로 출력된다.

중첩상태의 연산

지금껏 0이나 1인 상태에 연산이 가해지면 어떻게 되는지를 설명했는데, 0과 1의 중첩상태에 연산이 가해지면 무슨 일이 벌어질까? 다시 말해, 지금까지는 고유상태에 물리적 조작이 가해지는 경우를 설명했는데, 중첩된 상태에 조작이 가해지면 어떻게 될까? 앞서 말한 것처럼 중첩은 양자컴퓨터가 고전컴퓨터보다 우수한 이유이기 때문에, 이 질문은 대단히 중요하다. 양자 세계의 중첩상태에 물리적 조작이 가해지면 중첩을 이루는 고유상태 하나하나에 각각 그 조작이 가해진다. 즉, **중첩상태에 가해진 물리적 조작의 결과는 각각의 고유상태에 물리적 조작이 가해진 결과들이 중첩된 것과 같다**는 것이다. 쉽게 말해서 중첩된 상태에 연산을 가하면 각각의 상태에 따로따로 연산이 가해진다. 예를 들어 0과 1이 7대 3의 비율로 중첩된 상태에 NOT 연산이 가해지면, 0과 1에 따로따로 NOT 연산이 가해져서 0은 1로 바뀌고 1은 0으로 바뀌며, 결과적으로 1과 0이 7대 3의 비율로 중첩된 상태가 된다.

스핀 큐빗이 두 개가 있으면 가능한 상태는 00, 01, 10, 11로 총 네 가지이다. 이 네 가지 중에서 스핀 큐빗 두 개로 이루어진 양자계가 01과 11, 두 상태가 중첩된 상태에 있다고 해보자. 즉, 첫 번째 스핀은 0과 1의 중첩상태에 있고, 두 번째 스핀은 1의 상태에 있는 것이다. 첫 번째 스핀을 제어큐빗(제어비트), 두 번째 스핀을 표적큐빗(표적비트)으로 생각해서 CNOT 연산을 해보자. CNOT 연산은 01과 11상태에 각각 따로따로 가해진다. 먼저 01 상태에 가해진 연산을 따져보면, 제어큐빗이 0이라 표적큐빗이 바뀌지 않으므로 결과는 그대로 01로 출력된다. 이어서 11 상태에 가해진 연산을 고려

해보면, 제어큐빗이 1이라 표적큐빗이 바뀌어 결과로 10이 출력된다. 그러므로 01과 11의 중첩상태에 CNOT이 가해진 결과는 01과 10의 중첩상태이다.

처음 01과 11의 중첩상태는 얽힘과 무관했다. 제어큐빗은 0과 1의 중첩상태에 있고, 표적큐빗은 제어큐빗과 무관하게 그냥 1의 상태에 있었기 때문이다. 표적큐빗을 측정하고 나서도 제어큐빗은 여전히 0과 1의 중첩상태에 있으며, 제어큐빗을 측정해서 0이 나오든 1이 나오든 표적큐빗은 언제나 1이다. 그러나 CNOT 연산이 수행된 결과인 01과 10의 중첩상태는 서로 얽혀 있다. 제어큐빗과 표적큐빗 모두 0과 1의 중첩상태이긴 하지만 따로따로 중첩되어 있는 것은 아니다. 제어큐빗을 측정해서 중첩이 붕괴되어 0이 나오면 표적큐빗도 그 순간 중첩이 붕괴되어 1이 되고, 제어큐빗을 측정했을 때 1이 나오면 표적큐빗은 그 순간 0이 된다. 01과 10이 중첩된 얽힘 상태는 남녀 로봇이 사교춤을 추느라 얽혀 있는 상태와 유사하다.

두 큐빗이 얽혀 있는 01과 10의 중첩상태에 다시 한번 CNOT 연산을 가해보자. CNOT이 01에 걸리면 01 그대로이고, 10에 걸리면 11로 바뀐다. 그러므로 맨 처음 상태, 01과 11의 중첩상태로 다시 돌아온다. 즉, CNOT 연산은 얽힘이 없던 상태에 얽힘을 만들기도 하고, 얽혀 있는 상태의 얽힘을 풀기도 한다. 양자전산에서 사용되는 두 큐빗 연산의 종류가 많음에도 CNOT 연산이 가장 많이 사용되는 이유는 두 큐빗 사이에 얽힘을 만들거나 풀어주는 기본연산이기 때문이다. CNOT 연산은 양자전산의 커플 매니저인 셈이다. 쓸 만한 양자알고리즘에서는 얽힌 상태가 반드시 나타나기 때문에 CNOT 연산을 거치지 않는 알고리즘은 상상하기 힘들다. 혹은 거꾸로 이렇게 말할 수도 있다. 어떤 유용한 양자알고리즘도 기본 연산으로 분해해보면 CNOT 연산이 반드시 들어가므로 얽힘은 양자전산에서 필수 요소라고 생각된다. 물리적으로는 얽힘은 두 스핀 사이의 상호작용으로 생겨난다.

회전연산과 CNOT 연산을 물리적으로 어떻게 구현하는지 궁금한 분은 부록을 참조하기 바란다. 트랜지스터로 게이트를 만드는 방법을 이해하려면 전자공학의 기본 지식이 필요한 것처럼, 스핀 큐빗에 어떻게 물리적으로 연산을 가하는지 이해하려면 물리 지식이 좀 필요하다. 하지만 주의 깊게만 읽는다면 물리학을 전공하지 않은 사람도 이해할 수 있도록 필요한 지식은 모두 설명해놓았다.

12장

양자컴퓨터 하드웨어

양자컴퓨터의 조건

양자컴퓨터는 어떻게 만드는 것일까? 양자컴퓨터를 만들려면, 첫째로 큐빗이 있어야 할 것이다. 큐빗은 에너지나 운동량, 스핀 등 우리가 측정하는 물리량의 고유상태를 두 개 이상 가지고 있는 어떤 양자계나 가능하다. 예를 들어 수소 원자는 무한히 많은 에너지 상태를 가지는데, 가장 바닥인 상태와 바로 위 들뜬 상태를 골라 각각 0과 1인 상태로 규정하고 이들을 이용하여 연산을 해볼 수도 있다. 그러나 수소 원자는 무한히 많은 에너지 상태를 가졌기 때문에 그 중에 딱 두 개만 골라서 연산을 하려면 꽤나 조심해야 한다. 반면 고유상태가 두 개뿐인 전자스핀의 상태는 0과 1, 두 값에 대응시키기에 안성맞춤이다.

양자컴퓨터의 두 번째 조건은 읽기, 쓰기가 가능해야 한다는 것이다. 이것은 너무나 당연한 이야기이지만 실제로 구현하기는 만만하지가 않다. 이런 우스갯소리가 있다. 경찰이 어떤 부랑아를 체포해 와서 조서를 꾸미게 되었다. 경찰이 부랑아에게 읽고 쓸 줄 아느냐고 묻자, 부랑아는 읽을 줄은 모르지만 쓸 줄은 안다고 대답했다. 좀 이상하긴 했지만 경찰이 그렇다면 네 이름을 써보라고 말하자, 부랑아는 종이에 아무렇게나 마구 휘갈겨놓았다. 경찰이 이게 뭘 쓴 거냐고 부랑아에게 물으니, 부랑아는 "나는 읽을 줄은 모른다고 하지 않았소"라고 하더라는 것이다. 양자컴퓨터의 큐빗도 쓰기는 쉽지만 읽기가 쉽지 않다. 예를 들어 스핀 큐빗에 0이나 1을 쓰려면 자기장을 수직 위나 아래 방향으로 가해줘서 스핀을 같은 방향으로 정렬하면 된다. 숫자를 바꾸려면 자기장을 직각으로 걸어 180도 회전연산을 해주면 된다(부록 참조). 그런데 읽기 위해서는 전자스핀 단 한 개의 상태를 측정해야 한다. 눈에 보이지도 않는 전자를, 더구나 그 스핀을 읽는 것이 가능한 일일까? 물론 답은 '가능하다'이다. 가능하니까 양자컴퓨터를 만들었을 것이다. 과학자들의 연구개발 능력의 놀라운 사례 중 하나인데, 물론 쉬운 일은 아니었다. 쓰기는 쉽지만, 읽을 수 있게 되기 전까지는 쓰기조차 구현하기 어려웠다. 마치 부랑아처럼 쓰기는 썼는데 제대로 썼는지 확인할 방법이 없었기 때문이다.

양자컴퓨터의 세 번째 조건은 큐빗 간에 상호작용이 있어야 한다는 것이다. 상호작용이 있어야 얽힌 상태를 만들 수 있고, 얽힌 상태는 양자컴퓨터가 고전컴퓨터보다 우월한 이유 중에서 가장 중요하다. 미시세계의 입자들은 서로 가까이 있기만 하면 늘 상호작용을 하기 때문에, 큐빗 간 거리가 너무 멀지만 않으면 양자컴퓨터의 CPU가 될 수 있다. 사실은 상호작용을 하지 않아야 할 때도 상호작용을 하는 것이 오히려 문제가 된다. 상호작용을 제어할 수 없다면, CNOT 연산을 하고 싶지 않을 때도 CNOT 연산을 하고 있게 된다. 스핀 간의 상호작용은 있어라 할 때 있고 없어져라 할 때 없는 것이 아니기 때문에, 상호작용을 조절하는 문제는 어떤 양자계로 양자컴퓨터로 개발하고자 할 때 만나게 되는 가장 큰 난관이다.

양자컴퓨터의 네 번째 조건은 결맞음 시간이 길어야 한다는 것으로, 이 또한 상호작용과 관련이 있다. 결맞음 시간이란, 양자컴퓨터의 관점에서 이야기하자면 1이나 0이 그대로 유지되는 시간이라고 말할 수 있다. 양자 세계의 입자들은 늘 주변의 입자들과 상호작용을 하는데, 주변의 입자들 중에는 큐빗으로 사용되고 있는 것도 있지만 큐빗을 그 자리에 고정해두기 위한 구조물 역할을 하고 있는 것도 있다. 입자들은 그런 주변 입자들과의 상호작용에도 민감해서, 1이나 0인 상태로 만들어두어도 0이나 1인 상태가 흐물흐물 섞여 들어와 중첩상태로 변한다. 열심히 계산하고 있는데 숫자가 슬슬 변화한다면 도대체 어떻게 컴퓨터 역할을 할 수 있단 말인가. 따라서 결맞음 시간은 당연히 연산 시간보다 훨씬 길어야 한다.

어떤 양자계가 이 조건들을 만족시킬까? 그동안 수도 없이 많은 양자계가 양자컴퓨터로 제안되어 왔다. 실제로 만들어보자는 이야기는 아니었겠지만, 블랙홀도 큐빗 역할을 할 수 있다는 지적도 있었다. 양자컴퓨터 레이스 그림은 2002년에 내가 양자컴퓨터 세미나를 다닐 때 사용한 슬라이드를 다시 그린 것인데, 그 많은 아이디어 가운데 당시 생각하기에 가장 가능성이 높은 양자컴퓨터 후보들이 정리되어 있다. 양자컴퓨터 후보들이 달리기 경주를 하고 있는데, 100m 경주가 아니고 100큐빗 경주이다. 양자컴퓨터가 실용화되려면 CPU가 100큐빗 정도는 되어야 한다고 여겨지기 때문에 결승선이 100큐빗이고, 왼쪽 출발선에 공진기, 양자점, 초전도…… 등의 후보가 서 있다. 후보들이 순조롭게 달리려면 먼저 양자 상태 측정이나 상호작용 조절이 쉬워야 하고 결맞음 시간이 길어야 한다는 난관을 극복해야 하기 때문에, 출발선 앞에 각 문제를 상징하는 허들이 놓여 있다. 2002년에는 핵자기공명이라는 방식이 7큐빗 양자컴퓨터를 구현하여 가장 잘나갔고, 초전도와 이온덫 방법이 그 뒤를 따르는 양상을 보였다.

핵자기공명 양자컴퓨터

자기공명 기술은 기본적으로 앞서 설명한 회전연산과 CNOT 연산을 구현할 때 채택한 방법을 사용하는 기술이다. 즉, 자기장을 이용해 스핀의 방향을 돌리는 기술이다. 회전연산을 구현할 때는 외부

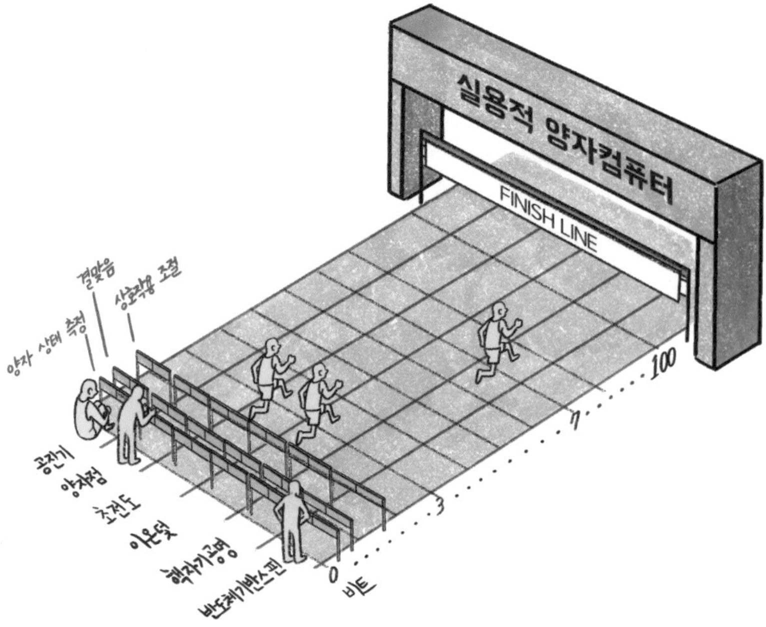

2002년의 양자컴퓨터 레이스. 여러 후보가 100큐빗 결승선을 향해 달리고 있다. 출발하려면 우선 양자 상태 측정, 결맞음, 상호작용 조절 같은 장애물을 극복해야 한다.

자기장만 사용하고, CNOT 연산을 구현할 때는 인접한 스핀과의 상호작용까지 같이 사용한다. 자기공명 기술은 전자스핀에도 적용할 수 있고 핵이 갖는 스핀인 핵스핀에도 적용할 수 있는데, 양자컴퓨터로 쓰기에는 핵스핀이 더 좋다. 핵스핀이 전자스핀보다 결맞음 시간이 훨씬 길기 때문이다. 핵스핀에 자기공명 기술을 적용하는 '핵자기공명'은 연구소나 대학의 연구실에만 존재하는 것은 아니고, 사실 우리와 꽤 가까운 곳에도 있다. 병원에 있는 MRI가 그것인데, 핵자기공명을 이용해서 우리 몸 안의 수소 분포를 2차원 지도로 그려주는 장치이다. 병원에서 CT라고 줄여서 부르는 장치의 원이름은 X-ray CT인데, MRI도 처음에는 핵자기공명을 의미하는 nuclear magnetic resonance(NMR)에 CT를 붙여서 NMR CT라고 불렀다. 그런데 '핵'이라는 글자가 붙어서 환자들에게 괜한 공포감을 준다는 이유로 N 자를 빼고, 어차피 바꾸는 김에 어려운 CT라는 말 대신 영상을 만들어낸다는 뜻으로 Imaging의 I 자를 붙여 결국 MRI가 된 것이다. 이름이 바뀌어도 핵을 이용해 영상을 만들어내는 방식에는 변화가 없으며, 그렇다고 해서 두려워할 이유도 전혀 없다. 우리 몸은 이미 무지무지하게 많은 핵을 가지고 있는데, MRI 장치는 그 핵의 분포도를 보여줄 뿐이지 핵반응에서 나오는 방사능과는 전혀 무관하다.

핵자기공명은 장치의 이름일 뿐이므로 물론 CPU가 필요하다. 어떤 물질이든 다 핵은 가지고 있으므로 모두 CPU로 사용할 수 있긴 하지만, 핵자기공명 양자컴퓨터는 자연에 존재하는 유기분자를 사용한다. 즉, 수소나 탄소가 몇 개 붙어 있는 분자를 골라서 수소 핵스핀과 탄소 핵스핀을 큐빗으로 사용한다. 자연에는 수많은 분자들이 존재하므로, 그중에서 양자컴퓨터 CPU로 적합한 성질을 가진 물질을 찾는 것이 인공적으로 만드는 것보다 쉽다. 기본적으로 핵스핀은 주변과의 상호작용이 작아서 결맞음 시간이 길다. 또 자기공명 기술은 역사가 길어서 MRI 같은 영상화 장치도 개발할 정도로 현란하게 발달되어 있어 연산을 구현하기가 쉽다. 자기공명 기술은 스핀을 가장 정교하게 조작할 수 있는 기법이다. 이러한 이유들로 양자컴퓨터 개발 초창기에는 핵자기공명 양자컴퓨터가 제일 빨리 발전했다.

최초의 양자알고리즘 구현은 2큐빗짜리 핵자기공명 양자컴퓨터에서 이루어졌다. 이후 양자컴퓨터가 장난감이 아니라는 사실을 보여주기 위해 큐빗 수를 늘리는 경쟁이 시작되었다. 그러나 연구자들은 큐빗을 늘리는 일의 난이도가 기하급수적으로 증가하며 더구나 핵자기공명 양자컴퓨터는 실용적인 수준으로 큐빗 수가 확장될 수 없다는 사실을 금방 깨달았고, 결국 큐빗 수 경쟁은 곧 멈추었다. 어차피 핵자기공명 방식으로 실용적 양자컴퓨터를 만들 수 없다면, 몇 큐빗 더 늘려서 양자알고리즘을 시연해봤자 양자물리의 예측이 역시 옳다는 사실을 확인하는 것 외에는 별다른 의미가 없기 때문이었다.

그로부터 약 10년 후에는 핵자기공명을 제치고 이온덫 방법이 사용되어 약 20큐빗짜리 양자컴퓨터 CPU가 만들어졌다. 이온이란 원자에서 전자가 하나둘 더 붙거나 떨어져나간 상태를 말하는 것으로, 알짜전하를 가지고 있기 때문에 전기장으로 전자나 양성자를 다루듯이 다룰 수 있다. 그림처럼 4개의 막대기를 평행하게 배열한 후 막대 2개에는 플러스 전압을 걸고 그것들과 교차된 위치의 막대 2개에는 마이너스 전압을 걸어주면, 막대들 중앙에 위치한 이온들이 밖으로 나가지 못하고 잡혀 있게 된다. 이렇게 공중에 둥둥 떠 있는 이온들 하나하나에 레이저를 쏘아 상태를 조절할 수 있다. 그러므로 각 이온은 큐빗의 역할을 하고, 레이저로는 단일 큐빗 회전 연산을 하는 셈이다. 또 이 이온들은 서로 전기적으로 상호작용을

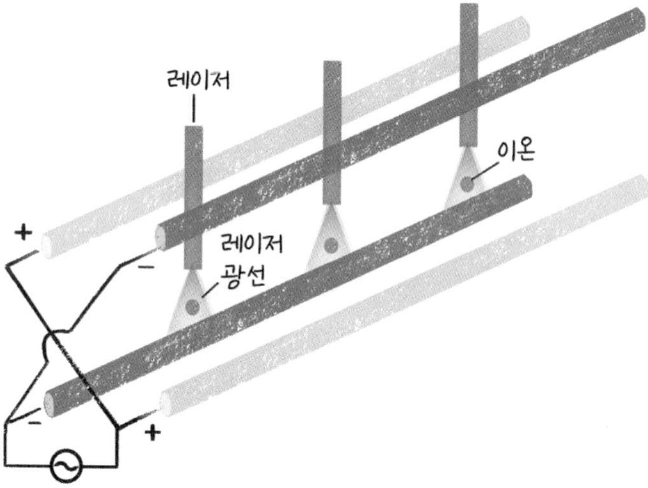

이온덫 양자컴퓨터.

하고 있기 때문에, 이를 이용하여 CNOT 연산도 할 수 있다.

초전도소자 양자컴퓨터

2020년에 와서는 지난 20년간 지지부진했던 초전도 양자컴퓨터가 약 70큐빗짜리 CPU로 이온덫을 제치고 가장 앞서나갔다. 초전도란, 전기저항이 전혀 없는 상태에서 전류가 흐르는 현상을 말한다. 우리가 전선으로 자주 쓰는 구리는 전기저항이 워낙 작아서 회로를 구성할 때 전선이 가지는 전기저항은 대체로 무시한다. 그렇다고 저항이 전혀 없는 것은 아니며, 발전소와 가정을 잇는 전선처럼 몹시 길어지면 구리의 작은 저항 때문에 발생하는 전기적 손실도 문제가 되기 시작한다. 이를 해결하는 방법 중 하나는 전압을 높여서 전류를 흘려보내는 것인데, 발전소에서 우리 동네까지 들어오는 전기가 바로 이 고압선을 타고 온다. 자연계에는 완전히 무한대이거나 완전히 0인 것은 드물다. 아무리 순수한 물질을 만들려고 해도 불순물이 전혀 없게 만들 수는 없기 때문에, 실험실에서 사용하는 화학 물질은 순도 99.999% 같은 식으로 표시가 되어 있고, 9가 몇 개 붙어 있느냐에 따라 값이 기하급수적으로 올라간다. 온도 또한 무한대로 올릴 수 없고, 이론상 가장 낮은 온도인 절대영도에 백만분의 1도나 일억분의 1도 차이로 가까이 가는 것도 가능하지만 결코 절대영도 자체에는 도달할 수 없다. 그 크기를 상상할 수도 없는 우주의 크기 또한 무한하지 않고 유한하다. 그런데 초전도는 저항이 완전히 0인, 몇 안 되는 자연계의 예외 중 하나이다. 저항이 0이면, 전기가 얼마나 잘 통하는지를 나타내는 전도도는 무한대가 된다.

초전도 현상을 보이는 물질은 많지만 보통 아주 낮은 온도에서만 나타나기 때문에, 이 현상을 관측하려면 영하 269℃에서 액화되는 헬륨을 초전도체가 들어 있는 용기에 채워주어야 한다. 그러므로 초전도소자 양자컴퓨터는 극저온에서 작동하는 컴퓨터이다. 실험실 온도는 영상이라서 액체 헬륨이 계속 증발해 날아가기 때문에 액체 헬륨을 계속 채워 넣어주어야 한다. 저항이 0이 될 때 초전도 전선을 고리 모양으로 만들어, 전선에 전류를 한 번만 흘려주면 전류가 없어지지 않고 혼자서 계속 돈다. 전류가 정말로 줄지 않고 무한히 흐르는지 측정해본 실험이 있는데, 그 결과에 따르면 적어도 4년은 흐른다고 한다. 기한이 4년인 이유는 저항으로 인해 전류가 적어져서가 아니라, 매일 용기에 액체 헬륨을 붓는 임무를 맡았던 대학원생이 4년이 된 어느 날 까먹는 바람에 실험이 중단되었기 때문이라고 한다.

전류는 고리 모양으로 흐르면 자석처럼 자기장을 만들어낸다. 전류가 흐르는 방향이 바뀌면 자기장의 방향이 바뀌므로 자석의 극성도 바뀐다. 이 두 자기장의 방향을 큐빗 0과 1로 쓸 수 있다. 자기장이 연속적으로 변하지 않고 불연속적인 두 개의 값만 가질 수 있도록 부품을 제작하여 만든 것이 초전도소자 양자컴퓨터이다. 자기장의 방향은 고리에 흐르는 전류를 조절하여 바꿀 수 있으므로 단일 큐빗 연산이 가능하고, 자석 간의 상호작용을 이용해서 CNOT 연산도 할 수 있다. 보통 양자물리가 적용되는 세계는 수십 nm 정도의 크기이니까 양자컴퓨터의 큐빗도 당연히 눈에 보이지 않는다. 그런데 초전도소자가 거의 유일한 예외인데, 눈에 보이는 크기의 소자로 양자 효과를 관측할 수 있는 경우이다.

양자컴퓨터는 핵자기공명, 이온덫, 초전도소자로만 구현된 것은 아니다. 이외에도 꽤나 많은 방법들이 제안되었으며, 그중에서 어느 방식이 실용적 양자컴퓨터로서 최종적인 승자가 될지는 아무도 모른다. 이 여러 가지 방식을 연구하는 사람들이 다 있다는 것이 만

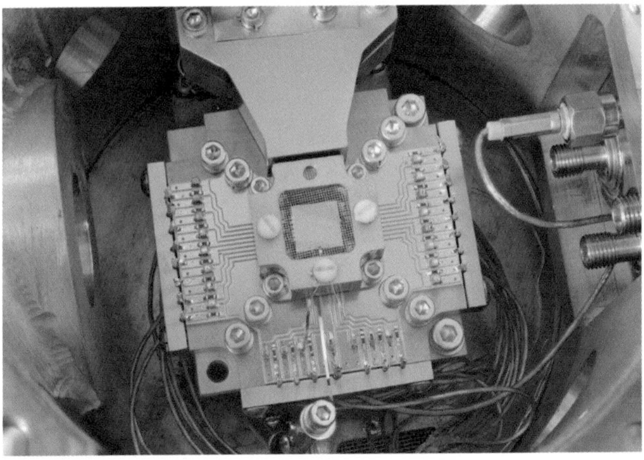

IBM의 초전도소자 양자컴퓨터 CPU (© National Institute of Standards and Technology)

장일치되는 의견이 없다는 증거이다. 또 위에서 살펴본 큐빗 개발의 역사에서 볼 수 있듯이, 처음에는 핵자기공명이 유망한 듯 보였으나 10년 후엔 이온덫이 가장 잘나갔으며, 다시 20년이 지나서는 초전도소자가 가장 유망해졌다. 그러므로 앞으로는 어떤 방식이 더 앞서나가게 될지, 어떤 유망주가 새로 출현할지 예단하기 어렵다.

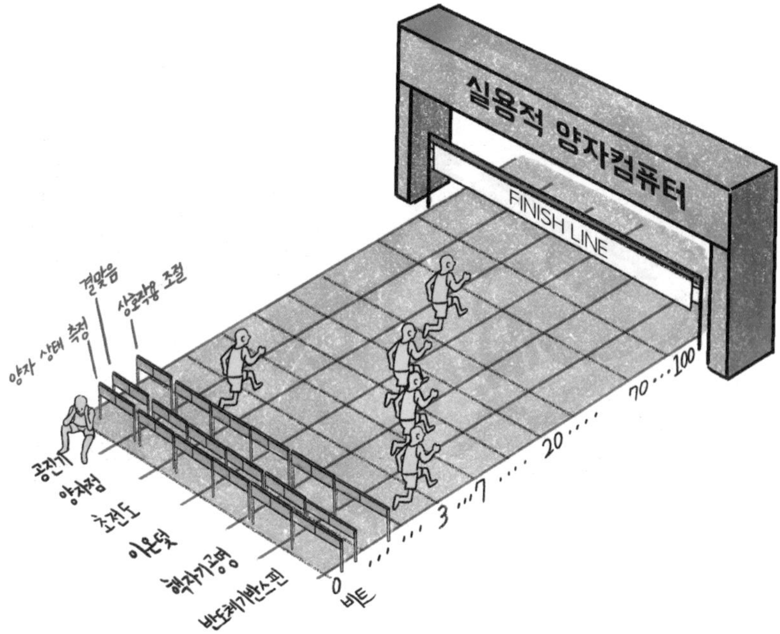

2020년의 양자컴퓨터 레이스.

• 물리학자들이 사는 세상 •

히거의 노벨상 시상식

노벨상 시상식. (© Nobel Media)

앨런 히거Alan Heeger는 2000년도 노벨 화학상을 받은 물리학자이다. 물리학자이지만 전도성 고분자를 연구했기 때문에 화학상을 준 듯하다. 비슷한 예로 어니스트 러더퍼드Ernest Rutherford가 있다. 그는 핵을 처음 발견하여, 오늘날 우리가 아는 대로 원자가 가벼운 전자들이 무거운 핵 주위를 돌고 있는 형태라는 것을 발견한 사람이다. 그러므로 우리 물리학자들은 당연히 러더퍼드를 물리학자라고 생각하는데, 실제로 그는 케임브리지 대학 물리학과 캐번디시 연구소의 소장으로 지냈고 그의 시신은 웨스트민스터 사원의 뉴턴 묘지 옆에 묻혔다고 한다.

그런데도 러더퍼드는 노벨 화학상을 받았으며, 화학 책을 보면 러더퍼드를 현대 화학의 시조로 소개하고 있다. 화학이 오늘날 현대 화학의 모습에 이른 것이 원자 구조의 발견에서 시작되었기 때문인 듯하다.

히거 박사가 노벨상을 받은 이야기를 그의 제자였던 지인에게서 들을 수 있었는데, 이야기는 이러했다. 노벨상 시상식은 노벨의 기일인 12월 10일에 스웨덴 국왕이 수여하는 형태로 진행된다. 시상식 이후의 만찬, 시상식 이전의 강연, 미래의 과학자가 될 학생들과의 만남 등 여러 가지 행사로 이루어진 '노벨 주간'이 일주일 정도 진행된다고 한다. 히거 박사도 그 모든 과정을 즐겼겠지만 특별한 감흥이 있었던 것은 아니었는데, 마지막에 감동적인 순간을 느꼈다고 한다.

모든 행사가 끝난 마지막 날, 노벨상 위원회는 히거 박사를 긴 테이블과 의자들이 배치된 커다란 회의실 같은 곳으로 데려갔다. 히거 박사가 자리에 앉자, 위원들은 노벨상 상금을 수령한 증거로 영수증을 받아야겠으니 사인을 하라고 말했다. 그러면서 두꺼운 책을 히거 박사의 앞에 놓고는 "천천히 하십시오"라는 말과 함께 모두 방에서 나가더라는 것이다. '사인이야 일 초면 하는 건데 혼자 뭘 그리 오래 하라고 다 나가는 거야'라고 생각하면서 두꺼운 책의 첫 장을 연 순간, 히거 박사는 전율이 일었다. 첫 장에 뢴트겐의 사인이 있었던 것이다. 빌헬름 뢴트겐Wilhelm Röntgen은 엑스선을 발견한 물리학자로서, 예전에는 병원에서 찍는 엑스선 사진을 뢴트겐 사진이라고 불렀다. 뢴트겐은 1901년 제1회 노벨 물리학상 수상자였다. 히거 박사의 앞에 놓인 그 책을 몇 장 넘기면, 거기에는 보어의 사인도 있었을 것이고, 아인슈타인의 사인도 있었을 것이다. 이제 히거 박사는 그 전설적인 사람들과 같은 책에 사인을 하면서 인류 역사상 가장 위대한 물리학자 명단에 자신의 이름을 올리게 된 것이었다. 전율이 일지 않을 수 없는 일이다.

13장

양자컴퓨터 소프트웨어

중첩상태의 동시 연산

중첩된 상태에 연산을 하면 각 고유상태에 개별적으로 연산이 가해진다. 가장 간단한 NOT 연산을 중첩상태에 가하는 경우를 생각해 보자. 큐빗 하나가 0과 1의 중첩상태에 있을 때 이 연산을 가하면, 0은 1로 바뀌고 1은 0으로 바뀌어 결과적으로 1과 0의 중첩상태가 된다. 순서만 다를 뿐 처음과 같은 결과가 아니냐고 반문할 수 있겠지만, 다른 큐빗들과 얽혀 있을 때는 상황이 확연히 달라진다. 예를 들어 두 큐빗이 01과 10의 중첩상태에 있다고 하자. 이때 첫 번째 큐빗에만 NOT 연산을 가해준다면, 연산은 중첩된 두 상태에 각각 동시에 작용하여 첫 번째 큐빗의 0을 1로, 1은 0으로 바꾸므로,

두 큐빗의 상태는 결국 11과 00의 중첩이 된다. 처음 상태와 완전히 달라졌다. 여기서 중요한 포인트는 연산이 개개의 고유상태에 따로 따로 그러나 **동시에** 가해진다는 점이다. 0과 1의 중첩상태에 동시에 연산이 가해지므로 순서대로 연산하는 것보다 2배 빠르다. 2배라면 별것 아닐 수도 있으나, 큐빗이 2개가 있어서 네 가지의 중첩상태에 동시 연산이 가해진다면 연산이 4배가 빨라지고, 큐빗이 10개가 있다면 그것들이 만들어내는 2^{10}개의 중첩상태에 동시 연산이 가해져 1024배나 빠르게 연산할 수 있다.

예를 들어 어떤 함수 $f(x)$가 있는데, $f(x)=0$이 되는 숫자 x를 찾으려 한다고 하자. 고전컴퓨터에서 돌아가는 고전알고리즘은 x에 0을 넣고 함숫값을 계산해서 0이 되는지 확인한다. 확인해보니 0이 나왔다면 답을 찾았으니 됐고, 0이 아니라면 이번에는 x에 1을 넣고 다시 함숫값을 계산해서 0이 되는지 확인한다. 이런 식으로 x의 값을 1씩 증가시켜가면서 함숫값이 0이 나올 때까지 계속하는 것이다.

양자컴퓨터에서 돌아가는 양자알고리즘은 모든 큐빗을 몽땅 중첩시켜서 한꺼번에 함숫값을 계산한다. 만일 답이 0과 1023 사이에 있다고 하면, 큐빗을 10개 준비한 후 모든 큐빗을 0과 1의 중첩상태로 만든다. 이 상태는, 큐빗 10개의 상태를 전체적으로 표현하자면, 모든 큐빗이 0인 0000000000부터 시작해서, 첫 번째부터 아홉 번째까지는 0이고 마지막 큐빗만 1인 0000000001을 거쳐 모든 큐빗이 1인 1111111111까지, 숫자 1024개를 나타내는 고유상태들이 몽땅 중첩된 상태이다. 양자알고리즘은 이 중첩된 상태의 각 고유상태에 대한 함숫값을 동시에 계산하여 함숫값을 0으로 만드는 고유상태만 튀어나오게 만든다. 그러므로 고전알고리즘보다 약 1000배 빨리 답을 준다. 이렇게 환상적인 일이 일어나게 하는 것이 쉽지는 않다. 이렇게 계산하는 양자컴퓨터를 만드는 일도 어렵고 이런 결과를 주는 양자알고리즘을 생각해내는 일도 어렵다. 그런데 이 두 가지 모두 개발이 되었고 실험으로 증명이 되었다.

양자알고리즘을 실제로 구현할 때는 알고리즘 전체를 회전연산과 CNOT 연산의 조합으로 분해해야 한다. 이렇게 알고리즘을 기본연산의 조합으로 분해하는 과정은 고전컴퓨터에서는 어셈블러 혹은 컴파일러라 불리는 프로그램들이 수행한다.

도이치-조사 알고리즘

쓸데는 없지만 구체적인 사례로서 역사상 처음 등장한 양자알고리즘인 도이치 알고리즘을 살펴보자. 어떤 연산이 있는데, 입력값이 뭐가 되었든 그 연산의 출력값은 항상 0 또는 1인 상수연산이거나, 혹은 가능한 입력값 중 50%에 대해서는 출력이 0이고 나머지 50%에 대해서는 1인 균형연산이다. 이 연산이 둘 중 어느 연산인지 알려면 몇 번이나 연산해보아야 될까? 뭐 이런 따분한 문제를 푸는 알고리즘이다.

이렇게 말하면 무슨 말인지 알 수 없으니까 구체적으로 예를 들어 이야기해보자. 앞에서 입력이 1비트이고 출력도 1비트인 연산에 대해 다룬 것을 잠깐 복습해보면, 이 경우 가능한 연산은 총 네 가지가 있었다. 175쪽의 그림에서 이미 살펴본 것이다. 첫째, 입력이 0이건 1이건 상관없이 출력이 0인 경우. 둘째, 입력이 0이건 1이건 상관없이 출력이 1인 경우. 셋째, 입력이 0이면 출력이 0, 입력이 1이면 출력이 1인 경우. 넷째, 입력이 0이면 출력이 1, 입력이 1이면 출력이 0인 경우. 이 중에서 첫째와 둘째 경우처럼 입력이 뭐든 내 갈 길을 간다 하고 항상 같은 결과를 내는 소자는 게이트로써 아무 쓸모가 없다고 했는데, 바로 이런 연산을 '상수연산'이라고 부른다. 셋째와 넷째 경우는 결과값이 0과 1로 균형 있게 반반씩 나온다는 뜻으로 '균형연산'이라고 부른다.

주어진 연산이 상수연산인지 균형연산인지를 알려면 물론 입력값으로 0과 1을 그 연산자에 넣어보면 된다. 즉, 간단히 두 번만 연산해보면 알게 된다. 그런데 도이치가 만든 양자알고리즘에서는 두 번이 아니고 한 번만 연산해보면 알게 된다는 것이 자랑이다. 0과 1에 대해 따로따로 연산하는 것이 아니라 0과 1의 중첩상태에 대해 한꺼번에 연산할 수 있기 때문이다.

두 번이냐 한 번이냐의 차이는 별 감동을 주지 않는다. 도이치도 그 점을 알았는지, 입력이 여러 비트일 때로 문제를 확장하려 노력했다. 모든 연산은 상수연산이거나 균형연산이냐 묻는다면, 그렇지는 않다. 입력이 2비트일 때 가능한 연산은 다음 쪽의 표와 같이

입력	연산 출력															
00	0	0	0	0	0	0	0	0	1	1	1	1	1	1	1	1
01	0	0	0	0	1	1	1	1	0	0	0	0	1	1	1	1
10	0	0	1	1	0	0	1	1	0	0	1	1	0	0	1	1
11	0	1	0	1	0	1	0	1	0	1	0	1	0	1	0	1

입력이 2비트이고 출력이 1비트일 때 가능한 16가지 연산. 1, 16번째(노란색)가 상수연산이고 4, 6, 7, 10, 11, 13번째(파란색)가 균형연산이다.

16가지이다. 그중에서 모든 입력, 즉 00, 01, 10, 11에 대해 항상 출력값이 0인 맨 처음 연산과 항상 1인 맨 마지막 연산, 이 두 개가 상수연산에 해당한다. 그리고 표에서 0과 1이 반반 있는 4, 6, 7, 10, 11, 13번째 연산들이 균형연산에 해당한다. 나머지 연산들은 그냥 이름이 없다. 이때도 상수연산인지 균형연산인지를 고전적으로 알아보려면 가능한 네 가지 입력값에 대해 모두 연산해보아야 하는데, 도이치가 조사와 같이 만들어낸 도이치-조사 알고리즘을 사용하면 역시 한 번에 알 수 있다. 가능한 입력값 네 가지를 모두 중첩하여 한 번에 함수를 계산할 수 있기 때문이다.

이상의 예에서 예상할 수 있겠지만, 입력이 N비트일 때 고전적으로 이 문제를 풀기 위해서는 2^N번만큼 계산을 해보아야 하지만, 도이치-조사 알고리즘을 쓰면 항상 한 번에 알 수 있다. 그렇다. 2^N개의 상태를 몽땅 중첩해서 한 번에 연산할 수 있기 때문이다. 아마 눈치가 빠른 독자는 알아차렸겠지만, 주어진 연산이 2^N개의 가능한 연산 중에서 어느 연산인지를 도이치-조사 알고리즘으로 알아낼 수 있는 것은 아니다. 그랬다면 그냥 어떤 연산인지 알 수 있다고 하지, 구태여 상수연산인지 균형연산인지 알 수 있다고 하지는 않았을 것이다. 둘 다 아닌 연산도 많다. 그러니까 도이치-조사의 알고리즘은 양자알고리즘의 우수성을 보여주기 위해서 인위적으로 만든 문제이다. 도대체 어떤 연산이 상수연산인지 균형연산인지를 알고 싶은 사람이 누가 있겠는가.

그러나 그렇다고 해서 역사상 최초의 양자알고리즘의 가치가 폄훼되어서는 안 된다. 양자알고리즘이 고전알고리즘보다 우위를 점한다는 사실, 이른바 '퀀텀 슈프리머시quantum supremacy'를 어떻게 보여줄 수 있을까 고민한 끝에 처음으로 찾아낸 알고리즘이니까. 처음 하는 것은 뭐든지 어렵고 비판하기는 쉽다. 이렇게 이상한 문제를 푼다는 것은 쓸 만한 양자알고리즘을 만드는 것이 얼마나 어려운 일인지를 단적으로 나타내주기도 한다. 우리 실험실에서 핵자기공명으로 처음 구현한 양자알고리즘이 바로 도이치-조사 알고리즘이었다. 이 알고리즘을 구현하다 보면 중간 계산 과정에 얽힘 상태가 사용된다.

병렬처리

이렇게 동시에 계산하는 것을 '병렬처리'를 한다고 말한다. 양자컴퓨터가 계산을 빨리할 수 있는 이유는 병렬처리가 가능하기 때문이다. 그런데 사실 병렬처리는 고전컴퓨터에서도 이미 하고 있는 일이다. 학생 100명의 성적을 평균 내기 위해서는 일단 성적을 다 더해야 하는데, 사람 한 명이 덧셈을 100번 하는 것보다 다섯 명이 20번씩 나누어서 더하고 그다음에는 더해진 결과 다섯 개를 모아서 한 번만 더 더하면 거의 5배나 빠르게 계산할 수 있다. 컴퓨터에 계산을 나누어서 시키려면 컴퓨터도 그만큼 많이 있어야 한다. 예전에는 복잡한 과학 계산을 하려면 슈퍼컴퓨터 사용 시간을 할애받아 알고리즘을 돌리는 경우가 대부분이었는데, 요새같이 PC가 저렴해진 때에는 CPU만 천 개씩 사서 병렬처리를 통해 문제를 해결하는 연구실이 많다. 슈퍼컴퓨터를 다른 사람들과 공동으로 나누어서 사

CPU를 병렬로 연결한 슈퍼컴퓨터.(© Wikipedia)

용하나, PC 천 개를 연결해서 혼자 사용하나 속도가 비슷해진 것이다.

고전컴퓨터도 병렬처리를 할 수 있다면 양자컴퓨터가 특별할 것이 뭐냐, 라고 물을 수도 있겠지만, 양자컴퓨터는 병렬처리를 하기 위해 CPU가 더 필요하지 않다는 점이 다르다. 예를 들어 10큐빗짜리 양자컴퓨터 한 대가 있으면 2^{10}인 1024개의 데이터를 병렬처리할 수 있는 반면, 10비트짜리 고전컴퓨터는 똑같은 병렬처리를 하기 위해 컴퓨터가 1024대나 필요하다. 비트 수가 40비트만 되어도 양자컴퓨터는 약 1조 개의 데이터를 동시에 처리하므로 고전컴퓨터로는 도저히 흉내낼 방법이 없다. 양자컴퓨터의 병렬처리 능력은 기본적으로 양자계의 중첩성에서 비롯한 것이다. 그런데 양자알고리즘에서 쓸 만한 것들은 계산 도중에 얽힌 상태가 꼭 나타나기 때문에, 양자연산이 혁신적으로 빠른 이유는 단순히 중첩이 아니라 중첩 중에서도 얽힘이 아닌가 생각되고 있다. 얽힘이 핵심인 것이 맞다면, 고전컴퓨터는 양자컴퓨터를 어떻게 해도 흉내낼 수가 없다.

도이치-조사 알고리즘이 발표된 이후로 많은 양자알고리즘이 나왔는데, 그중에서 가장 쓸모가 있고 유명한 것이 쇼어의 소인수분해 알고리즘과 그로버의 데이터검색 알고리즘이다. 이 두 알고리즘의 가치를 제대로 이해하려면 암호에 대한 이해가 선행되어야 하므로 다음 장에서 암호와 같이 다루기로 하자.

세 번째 세미나가 끝난 뒤
이 수석과 같이 집무실로
걸어가면서 대통령이 말을 걸었다.

**"이 수석, 그러니까
양자컴퓨터가 빠른 이유가
병렬처리를 할 수 있기 때문이고,
병렬처리는 양자 상태가
중첩이 되기 때문에
가능하다는 거지요?"**

"네, 저도 그렇게 들었습니다."

"그런데 도대체
병렬처리가 뭐죠?"

"아까 나왔을 때
질문을 하시지 그랬습니까?"

"너무 무식한 질문인 것
같아서 창피하잖아요."

**"사실 저도 뭔지 몰랐는데,
가만히 있으면 중간은 갈 것
같아서 질문 안 했습니다."**

4부

네 번째 세미나

암호

14장

암호 이야기

비밀키 암호

이런 우스갯소리가 있다. 강원도 어느 산골에 '아' 발음을 잘 못하는 청년이 있었다. 이 청년은 '아' 발음을 할 때마다 '이'로 발음했다. 이 청년이 군대에 갔는데, 하루는 밤에 급히 화장실에 가게 되었다. 화장실에서 일을 보고 돌아오는 모습을 야간 보초가 발견했다. 보초는 어두운 곳에 물체가 어른거리는 것만 보이고 자세한 모습이 보이지 않아 "암호!"라고 외쳤다. 그날 밤의 암호는 '고구마'였기 때문에 그 청년은 "고구미!"라고 외쳤다. 암호가 틀렸으므로 보초는 총을 쏴버렸고 총을 맞은 청년은 쓰러지면서 이렇게 말했다고 한다. "김진기?" 국방으로 쓰는 암호가 이렇게 야간 보초들이 쓰는 단순한 수준이 아닐 것이라는 점은 쉽게 상상할 수 있다. 영화를 보면 흔히 핵무기를 발사할 때 대통령을 포함해서 두 사람 내지 세 사람이 각자 비밀번호를 입력하는 장면이 나온다.

암호는 국방에만 사용하지 않고 안보 관련 분야에서는 다 쓴다. 스파이, 즉 간첩들은 당국의 지령을 받아야 하는데, 이 지령을 전파로 받으므로 언제든지 도청될 수 있다. 그러므로 지령은 암호화되어 내려온다. 암호는 현대 사회의 모든 분야에 사용되며, 우리 실생활에 깊숙이 관여되어 있다. 우리가 아침에 일어나서 제일 먼저 하는 일은 스마트폰에 접속하기 위해 본인 인증 비밀번호를 넣는 일이다. 또 하루의 업무를 시작할 때 처음으로 하는 일도 컴퓨터에 접속하기 위해 비밀번호를 넣는 일이다. 온라인으로 은행 업무를 보거나 온라인 쇼핑을 할 때는 단계 단계마다 비밀번호를 요구하는데, 처음 할 때는 웬만한 인내심을 가지지 않고서는 끝까지 가기 어렵다. 집에서 주식을 거래하기 위해 홈트레이딩 프로그램을 사용할 때도 암호를 정확하게 쳐서 넣어야 하고, 각종 SNS에 접속할 때도 비밀번호를 입력해야 한다. 하루 종일 무사히 틀리지 않고 수많은 암호들을 제대로 치고 나서 집으로 돌아오면, 현관문의 비밀번호를 제대로 눌러야 마지막 임무가 완수된다. 이렇게 현대인의 하루는 암호로 시작해서 암호로 끝난다고 해도 과언이 아니다.

암호는 오래전 카이사르의 시대에도 사용되었다. 카이사르의 집안에서는 집안 사람들끼리 사용하는 암호가 있었는데, 그 방식을 사용하면 예를 들어 이런 암호문을 만들 수 있다. 'K NQXG AQW.'

무슨 말인지 금방 알 수 있는 독자들이 있을까? 전문가가 아니면 알아내기 어려울 것이다. 이 암호문은 'I LOVE YOU'라는 원문에서 각 알파벳을 두 글자씩 뒤로 밀어서 쓴 것이다. I는 두 개 뒤로 밀어서 K로, L은 두 개 밀어서 N으로, 이런 식으로 말이다. 이렇게 간단한 규칙을 사용해서 전혀 알 수 없는 문장을 만들 수 있다니 놀랍지 않은가? 이 암호체계에서 비밀을 푸는 열쇠는 물론 2라는 숫자이다. 카이사르가 브루투스에게 살해당한 날에도, 위험하니 조심하라는 메시지가 암호문으로 전달되었지만 결국 받아보지 못한 채 죽었다고 한다.

그렇다면 암호를 만드는 방법만 안다면, 열쇠를 몰라도 시간을 조금 들여 암호문을 쉽게 해독할 것이다. 그래서 사람들은 알파벳마다 밀어 쓰는 정도를 달리하는 방식을 생각해냈다. 예를 들어 A는 10개 뒤의 K로 바꾸고, B는 5개 뒤의 G로 바꾸고, C는 15개 뒤의 R로 바꾸고, 이런 식으로 알파벳 26개의 열쇠를 다 다르게 정하는 방식이다. 다시 말해서, 이 방식의 암호문은 알파벳 A, B, C…… 의 각 철자의 순서를 마구 뒤섞은 K, G, R…… 의 철자들로 치환하여 작성한 것이다. 생각을 좀 더 발전시켜 보면, 알파벳을 꼭 다른 알파벳으로 치환해야만 하는 것은 아니다. 제1차 세계대전 당시 전설적인 간첩 마타 하리는 암호문으로 악보를 사용했다. 예를 들어 A는 4분음표 '도' 음으로, B는 8분음표 '레' 음으로 표기하는 식이다. 그 악보는 잘 읽어보면 도저히 음악으로 연주할 만한 악보가 아니었겠지만, 음치가 봐서는 알 수 없었을 것이다. 이 암호체계에서는 알파벳

대신 음표를 사용했을 뿐, 알파벳 각 글자에 하나의 기호를 대응시킨다는 점에서는 알파벳의 순서를 뒤섞어 쓰는 방식과 동일하다.

암호에 대한 현대적 기록은 에드거 앨런 포의 소설에서 처음 등장했다고 한다. 포의 소설 「황금벌레」를 보면 이런 암호문이 나온다.

53‡‡†305))6*;4826)4‡.)4‡);806*;48†8¶60))85;1‡)
;:‡*8†83(88)5*†;46(;88*96*?;8)*‡(;485);5*†2:*‡(;4
956*2(5*—4)8¶8*;4069285);)6†8)4‡‡;1(‡9;48081;
8:8‡1;48†85;4)485†528806*81(‡9;48;(88;4(‡?34;48
)4‡;161;:188;‡?;

에드거 앨런 포의 소설 「황금벌레」에 나오는 암호문. (© Wikipedia)

탐정은 우선 이 문장의 기호들을 높은 빈도 순서대로 아래와 같이 나열했다.

기호	8	;	4	)	‡	*	5	6	(	†	1	0	9	2	3	?	¶	-	.
빈도	34	27	19	16	15	14	12	11	9	8	7	6	5	5	4	3	2	1	1

그다음 영어에서 알파벳이 나타나는 빈도가 높은 순서대로 적었다.

e a o i d h n r s t u y c f g l m w b k p q x z

마지막으로 기호와 알파벳을 일대일 대응시켜서 각 기호가 나타내는 알파벳을 찾았다. 8은 e를 나타내고, ;는 a를 나타내는 식이다. 이것 또한 알파벳의 각 글자에 기호를 하나씩 대응시키는 방식이다.

이광수의 소설이었던가, 대한독립군에 관한 이야기가 나오는데, 거기서 내가 알기로는 한글로 작성된 글 가운데 최초로 암호체계가 등장한다. 그 암호체계에서는 한글의 자음과 모음 스물네 자를 1부터 24까지의 숫자로 치환한 후, 한 글자를 이루는 자음과 모음은 '+'로 연결하고 받침이 있으면 분수의 분모로 나타냈다. 예를 들어 '도강'은

$$3+19 \quad \frac{1+15}{8}$$

이런 식으로 표시했다. 이 암호체계를 제시한 후 작가는 우리 한글의 구조를 모르는 적군은 전혀 해독할 수 없는 우수한 암호라고 자화자찬했던 것으로 기억한다. 그 소설을 어릴 때 읽으면서 나도 감탄을 하기는 했었는데, 구조가 약간 복잡하기는 하지만 숫자 한 개에 한글 알파벳 한 개를 대응시키는 소박한 암호체계에 속하기는 마찬가지이다. 이 암호체계로 만들어진 암호문은 한글에서 나타나는 자모음의 빈도 통계만 있다면 쉽게 풀릴 것이다.

이 정도 소박한 암호는 우리도 만들어서 친구들과 사용해볼 수 있다. 파인먼은 제2차 세계대전 당시 미국의 원자폭탄 개발 프로젝트 맨해튼 계획에 참여했다. 그 프로젝트는 로스앨러모스 국립연구

소를 중심으로 이루어졌는데, 파인먼도 그 연구소에서 일했다. 연구소에서의 연구 내용은 당연히 극비였기 때문에, 모든 연구원이 연구소 내에서 숙식을 해결하고 주말에만 집에 갔다고 한다. 주중에는 편지를 주고받을 수가 있었는데, 오가는 모든 편지는 검열을 받았다. 자신의 편지를 검열받는 것을 싫어했던 파인먼은 집에 있는 아내와 편지로 왕래할 때 눈치채기 힘든 교묘한 암호를 사용했다. 물론 극비 사항을 누출한 것은 아니었고, 아내와의 사생활 이야기였다. 내용을 이해할 수 없는 파인먼의 편지 때문에 골치를 썩던 검열관은 종종 파인먼에게 찾아와 무슨 내용인지 물었다고 한다.

알파벳의 빈도 통계로 암호체계를 깨는 방법이 알려지자, 그다음 단계로 통계와 무관한 암호체계가 개발된다. 이 암호체계에서는 똑같은 A도 어떤 때는 K로 치환하고 또 어떤 때는 B로 치환하는 등, A가 나타날 때마다 무작위로 치환했다. 당연히 암호문에서 더 자주 나타나는 기호가 없으므로 해독이 어렵다. 이 방식에서는 일단 무작위 수열을 만들어낸 후 알파벳을 치환하는 데 사용한다. 예를 들어 12, 4, 7…… 같은 무작위 수열이 있다면 원문의 첫 글자는 12개 뒤의 알파벳으로 치환하고, 두 번째 글자는 4개 뒤의 알파벳, 그리고 세 번째 글자는 7개 뒤의 알파벳으로 치환하는 식이다. 이렇게 만들어진 암호문을 풀려면, 물론 똑같은 무작위 수열을 확보한 후 첫 글자는 12개 앞의 알파벳으로 치환하고, 두 번째 글자는 4개 앞, 세 번째 글자는 7개 앞의 알파벳으로 치환하면 된다. 암호를 보낼 사람과 받는 사람은 똑같은 무작위 수열을 적은 표가 필요하다. 그표를 '난수표'라고 부르는데, 인터넷이 없어 라디오를 이용하여 지령을 받던 시기의 간첩이 반드시 소지해야 했던, 구시대 간첩의 상징물이었다.

우리가 요즘 온라인 은행거래에서 사용하는 보안카드도 바로 난수표이다. 이런 암호체계는 난수표가 없다면 도저히 깰 수 없을 것 같지만 매번 같은 난수표를 사용하면 주의 깊게 관찰하는 해커에게 결국 뚫릴 수 있다. 가장 안전하게 암호문을 주고받으려면 난수표는 한번만 쓰고 폐기해야 한다. 그래서 간첩들은 내려올 때 난수표를 한 묶음씩 가지고 왔다고 한다. 요즘의 온라인 뱅킹에서는 한 묶음의 난수표 대신에 OTP라 불리는 난수발생기를 사용한다. OTP란 one time password, 즉 일회용 암호를 말한다. 온라인 은행거래를 할 때 내 스마트폰에서 OTP를 작동시키면 난수를 발생해서 내게 알려주고 은행에도 알려준다. 내가 그 난수를 사용해서 거래를 하면 은행에서는 내가 한 거래임을 확인할 수 있는 것이다.

암호는 기밀성이 높은 것도 중요하지만 해독 속도도 중요하다. 간첩이 밤에 간단한 지령을 암호로 받아 다음 날 낮에 그 지령을 수행한다면 밤에 난수표를 보아가며 한 글자 한 글자씩 암호를 풀어도 되겠지만, 포탄이 날아다니는 전투 중에 작전이 암호문으로 전달된다면 해독 속도가 무척 중요할 것이다. 제2차 세계대전 당시 독일군은 난수를 발생시켜 암호문을 생성했는데, 암호문을 받는 측에서도 같은 난수를 발생시켜 즉시 원문으로 해독해주는 기계를 만들었다. 이 기계는 에니그마라고 불렸는데, 암호의 난이도가 높았을 뿐 아니라 빠르기도 해서 독일군은 두뇌가 우수한 게르만이 만든 역작이라고 자랑스러워했다고 한다. 아닌 게 아니라 연합군은 독일군의 암호를 깨는 데 무척 애를 먹었다.

그런데 한번은 독일군의 잠수함 U보트가 침몰하는 사건이 발생했는데, 주변에 있던 연합국 배가 독일 군인들을 구출해주었다. 이 잠수함에도 물론 에니그마가 있었으며, 에니그마는 적군의 수중에 들어갈 위험이 있을 때는 당연히 폐기하도록 되어 있었다. 그러나 배가 거의 침몰할 지경에 이르렀으므로 U보트 선장은 그럴 필요가

연합국 군인이 U보트에서 독일군의 에니그마를 탈취하는 사건을 다룬 영화의 포스터.

없다고 생각해서 그냥 놔두고 나왔다. 그런데 독일 군인들을 구출한 배가 멀어지자 다른 연합국 함정이 거의 다 침몰한 U보트에 몰래 접근했고, 한 장교가 사병 두 명을 데리고 잠수함에 뛰어들어갔다. 이 병사들은 급히 에니그마를 찾아서 잠수함을 탈출하려 했는데, 결국 사병 둘만 나오고 장교는 미처 탈출하지 못했다. 이 극적인 이야기는 여러 번 영화화되기도 했다.

영국은 지금은 해가 지는 나라이지만 제2차 세계대전 당시까지만 해도 힘 좀 쓰는 나라였다. 더구나 유럽 전역이 나치와 파시즘에 힘도 쓰지 못하고 침공을 당하는 상황에서 영국만 꿋꿋하게 나치에 맞서 싸워 이겨주었으니, 그 당시만 해도 큰소리를 칠 만했다. 제2차 세계대전 당시 영국은 독일군의 암호를 풀기 위해서 큰 저택과 정원이 있는 런던 근교의 공원인 블레츨리파크에 정부 암호학교를 세웠다. 암호학교는 1만여 명이나 되는 인원을 고용해서 독일군의 암호를 해독했다. 암호를 해독하는 방법에는 원문과 대조해가면서 해독하는 방법, 원문 없이 그냥 해독하는 방법, 그리고 다른 기타의 방법이 있는데, 기타에 속하는 방법으로는 납치와 고문 등이 있다. 원문과 대조하는 방법이 당연히 제일 쉽다. 알파벳과 일대일로 대응하는 기호로 적인 암호문은 원문과 대조하면 통계를 추출할 필요도 없이 당장 암호체계가 뭔지 알 수 있을 것이다. 무작위로 알파벳을 바꾸는 암호체계는 더 어렵겠지만, 그래도 원문이 있으면 훨씬 도움이 된다. 그런데 독일군 암호는 무작위로 발생시킨 것이라서 출현 빈도 통계도 소용없었고, 물론 원문도 없어서 완전히 맨땅에 해당하는 식으로 무식하게 모든 가능성을 다 조사해보아야 했다. 단서라고는 에니그마가 사용하는 무작위 수가 최대 26×26×26=17576개라는 것뿐이었다. 그래서 1만 명씩이나 되는 인원이 가능한 모든 경우들을 나누어 알파벳을 치환해보고 말이 되는 결과가 나오는지 매일 알아보고 있었던 것이다.

20세기에는 인류 최초의 컴퓨터가 1946년 펜실베이니아 대학에서 만들어진 에니악이라고 알려져 있었다. 그런데 제2차 세계대전 당시의 영국 국가 기밀의 봉인이 종전 30년 후 해제되었는데, 에니악보다 앞서 컴퓨터 콜로서스가 만들어져 이미 블레츨리파크에서 사용되었다는 사실이 알려졌다. 이 블레츨리파크에 영화 〈이미테이션 게임〉의 주인공인 그 유명한 앨런 튜링Alan Turing이 있었다. 튜링은 튜링머신이라 불리는 현대 컴퓨터의 모델을 제시하고 인공지능의 기준이 되는 튜링테스트를 만들었던 천재였는데, 동성애자임이 밝혀져 뭇사람에게 비난을 받다가 자살했다. 이런 사실들 때문에 콜로서스도 튜링이 만든 것으로 알려지기도 했으나, 튜링이 만든 것은 컴퓨터가 아니라 암호 해독에 전문화된 전기기계였으며, 콜로서스의 제작에는 간접적으로만 관여했다고 한다. 2023년에 영국에서는 튜링의 얼굴이 들어간 파운드화를 발행했다.

극비였다가 알려진 사실 중에는 코번트리 폭격사건도 있다. 고다이바 초콜렛 이름의 기원이 된 고다이바 부인의 전설로 유명한 코번트리는 런던에서 그리 멀리 않은 곳에 있는 중소도시인데, 당시에는 군수공장들이 있었다고 한다. 이 도시가 독일군에게 폭격을

블레츨리파크에서 암호를 해독하고 있는 직원들. (© Wikipedia)

당하기 직전에 영국군은 막 에니그마를 해독할 수 있게 되어 폭격 계획을 미리 알아챘다. 그러나 에니그마가 해독되었다는 사실을 독일군이 모르고 방심한 채로 같은 암호체계를 계속 쓰게 만들기 위해 처칠은 코번트리를 폭격하도록 내버려두었고, 그 결과 수백 명의 인구가 사망했다고 한다. 국방에서의 암호는 수백 명의 목숨과 바꿀만큼 중요한 것이다.

제2차 세계대전 당시 일본군은 암호명 '보라'로 불린 암호 생성기를 쓰고 있었는데, 이 암호 생성기는 독일군의 에니그마보다도 복잡한 체계를 사용했기 때문에 절대 안전한 것으로 여겨졌다고 한다. 그런데 사실 미군은 일본군이 진주만을 폭격하기 전부터 이 기계로 만든 암호를 분석했다. 일본과 연합하고 있던 독일은 이 사실을 알고 일본에 알려주었는데, 그럼에도 일본군은 전쟁 중에 그 암호체계를 계속 사용했을 뿐 아니라 심지어 전쟁 후에도 계속 사용했다고 한다. 전쟁이 끝난 뒤에 미국 의회에서 일본군이 진주만을 공격하도록 내버려둔 책임이 누구에게 있는지 따지는 청문회가 열렸을 때에야 비로소 일본군은 자신들의 암호가 다 새어나가고 있었다는 걸 실감했다. 러시아도 일본군의 암호를 다 해독하고 있었기 때문에 일본군이 침략하지 않을 걸 알고 있었고, 그래서 극동 전선에 있던 군인들을 모두 빼내어 독일군의 침략에 대비해 모스크바로 옮길 수 있었다. 암호에 대해 이렇게 무지했던 나라가 어떻게 미

제2차 세계대전 당시 폭격을 맞아 뼈대만 남은 코번트리 대성당. (© Wikipedia)

국을 상대로 먼저 싸움을 걸 생각을 했는지 정말 모를 일이다. 하기야 그런 나라에 먹혔던 나라의 국민이 무슨 비판을 할 자격이 있겠냐마는. 어느 누구도 내 패만 다 보여주고 치는 고스톱을 이길 수는 없을 것이다. 전쟁에서 제일 중요한 무기는 암호이다.

공개키 암호

영국 극비 서류의 봉인이 풀리면서 암호에 관해 알게 된 또 하나의 사실은 당시 블레츨리파크에서 '공개키' 방식의 암호가 개발되었다는 것이다. 지금까지 설명한 암호체계를 '비밀키' 방식이라고 하는데, 이 암호체계의 보안은 열쇠의 기밀성에 전적으로 의존하므로 열쇠의 전달과 보안 유지에 많은 비용이 든다. 그래서 최근에는 공개키 방식의 암호를 주로 사용한다. 공개키 암호체계에서는 나에게 암호문을 보내고 싶은 사람이 해독에 필요한 숫자들을 공개적으로 밝히며, 이 숫자들을 이용하여 만들어진 암호는 나만 해독할 수 있다. 대표적인 공개키 방식 암호체계인 RSA 암호를 만든 사람들은 특허를 내서 돈을 꽤 벌었다고 한다. 그런데 그보다 앞서 블레츨리파크에서 공개키 방식 암호체계를 만든 사람들은 비밀 유지 서약을 한 탓에 결국 한 푼도 못 벌고 말았다.

공개키 암호체계는 두 숫자를 곱하기는 쉽지만 소인수분해를 하기는 어렵다는 사실을 이용한다. 나누어지지 않는 수를 소수라고 하고, 소수가 아닌 수를 소수의 곱으로 표현하는 것을 소인수분해라고 한다. 2를 제외한 짝수는 당연히 소수에서 제외되므로 소수는 1, 2, 3, 5, 7, 11, 13, 17…… 등으로 계속 이어진다. 어떤 수가 소수인지 아닌지 알아보려면 제일 작은 소수부터 시작해서 차례로 나누어보면 된다. 91은 2로는 안 나누어지고 3으로도 안 나누어지고 5로도 안 나누어지는데, 7로 나누면 13이라는 몫이 답으로 나온다. 289는 소수일까 아닐까? 289는 17×17이므로 소수인지 아닌지 알려면 제일 작은 소수부터 시작해서 17까지 나눗셈을 해봐야 하니까 시간이 좀 걸리고 암산으로는 더 어렵다. 그러나 17×17을 계산해서 289를 얻기는 간단하다. 숫자가 커질수록 당연히 소인수분해의 난이도는 급증한다. 1977년, 미국의 한 유명한 과학 잡지에 상금 100달러를 걸고 129자리 수를 소인수분해해보라는 광고가 났는데, 1994년 지원자 600명이 컴퓨터 1600대를 인터넷으로 연결해서 8개월 걸려 풀었다고 한다. 현재까지 인류가 소인수분해를 해본 가장 큰 수는 232자리 수라고 하는데, 역시 수백 대의 컴퓨터를 동원해서 2년 걸려 풀었다고 한다.

공개키 암호체계에서는 암호문을 만들 때 사용한 숫자를 소인수분해할 수 있어야만 해독할 수 있기 때문에, 도청자뿐 아니라 암호문을 만든 사람조차도 원문을 잃어버리면 해독이 불가능하다. 두 개의 숫자를 곱해서 공개된 숫자를 만든 사람만 소인수분해를 할 수 있고, 따라서 그 암호문을 해독할 수 있다. 비트코인 같은 가상화폐의 거래에도 이 공개키 암호체계를 사용하여 안전성을 보장하고 있다. 공개키 암호체계는 온라인으로 사용하면 유지 배포의 비용이 저렴하므로 요즘같이 네트워크가 발달한 시대에 최적인데, 그래서 현대에 들어 암호가 필요한 곳에서는 공개키 암호체계를 많이 쓰고 있다. 한편 양자컴퓨터는 소인수분해를 굉장히 잘한다. 고전컴퓨터로 소인수분해를 하는 데 걸리는 시간은 자릿수가 증가함에 따라 거의 지수적으로 늘어나는 반면, 양자컴퓨터를 쓰면 로그적으로밖에 늘어나지 않으므로 계산이 엄청나게 빨라진다. 양자알고리즘이 어떻게 소인수분해를 하는지 자세히 알고 싶은 분은 부록을 참고하면 된다.

15장

그로버의 데이터검색 알고리즘

양자컴퓨터는 공개키 암호를 매우 잘 푸는 동시에 비밀키 암호도 꽤 잘 푼다. 비밀키 암호 해독에 적합한 그로버의 알고리즘은 기본적으로 데이터검색을 하는 프로그램이다. 우리가 전화번호부에서 어떤 사람의 전화번호를 찾는다고 하자. 전화번호부에는 사람들의 이름이 가나다순으로 정렬되어 있어서 비교적 빠른 시간에 찾을 수 있다. 그런데 우리가 세금을 내지 않아 전화국에서 이런 수고를 들일 노동력이 없었고, 따라서 전화번호부를 만들어내기는 했지만 이름에 순서가 없다고 가정해보자. 그러면 '홍길동'이라는 사람의 전화번호를 찾기 위해서는 무작위로, 혹은 맨 위부터, 아니면 취향에 따라 맨 뒤부터 뒤지기 시작할 것이다. 전화번호부에 수록된 이름의 수가 총 N개라면 적어도 $N/2$번 이상 뒤지는 수고를 해야 50%

이상의 확률로 이름을 찾아 번호를 확보할 수 있을 것이다. 그런데 양자컴퓨터와 로브 그로버의 양자알고리즘을 사용하면 $\sqrt{N}$번만에 찾을 수 있다. 서울특별시 전화번호부에 천만 명의 이름이 순서 없이 적혀 있다면, 고전적인 방법으로는 이름만 아는 사람의 연락처를 도저히 찾을 엄두를 낼 수가 없다. 하지만 천만의 제곱근인 3천여 번에 찾을 수 있다면 한번 해볼 만할 것이다. 더구나 이것이 사람의 이름을 찾는 것이 아니라 은행 계좌의 비밀번호를 알아내는 일이라면 더욱더 해볼 만하다.

그로버의 데이터검색 알고리즘도 입력값을 중첩하여 병렬처리를 함으로써 처리 속도가 무척 빠르다. 이 풀이법은 기본적으로 N개의 자료 중 임의의 함수 $f(x)=0$의 해답을 찾는 방법인데, 총 두 단계의 연산으로 이루어진다. 우선 모든 자료에 해당하는 상태들을 중첩시키고 난 후, 해답이 되는 자료의 상태의 부호만 바꾸는 연산이 첫 번째 단계이다. 그다음 단계로, 상태들의 크기의 평균을 기준으로 계수 값을 반전시킨다. 이 과정을 반복하면 결국 해답이 되는 상태의 계수만 커지고, 몇 번 반복한 후에 측정하면 해답이 읽힌다.

예를 들어보자. 전화번호부에는 이름과 전화번호가 다음처럼 나란히 적혀 있다.

강감찬 010-1234-5678
성춘향 010-7824-0283
⋮

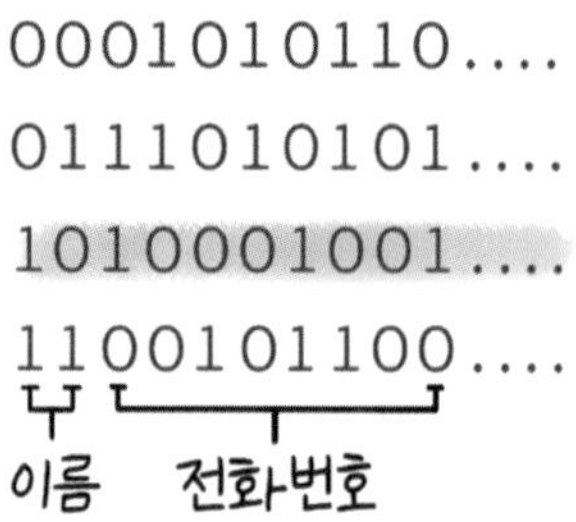

디지털 전화번호부.

하나의 데이터는 이름에 해당하는 비트들과 전화번호에 해당하는 비트들의 조합으로 이루어진다. 우리가 사례로 살펴볼 전화번호부에는 네 명의 명단만 있는데, 네 사람의 이름을 비트로 나타내면 각각 00, 01, 10, 11이라고 하자. 그러면 디지털 전화번호부에는 데이터가 위 그림과 같은 식으로 적힌다.

이제 모든 비트에 스핀 큐빗을 하나씩 배정하고, 그 큐빗들에 데이터를 기록한다. 만일 이름을 적는 데 2비트, 전화번호를 적는 데 18비트가 필요하여 한 데이터당 총 20비트가 필요하다면, 고전 전화번호부에 4명의 이름을 기록하는 데는 총 80비트가 필요할 것이다. 그러나 같은 데이터를 양자 전화번호부에 기록한다면, 큐빗 20개만 준비하고 데이터 4개를 전부 중첩시켜서 기록할 수 있다. 4개의 상태는 공평하게 모두 같은 크기로, 즉 파동의 언어로 말하자면 진폭이 같은 상태로 중첩되어 적힌다. 이 상태에서 이름을 읽으면 4명 중 1명의 이름이 무작위로 나타날 뿐이다. 마치 고전 전화번호부에서 눈을 감고 무작위로 한 이름을 찍어서 읽는 것과 다를 바 없다. 어쨌든 이런 전화번호부에서 이름 부분을 측정해서 한 이름이 나오면 그 이름 소유자의 전화번호도 같이 나온다. 즉 이름이 결정되면 전화번호도 결정되므로 이름을 나타내는 큐빗들과 전화번호를 나타내는 큐빗들은 서로 얽혀 있다.

이제부터 4개의 데이터 중에서 찾으려는 이름과 전화번호만 남기고 나머지는 다 사라지게 하려 한다. 우선 이름에 해당하는 첫 두 큐빗에만 연산을 가하는데, 첫 번째 연산은 우리가 찾는 이름에 해당하는 상태의 부호만 뒤집는 연산이다. 예를 들어 이름 10을 찾는다면, 디지털 전화번호부 그림에서 세 번째 상태의 부호만 뒤집는다. 중첩된 상태에 순서 따위는 없다. 그러므로 세 번째라는 것은 편의상 하는 이야기이고, 연산이 알아서 그 상태만 찾아 부호를 뒤집어야 한다. 이렇게 알아서 뒤집어주는 과정을 '오라클'이라고 부른다.

오라클은 원래 신탁이란 뜻이라고 하는데 컴퓨팅에서는 불가능한 계산을 가능케 해주는 초인공지능을 뜻하며 미국의 한 컴퓨터 회사가 자사의 이름으로 채택하여 유명해졌다. 처음 이 알고리즘을 우리 실험실에서 양자컴퓨터로 수행할 때 이 오라클 부분을 이해할 수가 없었다. 내가 원하는 데이터가 10이고 그 데이터를 내가 알아서 뒤집는다면 도대체 양자컴퓨터가 뭘 찾는다는 것이고 이 과정이 뭐가 신기하다고 오라클이라고 부르는 것일까? 여기서 내가 원하는 데이터는 10이 아니다. 즉 나는 전화번호부에서 성춘향이라는 활자를 보고 싶어서 찾는 것이 아니고 성춘향이라는 이름 옆에 붙어 있는 번호를 원하는 것이다. 그런데 그 이름이 어디에 써있는지 모르며, 어디에 있는지 모르지만 어쨌든 그 이름이 붙어 있는 데이터만 변화시켜주니 신기한 일이라는 뜻에서 이 과정을 오라클이라 부르는 것이다.

이런 오라클스러운 연산은 어떻게 하면 수행할 수 있을까? 앞서 설명한 조건부 NOT 연산, 즉 CNOT 연산은 제어비트의 상태에 따라 표적비트의 상태를 바꾸는 것이었다. 제어비트가 0이면 표적비트를 그대로 두고, 제어비트가 1이면 표적비트의 상태를 바꾼다. 제어비트를 2개로 확장한 게이트도 생각해볼 수 있다. 즉, 제어비트 2개가 모두 1이면 표적비트의 상태를 바꾸는 게이트인데, 실제로 많이 쓰이는 게이트로, 조건 조건부 NOT 연산이란 뜻으로 'CCNOT 연산'이라 불린다.

우리가 여기서 바라는 것은 첫 번째 제어비트가 1이고 두 번째 제어비트가 0일 때만 무언가를 하는 게이트이므로, 두 번째 제어비트를 CCNOT 게이트 입력단에 연결하기 바로 전에 NOT 연산자를 하나 둔다. 그러면 두 번째 제어비트는 상태가 바뀌어 CCNOT 게이트에 입력된다. 즉, 첫 번째 제어비트가 1, 두 번째 제어비트가 0일 때 CCNOT 연산자가 작동하여 표적비트가 바뀐다. 여기서는 조건이 만족되었을 때 CCNOT 연산처럼 표적비트에 NOT 연산을 가하는 것이 아니라, 표적비트 상태의 부호가 바뀌도록 연산 내용을 살짝 바꿔주면 우리가 원하는 연산이 된다. 이 과정을 그림으로 표현하면 다음 왼쪽 그림과 같다.

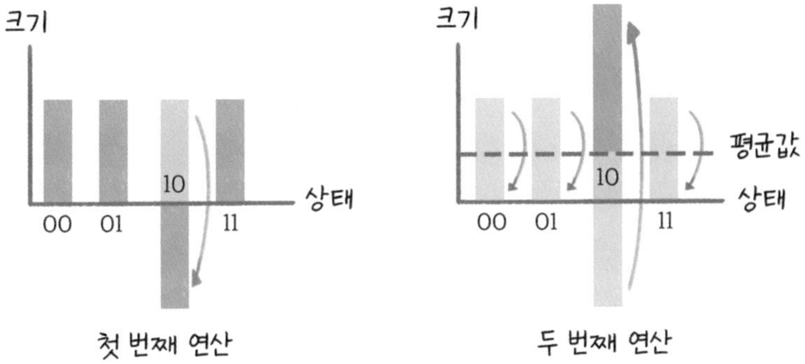

그로버의 데이터검색 알고리즘.

두 번째 연산은 중첩된 상태의 크기를 모두 뒤집는 과정인데, 0을 기준으로 뒤집는 것이 아니라 상태들의 크기의 평균값을 기준으로 뒤집는다. 이 과정은 오른쪽 그림에 해당한다. 처음 준비된 상태들의 크기가 모두 1/2이었다면, 첫 번째 연산으로 세 번째 상태만 크기가 -1/2이 되므로 네 상태의 크기의 평균값은 1/4이다. 이 값을 기준으로 1/2을 뒤집으면 0이 되고, -1/2을 뒤집으면 1이 된다.

이 과정을 모두 거치고 나니 네 상태의 중첩상태 중에서 이름이 10인 상태만 남고 나머지 상태들은 사라졌다. 즉, 전화번호부에서 세 번째 항목만 남고 나머지는 다 사라진 것이다. 그러므로 이제 양자 전화번호부를 읽으면 내가 원하는 이름과 그 옆에 붙은 전화번호만 나타나게 된다. 우리가 살펴본 사례에서는 원하는 이름이 100% 확실하게 나타나는데, 이것은 전화번호부에 이름이 4개가 수록된 특수한 경우라서 우연히 그렇게 된 것이다. 일반적으로 명단이 많으면 위의 연산을 여러 번 반복함에 따라 확률이 점점 커진다. 그래도 100%에는 도달하지 못할 수도 있으며, 심지어 이 연산을 너무 많이 계속하면 원하는 결과를 얻을 확률이 줄어들기 시작한다. 그러므로 너무 지겹지 않을 정도로만 적당히 반복하다가 확률이 원하는 만큼 높아지면 측정을 해야 한다. 확률이 100%가 아니라서 물론 틀린 결과가 나올 수도 있다. 홍길동의 전화번호를 원했는데 성춘향의 이름과 번호가 나올 수도 있는 것이다. 틀린 결과가 나왔다고 해서 낙담할 것은 없는데, 위의 과정을 다시 한번 반복하면 된다. 확률이 80%를 넘어가는 정도에서만 읽어도 '십중팔구' 옳은 결과가 나올 테니까, 두 번을 반복했는데 두 번 다 딴 이름이 나온다면 어지간히 재수가 없는 날인 것이다. 재수가 없는 날이라면 그만하고 다음 날 다시 하면 된다.

이렇게 반복하는 데는 시간이 별로 들지 않기 때문에 풀이 시간은 별문제가 아닌데, 딱 하나 문제가 될 소지가 있는 것은 바로 양자 전화번호부를 새로 사야 한다는 점이다. 양자 전화번호부에는 사람들의 이름과 전화번호가 모두 중첩되어 있다. 원하는 번호를 찾으려면 그로버 알고리즘을 작동시켜주는 기계를 대여해야 한다. 그리고 알고리즘을 작동하고 이제 그만하면 됐다고 생각해서 결과를 읽어보면, 읽는 순간 결과가 맞건 틀리건 한 개의 결과만 나타나고 나머지 상태들은 모두 붕괴되어 사라진다. 즉, 이 전화번호부는 이제 한 사람의 데이터만 있으므로 더 이상 전화번호부가 아니다. 양자 전화번호부는 일회용인 것이다. 그러므로 미래에 사설 양자 전화번호부 특허를 낸다면 돈을 많이 벌 수 있을 것이다. 실제로 해외에서는 이미 양자컴퓨터 관련 특허들이 여럿 나와 있다. 우리나라에서는 이런 특허를 내면 특허심사관이 매우 싫어할 것이다.

그로버 알고리즘의 두 연산은 왜 이런 방식으로 결정된 것일까? 첫 번째 연산은 우리가 원하는 상태의 부호를 바꾸는 것인데, 부호를 바꿀 게 아니라 아예 처음부터 그 상태의 진폭만 왕창 늘린다면 좋지 않은가? 양자전산에서 할 수 있는 연산과 그렇지 않은 연산은 바로 슈뢰딩거 방정식이 결정한다. 고전 세계에서는 우리가 공중에 공을 던지면 예외 없이 포물선을 그리며 날아간다. 공중에서 날아가는 공은 뉴턴의 운동 법칙을 따라서 움직이는 것이지 아무 궤도나 따라서 날아갈 수는 없다. 마찬가지로 양자 세계의 입자들은 슈뢰딩거 방정식이 정해주는 대로 움직여야지 아무렇게나 변화할 수는 없다. 그러므로 그로버는 슈뢰딩거 방정식이 허락하는 연산 중에서 데이터를 검색할 수 있게 하는 연산을 영리하게 잘 조합해서 알고리즘을 만든 것이다. 이런 제한 탓에 양자컴퓨터는 아무 연산이나 잘하지는 않는다. 덧셈을 할 줄은 알긴 하지만 고전컴퓨터보다 더 나을 게 없다. 그래서 양자알고리즘 중에서 쓸 만한 것은 아직 많지 않다. 쓸 만한 알고리즘을 만들기 어렵기도 하거니와, 지금 사용 가능한 알고리즘을 돌릴 하드웨어도 없는 판이라 더 좋은 알고리즘을 개발한다는 것 자체가 공허한 일이기 때문이기도 하다.

그로버의 데이터검색 알고리즘은 원하는 데이터를 무작위로 찾는 방법이므로 암호를 알아내는 데도 쓰일 수 있다. 약간의 원문만 있으면 비밀키 방식 암호의 비밀키를 알아낼 수 있다고 한다. 현대에는 유지비가 값싼 공개키 암호 방식이 온라인에서 널리 사용되고 있으나, 매우 높은 수준의 보안이 필요한 곳에서는 아직도 비싼 비용을 들여 비밀키 암호 방식을 사용하고 있다. 백악관과 크렘린 궁전은 비밀키 방식을 써서 서로 암호통신을 하고 있는데, 백악관에서 보낸 스파이와 크렘린에서 보낸 스파이가 중간 지점에서 만나 007 가방을 교환하는 방식으로 비밀키를 관리한다고 한다. 물론 믿을 만한 이야기인지는 전혀 모른다.

물리학자의 특성과 직업병

다른 사람들은 가끔가다 내게 물리학자 같지 않다고 이야기한다. 나는 그 말을 칭찬으로 듣는다. 물리학자들은 대체로 괴팍한데, 너는 비교적 정상같이 보인다는 뜻으로 해석하기 때문이다. 물리학자들은 물리같이 어려운 학문을 한다는 자부심이 있어서 대체로 오만하며, 으뜸가는 물리학자가 되기 위해 젊은 시절부터 자기 자신을 닦달해온 습관이 몸에 배어 일반인들이 보기에 이상한 습성들을 가지고 있다. 실력이 좋은 물리학자일수록 그런 경향이 강하기 때문에, 물리학자 같지 않다는 말은 내가 별로 훌륭한 물리학자가 아니라는 뜻일 수도 있다. 그러므로 그런 이야기는 사람에 따라 칭찬으로 들을 수도 있고 욕으로 들을 수도 있는데, 내게는 여전히 칭찬으로 들린다.

대학 시절, 외국 유학에서 막 돌아온 교수님께서 자신은 물리에 집중하기 위해 인간관계도 단순하게 유지한다고 하셨다. 처음 만난 사람은 좋은 사람과 나쁜 사람, 두 종류 가운데 하나로 구분한 후, 전자라면 그다음부터 무조건 마음을 털어놓고 완전히 믿고 지내고, 후자라면 완전히 마음을 닫고 상종도 하지 않는다는 것이었다. 인간관계에서 발생하는 감정 소모에 아까운 물리 공부 시간을 빼앗기기 싫다는 의도였다. 그 이야기를 듣고는 '와, 훌륭한 물리학자가 되려면 저렇게 비인간적인 인간이 되어야 해?'라고 생각하며 장래 문제로 고민을 했던 것이 기억난다. 그런데 물리학자가 되고 한참이 지나서 보니 나 자신도 대인관계와 관련해서 비슷하게 행동하고 있었다. 사실 그렇게 이야기하신 교수님은 괴짜이기는 하지만 무척 합리적이고 강직해서 존경을 받는 분이다.

이런 이상한 특성들 때문에 직업병 같은 현상도 나타난다. 나와 친한 우리 학과 교수가 해준 이야기가 있다. 그 교수의 친구 하나가 캘리포니아의 어떤 연구소에서 근무하고 있었다. 연구실은 빌딩의 고층에 자리잡고 있었는데, 어느 날 지진이 났다. 지진이 나면 건물 밖으로 대피하거나, 그럴 시간이 없으면 우선 책상 밑에 숨어야 한다. 그 친구도 공포에 떨면서 책상 밑에 들어가 지진이 조용히 지나가기를 기다리고 있었는데, 갑자기 '내가 지금 뭘 하고 있는 거야' 하는 생각이 들었다고 한다. 책상 밑에 숨은 동안 우연히 벽을 보니 괘종시계가 지진에 흔들리고 있었는데, 생사가 오가는 그 와중에도 무의식 중에 자기가 그 시계의 진동 주기를 재고 있더라는 것이다.

16장

양자암호통신

기밀 유지만 잘할 수 있다면 비밀키 암호체계는 공개키 암호체계보다 더 안전하다. 하지만 요즘 같은 세상에 직접 만나 비밀 열쇠를 교환한다는 것은 상상하기 어려운 일이라 아무래도 통신을 이용해서 열쇠를 교환하게 되는데, 이때 항상 도청이 걱정되기 마련이다. 양자암호통신은 바로 이럴 때 도청 걱정 없이 열쇠를 전달할 수 있게 해주는 기술이다. 이 기술은 물론 양자컴퓨터 기술과는 거리가 있지만, 컴퓨터 사이의 통신이나 암호와 관련이 깊으므로 설명하려 한다. 도청자의 임무는 몰래 엿듣는 일이다. 그러려면 유선통신을 하든 무선통신을 하든 도청자는 오가는 신호의 일부를 몰래 채어 가야 한다. 신호를 많이 채어 가거나 실수로 잡음을 섞는다든지 하면 통신을 하는 사람들이 알아챌 수 있다.

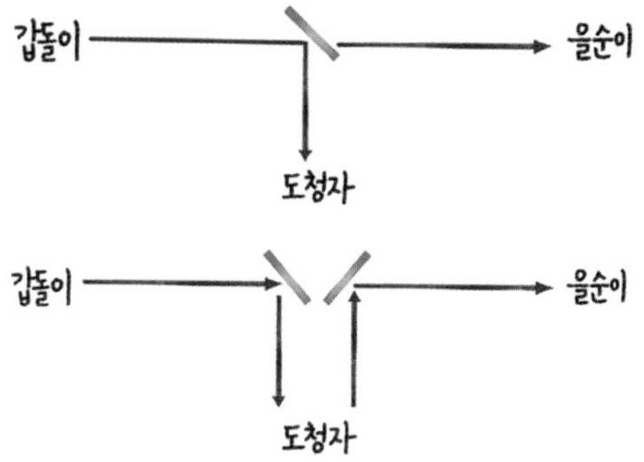

(가) 고전적 도청. (나) 첨단 도청.

빛으로 통신하는 경우를 예로 들어보자. 이때 도청이 이루어지려면, 위 그림처럼 반투명거울을 써서 빛의 대부분은 수신자에게 보내고 일부만 도청자가 받으면 된다. 이런 구식의 도청자가 신호의 일부를 채어 가지 못하도록 하는 가장 좋은 방법은 보내는 신호를 더 이상 나눌 수 없을 정도로 작게 만드는 것이다. 고전물리에서는 모든 물리량들이 연속적이어서 아무리 작은 신호라도 나눌 수 있다고 여겼지만, 양자 세계는 그렇지 않다는 것이 밝혀졌다. 예를 들어 빛은 광자라는 기본 단위가 있어서 더 이상 작게 쪼개지지 않는다. 그러므로 통신을 할 때 광자를 하나하나 보내면 도청자는 광자의 일부를 채어 갈 수 없어서 낙담하게 될 것이다. 그러다가 도청자는 갑자기 번뜩 아이디어를 떠올리게 되는데, 바로 송신자의 신호 전체를 채어 가서 읽고 똑같은 신호를 만들어서 수신자에게 보내자는 것이다. 그러면 송신자와 수신자 모두 도청이 있었다는 사실을 모를 것이다. 양자암호통신은 바로 도청자가 이런 식의 도청을 하지 못하도록 막는 기술이다.

1979년 여름, 질 브라사르는 푸에르토리코의 한 해변에서 수영을 하고 있었다. 그런데 모르는 사람이 브라사르에게 헤엄쳐 다가오더니 느닷없이 양자암호통신에 대해서 이야기를 하기 시작했다. 그 사람은 바로 베넷이었는데, 브라사르는 그때를 자기 인생에서 가장 괴상하고도 마법 같은 순간이었다고 회고한다. 그 당시는 양자암흑기의 말기였고, 베넷은 기회만 되면 자신의 아이디어를 이 사람 저 사람에게 이야기했지만 들어주는 사람이 없었다. 그런데 브라사르가 그 이야기를 들어주었고, 5년 동안 같이 다듬은 아이디어가 1984년에 최초의 양자암호통신 프로토콜인 BB84로 발표되었다.

편광

BB84에서는 광자의 편극 성질을 이용하여 암호통신을 하므로, 6장에서 잠깐 설명하고 지나간 편광에 대해 조금 더 자세히 알아보자. 빛 혹은 광자는 전기장의 진동이 공간에 전파되는 현상인데, 전기장은 다음 쪽의 그림에서 보여주는 것처럼 빛의 진행 방향에 수직인 방향으로 진동한다. 이렇게 빛의 전기장에 진동 방향이 있는 것을 '편극'이라 부르고, 전기장의 진동 방향을 '편극 방향'이라고 부

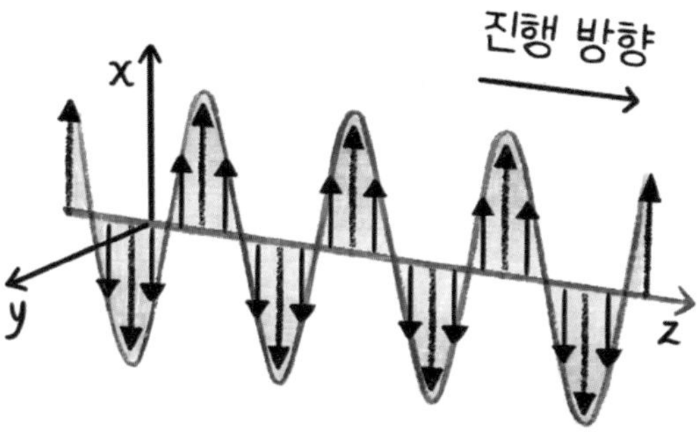

전자기파가 진행하는 방향에 수직한 방향으로 전기장이 진동한다.

른다. 빛의 진행 방향에 수직이기만 하면 되므로 편극 방향은 무수히 많다. 그림에서는 빛의 진행 방향이 z축이고 편극 방향은 그 축에 수직한 x 방향이지만, y 방향이어도 되고 x축과 y축 사이 어떤 방향이어도 된다.

물체에 빛을 비추면, 빛은 일반적으로 전기장의 진동 방향에 따라 다르게 반응한다. 이런 경향이 심한 물질을 골라 편광판이라는 걸 만드는데, 편광판은 진동하는 전기장이 잘 통과하는 편광축을 가지고 있어서, 다음 그림처럼 편극 방향이 편광축에 평행한 빛은 통과시키고 수직인 빛은 흡수해버린다. 햇빛에는 편극 방향이 각기 다른 모든 광자들이 섞여 있다. 햇빛을 편광판에 통과시키면 편광축과 편극 방향이 같은 광자들만 골라낼 수 있다. 이렇게 편극 방향이 같은 광자들로만 구성된 빛을 '편광'이라고 부른다.

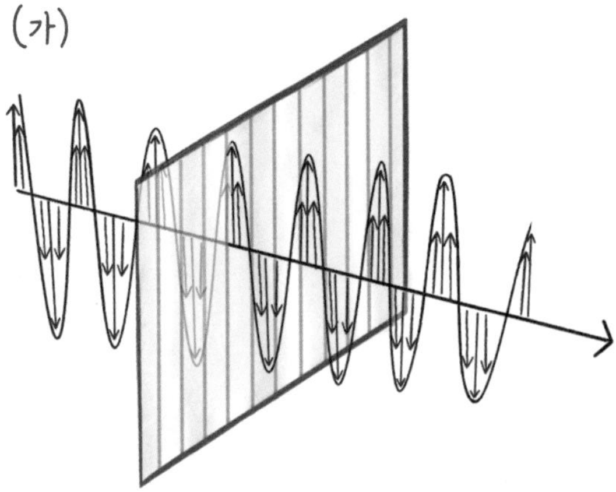

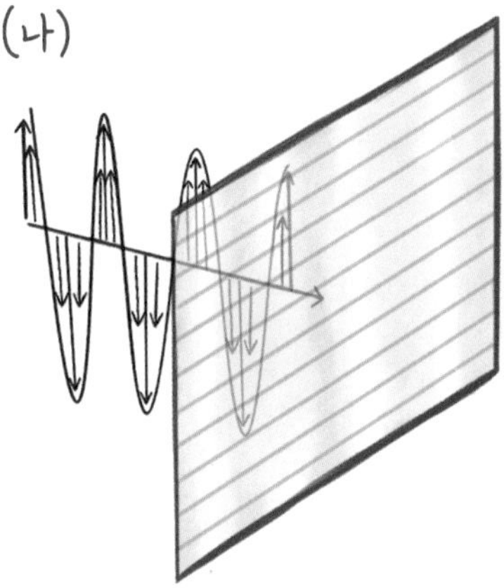

(가) 편광축에 평행한 편광이 들어오면 편광판을 통과한다.
(나) 편광축에 수직인 편광이 들어오면 편광판에 흡수된다.

눈에 들어오는 빛을 줄여주는 선글라스는 여러 방식으로 만들 수 있다. 빛의 일부를 반사시키고 나머지만 통과시키는 방식의 선글라스는 반짝거려서 가장 멋져 보인다. 반사시키지 않고 줄이려면 빛의 일부를 선글라스가 흡수하고 나머지를 통과시켜야 하는데, 이 방식은 크게 두 가지가 있다. 싸구려 선글라스는 온갖 편극 방향을 가진 빛이 일부는 흡수되고 나머지는 통과하도록 색깔이 있는 플라스틱을 써서 간단히 만든다. 편광을 이용한 선글라스는 편극 방향에 따라 빛의 통과 여부를 결정하는데, 이것이 눈에는 제일 좋다. 스키장이나 바닷가에서, 혹은 운전할 때 우리 눈을 부시게 하는 원인은 주로 바닥에서 반사된 빛인데, 빛이 바닥에 반사되면 수직 방향 편광이 많이 사라지고 수평 방향 편광이 남는다. 그러므로 이때 수직 방향 편광판으로 만든 선글라스를 쓰면 눈을 부시게 하는 빛을 주로 차단하기 때문에, 눈이 편안해지고 싸구려 선글라스처럼 시야가 어두워지는 것을 피할 수 있다.

수직 편광인 빛은 수직 편광판을 통과하고 수평 편광판은 통과하지 못한다. 그러면 오른쪽 그림의 (가)처럼 편광판의 방향에 삐딱한 편광 빛이 들어오면 어떻게 될까? 고전적인 해석으로는, 삐딱한 방향 전기장은 (나)처럼 수직 성분과 수평 성분으로 나눌 수 있고, 수직 성분은 편광판을 통과하는 반면 수평한 성분은 흡수되기 때문에 빛은 진폭이 줄어들어 약해진다.

그러나 양자 세계의 광자 한 개는 더 이상 쪼개지지 못하므로 빛의 세기가 더 이상 줄어들 수가 없다. 편광판을 통과하거나 그러

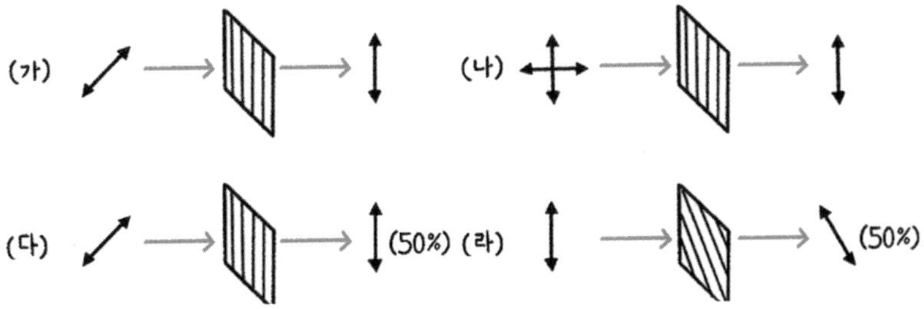

(가) 대각선 편광이 수직 편광판에 들어오면 빛의 세기가 약해져서 나간다.
(나) 고전적 해석으로는 수평 성분을 잃어 빛의 세기가 약해진 것이다.
(다) 양자적 해석으로는 통과할 확률이 50%로 줄어들어 빛의 세기가 약해진 것이다.
(라) (다)의 상황을 오른쪽으로 고개를 돌려보는 상황.

지 못하거나 둘 중 하나일 뿐이다. 어떤 광자가 수직 편광판을 통과했다면 그 광자는 수직 편광인 것이고, 통과하지 못했다면 수평 편광인 것이다. 즉, 편광판을 통과시키고 나면 그 광자의 편광 상태를 알게 된다. 이것은 편광판이 편극 방향을 측정하는 도구라는 뜻이다. 측정해서 나올 수 있는 결과들이 바로 고유상태이므로, 수직 편광판은 수직과 수평이라는 두 가지 고유상태를 측정한다. 수평 편광판도 마찬가지이다.

수직이나 수평 편광이 고유상태라면 삐딱한 방향의 편광은 수직과 수평, 두 고유상태의 중첩상태일 것이다. 중첩된 상태를 측정하면 고유상태가 측정되므로, 삐딱한 빛을 수직 편광판에 입사시키면 (다)처럼 수직 편광이 통과되어 나올 수도 있고, 수평 편광이 수직 편광판에 걸려서 통과하지 못할 수도 있다. 45도 기울어진 대각 방향으로 편광된 광자는 수직이나 수평 방향 편광판을 통과할 확률이 정확히 반반이다. 그러니까 대각선 편광 광자 한 개가 수직 편광판에 들어오면 진폭이 줄어든 채 나가는 것이 아니라 통과할 확률이 줄어드는 것이다. 많은 광자들은 편광판에 도달하면 반은 통과하고 반은 걸리므로, 그 결과는 빛의 세기가 반으로 줄어든다는 고전적인 해석과 같아진다.

방금의 문단을 읽으면서 고유상태라는 것이 귀에 걸면 귀걸이, 코에 걸면 코걸이라는 사실을 눈치챈 독자가 있었을까? (다)와 같이 수직 편광판에 오른쪽으로 45도 기울어진 빛이 입사하는 과정을 고개를 45도 오른쪽으로 돌려서 보면, (라)와 같이 왼쪽 대각선 편광판에 수직 편광이 입사하는 상황이 된다. 이 빛은 50%의 확률로 통과하거나 걸리는데, 통과하면 왼쪽으로 45도 기울어진 편광이고, 통과하지 못하면 오른쪽으로 45도 기울어진 편광일 것이다. 편광판은 편극 방향을 측정하는 도구이며, 편광판을 통과하거나 그러지 못하는 빛들은 그 편광판의 고유상태들이다. 그러므로 편광판의 축을 어떤 방향으로 놓는가에 따라 고유상태가 달라진다. 수직·수평 편광이 고유상태일 때는 대각선 편광이 이 수직·수평 편광의 중첩상태인 것이고, 왼쪽·오른쪽 대각선 편광이 고유상태일 때는 수직·수평 편광이 왼쪽·오른쪽 대각선 편광의 중첩상태인 것이다.

BB84

최초의 암호통신 프로토콜인 BB84에서는 이러한 양자 세계의 중첩성을 충분히 활용하여 암호 열쇠를 전달한다. 이 통신기술은 방법이 꽤나 복잡하다. 퀴즈 풀기를 좋아하시는 독자들은 끝까지 따라가보면 어떻게 이런 논리를 생각해냈는지 감탄을 금할 수 없을 것이다. 우선, 암호를 보내는 갑돌이와 그것을 받는 을순이는 그림 (가)처럼 네 가지 방향의 편광판을 사용하고, (나)처럼 0은 수직이나 오른쪽 대각선 방향 편광으로, 1은 수평이나 왼쪽 대각선 방향 편광으로 나타내기로 약속한다. 0이나 1을 한 가지 편광으로 보내지 않고 각각에 두 가지의 편극 방향을 배정하는 것이 이 암호 전달 방식의 핵심이다. 송신자인 갑돌이는 우선 보내고자 하는 문장의 비트 수만큼 무작위로 수를 발생시키고, 각 비트를 대각선 편광

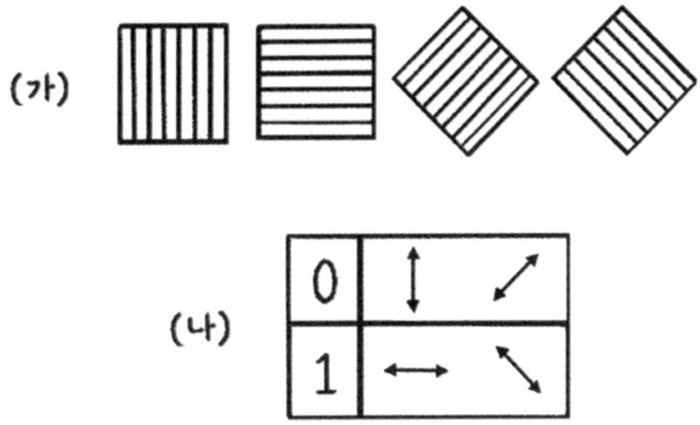

(가) BB84에 사용되는 네 가지 편극 방향. (나) 0과 1의 코딩 방법.

으로 보낼 것인지 수직·수평 편광으로 보낼 것인지를 결정한다. 그리고 그 결정에 따라 편극된 광자를 하나씩 송신한다. 보내야 할 비트가 0인데 무작위로 고른 편극 방향이 수직·수평이라면 수직 편광을 보내고, 편극 방향이 대각이라면 오른쪽 대각선 편광을 보낸다. 마찬가지로 보내야 할 비트가 1인데 무작위로 고른 편극 방향이 수직·수평이라면 수평 편광을 보내고, 편극 방향이 대각이라면 왼쪽 대각선 편광을 보낸다.

오른쪽 그림에서 맨 윗줄 a에 쓰인 '1001101'이 갑돌이가 보내고자 하는 7비트짜리 원문이다. 이번 송신에서 갑돌이가 각 비트에 무작위로 배정한 편극 방향은 두 번째 줄 b의 순서대로 대각, 수직·수평, 대각, 대각, 수직·수평, 대각, 수직·수평이다. 첫 번째로 보내야 할 비트는 1인데, 편극 방향이 대각 방향으로 선택되어 있으므로 왼쪽 대각선 편광으로 보낸다. 두 번째로 보내야 할 비트는 0인데, 편극 방향이 수직·수평 방향으로 선택되어 있으므로 수직 편광으로 보낸다. 이런 식으로 일곱 번째 비트까지 송신해야 할 광자의 편극 방향이 세 번째 줄 c에 그려져 있다.

수신자인 을순이가 받게 되는 빛 신호는 그림의 네 번째 줄 d에 그려져 있는데, 도청이 없거나 송수신에 오류가 발생하지 않을 경우에는 물론 갑돌이가 보낸 세 번째 줄의 빛 신호와 같다. 앞으로 알게 되겠지만, 오류가 없는 경우만 해도 충분히 골치 아프게 복잡하므로 오류가 있는 경우는 전문가들에게 맡기기로 하자. 수신한 신호를 해독하려면 측정을 해야 하는데, 앞서 말했듯이 빛의 편극

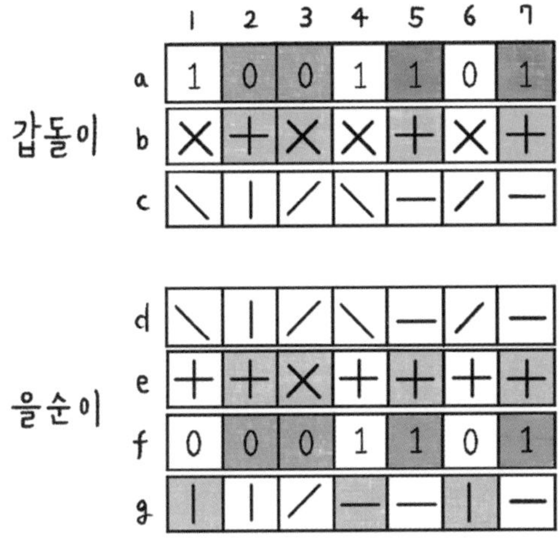

양자암호통신. 7비트를 보내는 경우이다. 0은 수직이나 오른쪽 대각선 편광으로, 1은 수평이나 왼쪽 대각선 편광으로 암호화한다.

방향을 측정하는 장치는 편광판이다.

그런데 수신된 광자들이 어떤 방향으로 편극이 되어 있는지 을순이는 전혀 모른다. 그러므로 을순이는 무작위로 편광판의 방향을 결정하는 수밖에 없다. 수직·수평으로 할지, 아니면 대각 방향으로 할지 말이다. 무작위로 결정한 을순이의 편광판 방향이 그림의 다섯 번째 줄 *e*에 그려져 있다. 갑돌이의 편극 방향과 을순이의 편극 방향은 모두 무작위로 결정된 것이므로 비트마다 같을 수도 있고 다를 수도 있다. 을순이가 수직·수평 편광을 사용하기로 결정한 비트에서 수직 편광판을 쓰든 수평 편광판을 쓰든 상관이 없다. 수직 편광판을 쓰면 수직 편광을 확률 100%로 통과시키고, 수평 편광은 확률 100%로 통과시키지 않는다. 수평 편광판을 쓰면 정반대이므로 어느 경우건 수신된 빛이 수직 편광이었는지 수평 편광이었는지 정확히 알게 된다. 만일 대각선 편광이 들어오면 수직 편광판을 쓰든 수평 편광판을 쓰든 통과시킬 확률이 50%로 같으므로 어느 편광판을 쓰든 차이가 없다.

을순이가 다섯 번째 줄 e의 편극 방향에 따라 네 번째 줄 d의 신호를 해독한 결과가 여섯 번째 줄 f에 나타나 있다. 갑돌이와 을순이의 편극 방향이 같다면 신호는 옳게 해독되어야 한다. 이런 경우는 그림에서 줄 b와 e에 초록색으로 칠한 2, 3, 5, 7번 비트에 해당한다. 갑돌이가 보낸 2번 비트는 수직 편광이므로, 을순이가 수직 편광판을 선택했다면 100% 확률로 신호가 들어왔을 것이고, 수평 편광판을 선택했다면 100% 확률로 신호가 들어오지 않았을 것이다. 따라서 어느 경우에도 을순이는 수신된 비트가 0이었음을 확실히 알게 된다. 갑돌이가 대각 편광판을 썼는데 을순이는 수직·수평 편광판을 썼거나 혹은 반대이면, 옳게 해독될 확률이 50%이므로 맞을 수도 있고 틀릴 수도 있다. 1, 4, 6번 비트가 그런 경우인데, 그중에서 운 좋게 을순이가 갑돌이와 같은 비트를 얻은 경우가 4, 6번 비트이고, 틀린 경우는 1번 비트이다. 1번 비트의 경우, 갑돌이의 원문은 1이었는데 을순이가 해독한 결과는 0이다.

갑돌이가 송신한 암호문을 을순이가 수신해 해독했지만 원문과 복구된 문장이 다르니 물론 문제가 다 끝난 것은 아닌데, 중요한 과정은 이제부터이다. 해독을 끝낸 을순이는 갑돌이에게 전화를 건다. 물론 이런 고전적인 통신 방법은 비둘기를 날리는 것보다도 보안성이 없다는 것을 갑돌이와 을순이 둘 다 알고 있다. 전화통화에서 갑돌이와 을순이는 자신들이 선택한 편극 방향을 서로 맞춰보고 2, 3, 5, 7번 비트가 제대로 전달된 비트라는 것을 알게 된다. 아니, 제대로 전달되었다기보다는 도청이 없었다면 제대로 전달되었어야만 하는 비트라는 것을 알게 된다. 나머지 1, 4, 6번 비트는 운 좋게 맞은 것도 있고 아닌 것도 있으므로 상관없이 다 버린다.

이제 다음과 같은 방법으로, 제대로 전달된 2, 3, 5, 7번 비트 중에서 일부는 도청 유무를 판단하는 데 사용하고 나머지는 암호의 비밀키로 사용한다. 갑돌이와 을순이가 전화선으로 그림에서 파란색으로 칠한 2, 3번 비트 두 개를 맞춰보면, 이 두 비트가 서로 같으므로 통신 과정에서 도청이 없었음을 알게 된다. 만일 도청이 있었다면, 곧 아래에서 설명하겠지만, 같아야만 하는 비트들이 다른 경우가 생긴다. 물론 도청이 있었는데도 두 비트가 우연히 맞을 가능성이 1/4이나 되므로, 실제로는 도청 유무를 검사하는 데 두 비트만 사용하는 것이 아니라 원하는 보안성에 맞게 훨씬 많은 비트를 사용한다. 백만분의 1 이내의 정확성을 원하면 20비트를 사용하면 된다.

여기까지의 전화통화 과정은 물론 도청자가 다 듣고 있다고 가정한다. 그러므로 도청자는 이들이 각 비트의 통신에 사용한 편극 방향과 2, 3번 비트가 무엇인지 알게 된다. 편극 방향은 이미 통신이 끝난 후이니 쓸모가 없는 정보이고, 2, 3번 비트의 값은 전화통화로 확인하는 과정에서 도청자가 알게 되었으니 갑돌이와 을순이가 사용해서는 안 되는 정보이다. 그러므로 갑돌이와 을순이는 제대로 전달되었으나 도청자가 모르는 정보, 즉 5번과 7번 비트의 정보만을 공유하기로 한다. 처음부터 어떤 비트가 제대로 전달될지 모르므로 이 통신으로 의미 있는 정보를 전달할 수는 없었다. 이 과정에서 갑돌이와 을순이 둘만 공유하게 된 5, 7번 비트는 앞으로 비밀키 암호 방식으로 암호문을 보낼 때 비밀키로 사용할 수 있다. 물론 비밀키도 실제로는 이렇게 두 비트를 쓰는 것은 아니고, 128비트나 256비트 등 원하는 보안 등급만큼 길게 만들면 된다. 비밀키 암호체계에서는 암호문은 모두 도청되며 도청자가 암호를 푸는 방법도 모두 알고 있지만 암호 열쇠만은 모르고 있다고 가정한다. 따라서 열쇠를 비밀리에 전달하고 보안을 유지하는 것이 가장 중요한 일인데, 양자암호통신에서는 이렇게 열쇠를 이론상 도청이 불가능한 방식으로 전달한다.

통신 과정에서 도청자가 있다면 어떻게 될까? 지금까지 우리는 을순이가 수신자인 줄 알았는데, 알고 보니 을순이가 도청자이고 병호가 수신자였다는 막장 드라마를 가정해보자. 을순이는 갑돌이의 신호를 수신한 후 편극 방향을 나름대로 설정해서 해독을 했다. 이제 을순이가 해야 할 일은 신호를 다시 만들어서 병호에게 보내 갑돌이와 병호가 도청되었다는 사실을 모르게 해야 한다. 을순이는 이미 자신이 신호를 해독할 때 쓴 편광판들이 있으니 구태여 번거롭게 다른 편극 방향을 다시 정할 필요가 없다. 그래서 그 편광판들을 써서 편광 신호를 다시 만드는데, 그 결과가 일곱 번째 줄 g에 나타나 있다. g에서 흰색인 2, 3, 5, 7번 비트의 편극 방향은 갑돌이가 보낸 c와 같으니 갑돌이가 처음에 보낸 신호가 다시 복구된 것이고, 주황색 1, 4, 6번 비트의 편극 방향은 갑돌이와 다르니 갑돌이가 처음에 보낸 신호와 다른 것이 병호에게 전달된다. 다른 편광 신호가 전달되었으니 위에서 갑돌이와 을순이가 전화통화로 확인한 과정을 이번에는 갑돌이와 병호가 해보면, 같아야만 하는 비트가 다른 경우가 생긴다. 그러면 이 통신에서 교신한 신호는 모두 폐기하고 도청자 을순이를 잡으러 가게 된다.

이 책에서 설명하는 양자알고리즘이나 양자정보기술 중에서 얽힘 상태를 사용하지 않는 유일한 경우가 바로 이 BB84 양자암호통신 프로토콜이다. 유용한 양자정보기술이나 알고리즘은 대부분 얽힘 상태를 사용하지만 이렇게 예외적인 경우도 있다. 물론 양자암호통신에는 얽힘을 이용한 더 고등한 기법들도 많이 있다.

• 물리학자들이 사는 세상 •

뉴턴의 후예

영국의 물리학자 아이작 뉴턴. (ⓒ Wikipedia)

내가 대학을 들어간 1970년대에도 지금처럼 고등학생 시절에는 그저 점수를 잘 받아서 좋은 대학에 들어가는 것이 인생의 목표인 줄 알았다. 그러다 막상 대학을 들어가보니, 공부해라 이거 해라 하는 구속과 함께 단기적인 인생의 목표가 사라지고 갑자기 주어진 자유를 주체할 수 없었다. 앞으로의 인생 행로를 비롯하여 모든 일을 내가 책임지고 자율적으로 해결해야 하는데, 사춘기에 고민하지 못하고 미루어두었던 문제들에다가 이성 친구가 없어서 생기는 외로움까지 겹쳐 방황만 했다.

전공을 정해야 할 때가 되자 이런 생각이 들었다. '내 인생의 방향을 정하려면 무엇이 옳고 무엇이 그른 것인지 알아야 한다. 인간 세상의 진리란 믿을 수가 없으므로 절대적 진리가 있는지 알아봐야겠다. 절대적 진리가 있다면, 그것에 가장 가까이 다가가는 가장 확실한 길은 물리학일 것이다.' 고등학교에서 처음 뉴턴의 운동 방정식을 배웠을 때 느꼈던 전율의 기억이 이 생각의 시작이었을 것이다.

세상 만물의 움직임을 완벽히 기술하는 법칙이 있다니! 이렇게 말하면 거창한 사유를 거쳐 물리학과에 들어간 것 같지만, 사실은 고등학생일 때 내 뒷자리에 앉아 있던 친구의 꼬임이 컸다. 물리학과를 간다고 하니까, 거기에 가면 배고프다, 네 머리로 무슨 물리를 하겠냐 등등 말들을 하면서 부모, 형제, 친척, 친구 모두 말리지 않는 사람이 거의 없었는데, 한번 해보라고 권유한 사람이 딱 둘 있었다. 그중 하나가 이 친구였는데, 이 친구가 아니었더라면 물리학자의 길로 들어서지 않았을지도 모른다.

다시 태어나도 학문의 길을 갈지는 모르겠지만(나는 미국에서 태어났다면 도박사를 하고 싶다), 학문을 한다면 역시 물리를 하고 싶다. 물리학을 공부하기 전 물리에 대해 가졌던 선입관과 실제로 40여 년간 해본 지금의 생각과는 일치하는 것도 있고 아닌 것도 있다.

진리에 가장 확실하게 접근하는 학문이라는 생각, 물리를 하고 나면 다른 어떤 학문에도 쉽게 접근할 수 있을 것이라는 추측 등은 맞았고, 물리를 하면 배가 고프다든지, 머리 나쁜 사람이 물리학을 공부하면 인생 말아먹는다든지 하는 억측들은 틀렸다. 나는 수억 정도의 재산만 있으면 내 몸 하나 사치하는 데는 충분하다고 생각하는 사람이다. 요즘은 교수를 해도 이 정도 재산은 모을 수 있으며, 어차피 교수를 할 것이라면 공대 교수나 물리학과 교수나 월급은 같으니 더 배고프거나 배 아플 일이 없다.

어설픈 두뇌로 물리학과에 가서 빌빌대면 나머지 인생이 꼬일 것이라고들 생각하는데, 사실은 그렇지 않다. 우리가 물리학과를 선택할 때 우수한 학생들이 물리학과에 간다는 선입견 때문에 망설이듯이, 비전공자들 또한 물리는 우수한 사람이 공부하는 학문이라고 생각해주기 때문에 물리학과를 졸업하기만 하면 우수한 인재로 평가받는다. 마치 현직 의사들 중에서 반은 학교 다닐 때 성적이 평균 이하였겠지만, 아무도 병원에 갈 때 그런 걱정을 하지 않는 것처럼 말이다. 이공계 기업체뿐 아니라 경제연구소 등에서도 물리 교육을 받은 사람은 쓸모가 있다고 생각하기 때문에 진로 선택의 폭이 넓다. 물리 교육은 합리적 사고를 하게 해주기 때문에, 꼭 전공을 살린 직업을 갖지 않는다 하더라도 물리 교육을 받은 사람이 많아져야 나라가 맑아진다고 나는 믿는다.

학과를 선택할 때 마지막으로 고민한 것은 수학과 물리학 중 어느 것이 더 내 적성에 맞느냐는 것이었는데, 지금 생각해보면 답은 분명하다. 수학은 인간의 사고 구조이고, 물리는 자연의 법칙이다. 그러므로 인간이 자연에 대해 탐구하려면 수학을 통하지 않을 수 없다.

수학은 엄밀한데 물리학에서 다루는 법칙은 왜 근사적인가? 수학은 규칙을 정해놓고 그 규칙에 따라 전개되는 현상을 예측하는 학문이고, 반대로 물리학은 벌어지는 현상을 보면서 규칙이 무엇인지 찾아내는 학문이다. 규칙을 정해놓고 시작하는 게임에서는 모든 것이 명확할 수밖에 없으며, 규칙을 찾아내는 게임에서는 진실에 가까워지기만 할 뿐 정답은 영원히 알 수 없다. 그러나 이 규칙은 인간의 규칙이 아니라 자연의 규칙이다.

뉴턴의 후예들은 이 세상에 한 번 어렵게 태어나 가장 가치 있게 사는 방법은 대자연의 운행 규칙을 찾는 일이라고 생각한다.

세미나가 끝나고
이 수석이 강 박사에게 말했다.

"강 박사,
양자알고리즘
너무 어렵다."

"너무 잘 알려고
스트레스받지 마.
우리 같은 사람들이
그것까지 잘 알면
개발자들 먹고살 길이
막연하지."

**"양자 데이터베이스는
일회용이라니
세상이 많이 변하겠어."**

5부

다섯 번째 세미나

양자컴퓨터의 현재와 미래

17장

양자기술의 현재

양자전산의 역사에서 가장 중요한 사건은 1994년 쇼어의 소인수분해 알고리즘 발표와 1997년 핵자기공명을 사용한 하드웨어 구현일 것이다. 양자알고리즘은 그 이후로도 여럿 나왔지만 사실 쓸모 있는 것은 많지 않다. 쓸모 있는 것을 만들기가 어렵다는 이유도 있지만, 아직 구현해볼 하드웨어가 없다 보니 그 이상 소프트웨어를 개발하는 것이 공허해진 까닭도 한몫한다. 하드웨어로서 핵자기공명 양자컴퓨터는 처음 2큐빗으로 시작하여 몇 년 만에 10큐빗에 도달했다. 그러나 핵자기공명 양자컴퓨터는 확장성이 없어서 애초부터 시연용이었고, 따라서 다른 양자계가 필요했다. 양자컴퓨터의 큐빗 수가 최소 100개 정도는 되어야 고전컴퓨터를 만드는 반도체 기술과 경쟁할 수 있을 것으로 생각됐다.

양자컴퓨터 소프트웨어는 날고 있는데 하드웨어는 아직 원시 수준이다.

대안으로서 가장 먼저 발달한 것은 이온덫이었다. 큐빗은 주변과 상호작용을 하지 않도록 잘 분리되어 있어야 하는데, 이온덫은 공중에 큐빗들이 둥둥 떠 있어서 이런 조건을 꽤 잘 만족시켰기 때문이다. 이온덫 양자컴퓨터는 천천히 발전하여 2010년경에는 20큐빗 CPU가 나왔으며 선두주자로서 양자컴퓨터 분야를 이끌어갔다. 그러나 그 이후 더 이상 큐빗을 증가시키기가 어려워진 탓에 한동안 양자컴퓨터 연구는 다소 침체되어 있었다. 이 연구 침체에 활기를 불어넣은 사건이 2011년에 하나 터졌는데, 좀 엉뚱했다.

디웨이브사의 양자컴퓨터

그 엉뚱한 사건이란 바로 캐나다의 디웨이브D-wave라는 회사에서 128큐빗짜리 초전도소자 양자컴퓨터를 개발했다는 것이었는데, 그 당시에 초전도소자로 양자컴퓨터를 개발하고 있던 IBM은 3큐빗짜리 CPU를 선보이고 있었다. 컴퓨터라고 하면 누구나 최강자로 인정하는 IBM에서 3큐빗을 가지고 놀고 있는데, 듣도 보도 못한 벤처기업이 128큐빗 양자컴퓨터를 만들었다? 당연히 누가 들어도 오보이거나 사기라고 생각할 만한 뉴스였다. 그런데 이것이 뉴스거리가 된 것은 바로 미국의 록히드사에서 디웨이브사의 컴퓨터를 구매했기 때문이었다. 128큐빗짜리 양자컴퓨터가 있을 리가 없는데 록히드사에서 구매했다니, 이건 캐나다 정부와 디웨이브사, 그리고 록히드사 사이에 모종의 거래가 있던 것이 틀림없다고 생각되었다. 록히드사 측에서는 이에 대해 별말이 없었고, 디웨이브사 홈페이지에는 양자컴퓨터를 개발했다는 소식이 버젓이 올라와 있었다.

이렇게 반사기 사건으로 지나가는 분위기였는데, 2년이 지난 2013년 디웨이브사가 업그레이드해 개발한 256큐빗 초전도소자 양자컴퓨터를 구글과 나사가 공동으로 구매하는 사건이 발생했다. 록히드도 그렇지만 구글과 나사가 구매를 했다니, 그렇다면 이 물건은 엉터리가 아닌 것이 분명해 보였다. 그때부터 디웨이브 양자컴퓨터에 대해 더 진지한 논의가 불붙기 시작했다.

사건의 전모는 이러했다. 컴퓨터에는 우리가 보통 알고 있는 디지털 컴퓨터 외에 아날로그 컴퓨터라는 것도 있다. 0과 1의 이진법을 계산에 사용하면 디지털 컴퓨터이고, 연속적인 값을 사용하면 아날로그 컴퓨터이다. 아날로그 컴퓨터에서는 계산을 하기 위해 '어닐링'이라는 방법을 많이 사용한다. 어닐링annealing이란 우리말로 '풀림'이라고 하며, 원래는 열처리 기술의 일종이다. 금속 같은 물체의 온도를 높였다가 내리면 성질이 변화하는데, 온도를 천천히 내리면 풀림이라 하고 급속히 내리면 담금질이라 한다. 철은 담금질을 하면 단단하나 부러지기 쉬운 무쇠가 되고, 풀림을 하면 부드럽고 깨지지 않는 강철이 된다. 우리는 곡식 같은 알갱이를 상자에 쏟아붓고 상자를 흔들어 전체의 부피가 줄어들게 하곤 한다. 이렇게 알갱이들이 빽빽이 쌓이는 과정을 물리적으로 표현하자면, 개개의 알갱이들이 위치에너지가 가장 낮은 위치를 찾아가는 과정이라고 할 수 있다. 풀림은 이와 유사한 작업을 곡식 알갱이 대신 원자로 하는 것이다. 물체의 온도를 높여주면 원자들이 흔들리는데, 상자를 흔들어주는 과정에 해당한다. 그러다가 온도를 서서히 내려주면 원자들은 곡식 알갱이들이 빽빽이 쌓이듯이 위치에너지가 가장 낮은 자리를 각자 찾아간다. 에너지가 가장 낮은 상태는 원자들이 규칙적으로 정렬한 상태이며, 규칙적으로 정렬하면 어느 한 곳이 다른 곳보다 특별하게 약한 곳이 없게 되어 잘 부러지지 않는다. 이 논리는 마치 균일한 줄은 절대 끊어지지 않는다는 패러독스를 생각나게 한다. 줄을 당겼을 때 끊어진다는 것은 그 부분이 다른 부분보다 약하다는 뜻이기 때문에 완전하게 균일한 줄은 절대 끊어지지 않는다는 것이다.

주어진 원자들을 쌓을 때 위치에너지가 가장 낮은 안정된 상태는 어떤 상태일까 하는 문제는 물리학자들이 즐겨 푸는 퀴즈이다. 이 문제는 어떻게 풀어야 하는지 원리를 알아도 복잡해서 풀지 못하는 경우가 많다. 심지어 이미 답까지 안다. 우리가 주변에서 보는 자연의 모습이 바로 개개의 입자들이 최소 위치에너지 상태를 찾아간 상태이니까.

이를 다른 관점에서 보자면, 우리가 풀지 못하는 문제를 꼭 수식으로 풀려고 할 것이 아니라 자연 현상을 이용할 수도 있다는 뜻이 된다. 예를 들어 어떤 공장에서 생산비용을 나타내는 함수와 알갱이들의 위치에너지 함수가 동일한 형태를 띤다면, 그 공장에서 비용을 최소화할 수 있는 생산 방식은 알갱이들이 어떻게 배열되어 있는지 자연을 관찰함으로써 알 수 있다는 것이다. 이런 점에 착안한 것이 바로 어닐링 계산이다. 큐빗에 연산을 가하지 않고, 큐빗의 온도를 내린다든지 혹은 자기장을 걸어주고 한참을 기다려 큐빗들이 스스로 가장 낮은 에너지 상태로 갈 때까지 기다리는 것이다. 그러고 나서 도달한 최종 상태를 관측하여 원하는 답을 얻는다.

이런 방식의 풀이법은 우리가 알고자 하는 대상의 상태를 수학적으로 계산하는 것이 아니고 알갱이들로 모사하는 것이므로 시뮬레이션이다. 그리고 컴퓨터같이 0과 1 이진법을 다루는 기계로 문제를 푸는 것이 아니므로 아날로그 방식의 시뮬레이션이다. 그런데 이런 아날로그 계산은 고전컴퓨터에서도 하고 있었다. 양자 어닐링이 고전 어닐링과 다른 점은 원자 세계에 이른바 '터널 효과'가 있다는 점이다. 터널 효과란, 높은 담을 넘을 에너지가 없어도 수없이 벽에 부딪치다 보면 한 번쯤 통과할 수도 있는 현상으로, 매우 양자적인 현상이며 고전적인 세상에서는 절대 일어나지 않는다. 어닐링은 알갱이들이 벽을 넘어 위치에너지가 더 낮은 상태를 찾아가도록 도와주는 과정인데, 양자 어닐링에서는 추가로 터널 효과 덕분에 알갱이들이 더 빨리 제 위치를 찾아갈 수 있다. 디웨이브사의 컴퓨터는 이 양자 어닐링 현상을 이용하여 계산하는 컴퓨터이다. 디웨이브사의 주장에 따르면, 알갱이들의 최소 에너지를 찾는 것 같은 문제를 자기네 컴퓨터에서 풀어보니 고전 어닐링 컴퓨터보다 훨씬 빨리 문제를 풀 수 있다고 했다.

디웨이브사의 컴퓨터에 대한 그간의 논란은 크게 두 가지로 나뉘었다. 첫째는 도대체 그 회사에서 만든 것이 뭐냐는 것이었는데, 디웨이브 양자컴퓨터는 어닐링을 이용하여 계산하는 아날로그 양자컴퓨터였다. 양자 어닐링은 특정한 문제만 풀 수 있을 뿐 범용계산을 하지는 못하기 때문에, 우리가 흔히 이야기하는 디지털 방식의 양자컴퓨터는 아니다. 그런데 디웨이브사 홈페이지에 올라온 선전에는 아날로그라든지 어닐링이라든지 하는 말이 없었기 때문에, 혹은 일부러 이야기하지 않았기 때문에 혼란이 온 것이었다.

둘째는 양자 어닐링이 과연 쓸모가 있는가 하는 것으로, 이 의문이 많은 논란을 불러일으켰다. 서로 반박하는 논문들도 많이 나왔다. 현재 양자 어닐링은 문제에 따라 고전 어닐링보다 빠르기도 하고 아니기도 하다는 것이 전반적인 결론인 듯하다. 디지털 양자컴퓨터가 모든 문제에 있어서 디지털 고전컴퓨터보다 우수한 성능을 보이지는 않는 것처럼, 아날로그 양자컴퓨터도 아날로그 고전컴퓨터보다 우월한 점이 따로 있다는 것이다.

이 해프닝은 디웨이브사 측에서 과대 광고를 해대고 구글과 나사에 판매하는 데 성공하는 바람에 언론이 뭔가 대단한 것이 있는 듯 계속 떠들어서 벌어진 일이었고, 이후 물리학자들이 대거 달려들어 검증을 하기에 이르렀다. 구글은 도대체 무슨 생각으로 150억이나 주고 이런 컴퓨터를 샀을까 싶은데, 구글에게 이 정도 투자는 푼돈이라고 한다. 디웨이브사가 반사기를 치려 했던 것은 맞지만 다른 컴퓨터와는 다른 능력을 가진 것 또한 사실이다. 더구나 이 회사의 컴퓨터도 양자 현상을 이용한 또 다른 형태의 컴퓨터이며, 그런 특이

한 물건을 만든 것만도 훌륭한 일이다. 그리고 무엇보다도 식어가는 양자컴퓨터에 대한 관심을 꺼지지 않게 한 것은 칭찬받아 마땅하다.

오류 보정

2010년대부터 IBM, 구글, 인텔, 마이크로소프트 같은 정보 분야 대기업들이 양자컴퓨터 연구에 뛰어들었는데, 이것이 양자컴퓨터의 부흥을 일으키는 중대한 계기가 되었다. 이 중에서 IBM, 구글, 인텔은 하드웨어를 개발하고 있는데, 모두 초전도소자를 CPU로 선택했다. 이 세 회사는 경쟁적으로 비트 수를 늘려 2022년에는 IBM에서 400큐빗이 넘는 CPU를 개발했다. 이제 적어도 큐빗 수에 관한 한

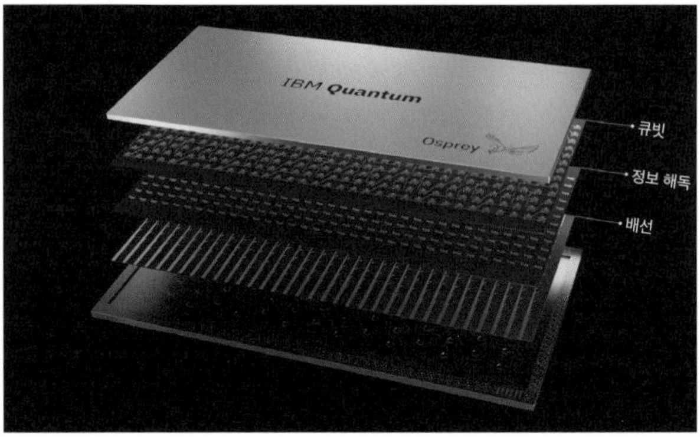

IBM의 400큐빗 CPU. (© IBM)

초전도소자가 이온덫을 확실하게 앞섰으며 그 증가 속도로 보아 실용적인 수준에도 금방 다다를 것으로 보인다.

2019년 말 구글에서는 퀀텀 슈프리머시, 즉 양자컴퓨터가 고전컴퓨터보다 우월함을 보이는 첫 증거를 논문으로 내놓았다. 당시까지의 양자컴퓨터 데모는, 고전알고리즘보다 빠르다는 사실이 이론적으로 이미 증명된 양자알고리즘을 장난감 같은 양자컴퓨터에서 구현해 보인 것이었다. 그런데 이번에는 이론으로 증명된 알고리즘을 그저 구현만 한 것이 아니라 실제로 고전컴퓨터보다 빨리 계산한다는 사실을 실증해 보인 것이었다. 구글은 자기들이 만든 양자컴퓨터의 우월성을 보일 수 있도록 특별한 알고리즘을 하나 고안해냈다. 난수 발생기에서 발생시킨 난수가 진정한 난수인지를 증명하는 알고리즘이었는데, 이를 53큐빗 초전도소자 양자컴퓨터에서 200초 만에 계산할 수 있음을 보였다. 그리고 주장하기를, 같은 알고리즘을 고전적인 슈퍼컴퓨터에서 수행하려면 1만 년이 걸린다고 했다. 드디어 사상 처음으로 양자컴퓨터의 우월성이 시연된 것이다. 이 논문이 출판되면 많은 반박이 나올 것으로 예상했는지, 본문이 5쪽밖에 되지 않는데 자세한 계산 수행 과정을 밝히는 부록은 67쪽이나 써서 덧붙여놓았다. 아닌 게 아니라 구글의 논문이 나오자 경쟁자인 IBM에서 곧바로 논평을 냈는데, 구글의 양자컴퓨터는 난수 증명 문제에만 특화된 컴퓨터이며 고전컴퓨터로 같은 문제를 계산하면 1만 년이 아니라 이틀 반이 걸린다고 주장했다. IBM의 위상을 생각할 때 다소 옹졸한 논평이라는 느낌이 든다.

2021년 IBM에서는 127큐빗 초전도 양자컴퓨터용 CPU를 선보였다. 양자컴퓨터의 개발 초창기부터 100큐빗은 양자컴퓨터가 고전적인 슈퍼컴퓨터를 능가할 수 있는 상징적인 수치였다. 그래서 IBM에서도 이제 양자컴퓨터 개발의 새로운 지평을 열었다고 선전을 했으며 2023년에는 심지어 1000큐빗이 넘는 양자 CPU를 개발했다고 발표했다. 큐빗은 만들기가 어렵다. 수많은 양자계가 큐빗으로 개발되었지만 초전도와 이온덫을 비롯한 몇 개의 시스템을 빼고는 몇 큐빗의 수준을 넘지 못하는 이유가 그것이다. 그래서 큐빗은 굉장히 비싼 자원이며 개발 초기부터 양자컴퓨터 CPU의 능력을 평가하는 첫 번째 기준은 큐빗의 수였다. 그러므로 IBM의 쾌거는 높이 평가하지 않을 수 없으나 그렇다고 이제부터 완전히 양자컴퓨터의 시대가 열린 것이냐 하면 실상은 좀 다르다.

127큐빗 CPU를 개발했다고 하면 작동하는 큐빗이 127개가 있다는 뜻이지 127큐빗용 일반 양자알고리즘이 돌아간다는 뜻은 아니다. 바로 연산 시 발생하는 오류 때문인데, 양자컴퓨터에서는 오류의 문제가 고전컴퓨터보다 훨씬 더 심각하다. 오류 문제의 근본적인 원인은 중첩에 있다. 양자컴퓨터에서는 0과 1만 사용하는 것이 아니라 그 중첩상태도 사용한다. 이런 중첩상태를 만들기 위한 물리적 조작은 100% 완전할 수 없으므로 반드시 오차가 끼어든다. 예를 들어 0인 상태에 있는 스핀 큐빗을 0과 1의 반반 중첩상태로 만들기 위해 물리적 조작을 가한다면 완벽하게 5대 5를 만들기는 불가능하고 오류가 백만분의 일이라도 섞이기 마련이다. 반면 0과

1을 나타내기 위해 0V와 5V를 사용하는 고전컴퓨터에서는 일부 소자들이 완벽하게 만들어지지 않거나 혹은 전원의 전압이 조금 왔다갔다해서 원래 0V와 5V이어야 할 전압이 1~2V 달라져도 그냥 0과 1로 취급한다. 이렇게 데이터 처리에 여유 오차 범위가 있기 때문에 고전컴퓨터에서는 오류가 생길 확률이 매우 적다.

물리적 조작의 불완전성 외에 양자상태가 외부와의 상호작용에 훨씬 민감하다는 사실도 추가적인 오류의 원인이 된다. 물리적 조작이 없을 때는 큐빗의 상태가 그대로 유지되고 있어야 하는데 주변과의 상호작용에 의해서 0에 1 상태가 섞이고 1에 0 상태가 섞이는 것이다. 현존하는 양자컴퓨터들이 모두 극저온에서 작동되고 있는 이유가 바로 이 때문이다. 예를 들어 초전도 양자컴퓨터는 액체질소 온도에서도 초전도가 되는 고온초전도 물질을 쓰면 매우 저렴하게 작동시킬 수 있는데도 불구하고 절대온도 0.01도 수준에서 작동시키고 있다. 주변에서 오는 열에너지가 만들어내는 잡음으로 인한 오류를 줄이기 위해서이다.

양자컴퓨터 CPU 전체 큐빗들이 관련된 연산을 하나 하려면 이를 CPU가 수행할 수 있는 기본 연산인 큐빗 회전연산이나 CNOT 연산 등으로 분해해야 한다. 이런 기본연산의 수는 큐빗수가 늘어날수록 급격하게 늘어난다. 수행해야 할 연산의 수가 많아지면 오류가 누적되어 틀린 결과를 얻을 확률이 높아진다. 만일 보유한 양자컴퓨터가 CNOT 연산을 임의의 두 큐빗 사이에서 수행하지 못하고 공간적으로 인접한 큐빗 간에만 수행할 수 있다면, 필요한 연산 수는 더 늘어난다. 예를 들어 50큐빗을 푸리에변환하는 연산은 CNOT 연산과 비슷한 1250여 개의 기본 연산으로 분해되는데 이런 방대한 연산은 아직 어떤 양자컴퓨터도 하지 못하고 있으므로, 단순히 큐빗의 수만 가지고 CPU의 우열을 따질 수는 없다. 구글에서 2019년에 양자우월성을 보일 때는 큐빗당 몇 개의 연산만 해도 되는 특별한 알고리즘을 영리하게 고안해서 수행했다.

양자컴퓨터 하드웨어 개발에서 큰 걸림돌 중 하나는 바로 이 오류를 수정하는 문제이다. 고전컴퓨터이든 양자컴퓨터이든 계산 과정이나 데이터 통신 중에 오류가 일어나는 경우가 있어 이를 보정하는 수단이 있어야 한다. 입자 한 개의 양자 상태를 사용하는 양자컴퓨터는 고전컴퓨터보다 외부와의 상호작용에 훨씬 민감하기 때문에 오류도 훨씬 잘 생긴다. 고전전산에서는 오류가 발생했는지 검사하기 위해 홀짝 여부를 조사하는 방법을 쓴다. 정보 교류에 8비트를 사용한다고 하면 7비트에는 데이터를 실어 보내고 나머지 1비트는 오류를 확인하기 위해 사용한다. 7비트 데이터에 있는 1의 개수가 짝수이면 오류 비트에 0을 쓰고, 홀수이면 오류 비트에 1을 쓴다. 그러면 8비트 전체에 적힌 1의 개수는 항상 짝수이므로, 데이터를 수신하는 측에서는 1의 개수를 검사해서 짝수면 오류가 없었다는 뜻이니 그냥 받으면 되고, 홀수이면 오류가 있었다는 뜻이니까 데이터를 다시 송신하도록 요청한다.

양자전산에서는 오류를 보정하기 위해 고전전산에서 사용하는 방법을 쓸 수 없다. 양자컴퓨터에서는 고전컴퓨터에서와 달리 데이터의 상태를 알아보기 위해 데이터를 읽어서는 안 되기 때문이다. 이 역시도 중첩에 기인한 문제이다. 양자전산에서는 0이나 1만 보내는 것이 아니라 0과 1의 중첩상태를 보낼 때도 있는데, 중첩상태를 읽으면 0이나 1로 붕괴되므로 데이터가 변질된다. 원격이동을 시킬 때처럼 데이터의 상태를 모르는 채로 보내야만 한다. 데이터를 읽을 수가 없다면 오류가 생겼는지 아닌지도 알 수 없고 따라서 수정도 할 수 없을 것 같지만, 이 문제도 해결할 수 있다. 원격이동 같은 공상과학도 실현했는데 오류 수정 정도야 문제가 되겠는가. 그런데 양자컴퓨터는 오류를 보정하는 대가가 꽤 비싸다. 고전컴퓨터에서는 7비트 데이터의 오류를 수정하는 데 1비트만 사용하면 되지만, 양자컴퓨터에서는 1큐빗 데이터의 오류를 수정하는 데 오히려 더 많은 4큐빗을 추가로 사용해야 한다. 그래서 5큐빗을 하나로 묶어서 '논리큐빗'이라고 부른다. 5개의 물리적 큐빗이 모여 한 개의 논리큐빗을 만드는 것이다. 따라서 50큐빗의 CPU를 만들었다고 하면, 오류 없는 10개의 완벽한 큐빗을 가진 CPU라고 생각하면 된다. 큐빗은 그렇지 않아도 생산 단가가 매우 높은 자원인데, 이렇게 큐빗 1개를 위해 5개를 사용해야 하는 문제까지 겹쳐 앞길이 순탄치만은 않다. 그런데 사실 5개의 물리적 큐빗을 사용해도 오류가 완전히 없어지는 것은 아니며 오류가 백만분의 1 이하인 논리 큐빗 한 개를 만들기 위해서는 현재 기술 수준에서 천 개의 물리적 큐빗이 필요하다고 한다. 천 개의 논리큐빗을 가진 CPU를 만들려면 백만 개의 물리적 큐빗을 만들어 연결해야 한다는 뜻이니 보통 일이 아니다.

이렇게 오류 문제가 심각하므로 양자컴퓨터 CPU의 능력을 비교할 때는 단순히 큐빗 수만 비교하는 것이 아니라 소위 '양자부피'를 고려한다. 양자부피란 대충 말해서 큐빗 수에다가 연산을 몇 번이나 할 수 있는지를 곱한 수이다. 한 번 연산에 오류가 많으면 연산을 반복할수록 오류가 쌓이므로 오래 계속할 수가 없다. 그러므로 양자부피는 CPU의 능력을 나타낸다고 할 수 있다. 우리가 고전컴퓨터에 프로그램을 만들거나 프로그램의 논리를 보여주고 싶을 때는 순서도를 만든다. 양자컴퓨터에서 이와 비슷한 개념으로 그리는 것이 그림과 같은 양자회로이다. 그림에서 맨 왼쪽에 세로로 정렬된 기호들은 큐빗들의 초기상태를 의미하며 가로줄들은 각 큐빗들의 시간축을 나타낸다. 줄들에 그려져 있는 기호들은 양자연산

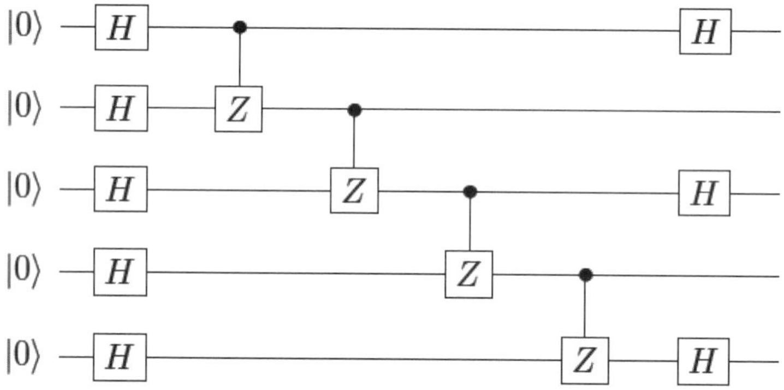

양자회로의 예

을 의미한다. 한 개의 줄 위에 표시되어 있는 기호는 한 개의 큐빗에 작용하는 회전연산을 의미하며, 두 개 이상의 줄에 걸쳐 있는 기호들은 두 개 이상의 큐빗에 동시에 작용하는 CNOT 같은 연산들을 의미한다. 어떤 CPU가 수행할 수 있는 프로그램의 양자회로에서 큐빗의 수가 많으면 세로축이 길고, 연산의 수가 많으면 가로축이 길다. 이 둘 다가 길어야 좋은 양자컴퓨터 CPU라고 할 수 있다. 그래서 이런 양자회로의 크기라는 의미에서 양자부피라는 이름이 붙었다. 그림에서는 5개의 큐빗에 12개의 연산을 하고 있으므로 이런 연산을 할 수 있는 양자컴퓨터의 양자부피는 최소한 $5 \times 12 = 60$이라는 식으로 표현하는 것이다. 실제로는 특성이 다른 물리계들이 공평하게 비교되도록 이보다 좀 더 복잡하게 정의되며 정의도 여러 가지가 있다.

양자컴퓨터 개발 현황

현재 CPU의 큐빗 수만 보면 이온덫은 이제 한물가고 초전도큐빗이 대세를 이루는 것 같이 보인다. 하지만 양자부피를 보면 그렇지도 않다. 이온덫 방식은 허니웰Honeywell, 아이온큐IonQ 같은 회사들이 이끌어가며 초전도 방식을 고수하는 IBM, 구글 등의 공룡 기업들과 경쟁하고 있다. IBM에서는 400큐빗이 넘어가는 초전도 CPU를 공개하면서도 양자부피에 대한 언급이 잘 없다. 현재로는 연산은 몇 개 못 하는 수준인 것이다. 반면 이온덫 CPU의 큐빗 수는 30개 정도이지만 양자부피가 400만에 이른다고 하니 수만 개의 연산을 할 수 있다는 뜻이다. 이온덫 CPU가 10년 전에는 큐빗 수 20개를 넘어가기가 힘들었으나 이제는 기술이 발전하여 32큐빗도 개발하였으며 앞으로 그 이상도 가능하다고 한다. 이런 진보는 최근 큐빗 수 증가 속도가 워낙 가팔랐던 초전도 CPU에 묻힌 것으로, 양자컴퓨터 경쟁의 최종 승자가 누가 될지는 아직 명확하지 않다.

우리나라에서는 양자컴퓨터가 과연 만들어질 수 있느냐 아니냐로 논란을 벌이고 있지만 과학 선진국들의 분위기는 사뭇 다르다. 맥킨지 보고서로 유명한 맥킨지&컴퍼니사에서는 2021년 12월 양자컴퓨터 업계에 대한 보고서를 냈다. 이에 따르면 양자컴퓨터 하드웨어를 만드는 회사는 60개, 소프트웨어 회사는 120개가 넘으며 연구기관은 최소 160개라고 한다. 양자컴퓨터는 하드웨어의 작동 원리가 완전히 다르므로 컴퓨터 운영체제나 프로그래밍 언어가 고전컴퓨터와는 완전히 다르다. 그래서 소프트웨어 회사들은 특수한 목적을 가진 프로그램뿐 아니라 이런 기본 소프트웨어를 만드는 일도 하고 있으며, 양자컴퓨터를 고객들이 접속해서 사용할 수 있도록 클라우드 서비스도 제공하고 있다. IBM과 구글은 하드웨어, 소프트웨어 개발뿐 아니라 클라우드 서비스까지 종합적으로 개발하고 있다. 아마존과 마이크로소프트는 클라우드 서비스를 전문으로 제공하고 있다. IBM, 구글, 허니웰, 인텔 같은 거대기업들은 여러 가지 사업 중의 하나로 양자컴퓨터를 개발하고 있는 반면 순전히 양자컴퓨터 개발에만 회사의 명운을 걸고 있는 벤처기업들도 여럿 있다. 양자컴퓨터는 아직 큐빗 수도 모자라고 오류도 많아 제대로 양자알고리즘을 돌릴 수도 없는 상황인데 무슨 벤처기업이냐는 생각이 얼핏 들 수 있지만, 다음 장에서 보듯이 완전하지 않은 양자컴퓨터로도 할 수 있는 사업들이 있다.

실용적 양자컴퓨터의 후보로 이온덫과 초전도소자만 있는 것은 아니다. 과거에 등장한 많은 후보들이 탈락한 가운데, 아직도 경쟁하고 있는 것들도 있고 새롭게 제안된 것들도 있다. 현재 이온덫과 초전도소자에 이어 잘 발달되어 있는 후보는 광자를 큐빗으로 사용하는 양자컴퓨터와 중성원자를 큐빗으로 사용하는 양자컴퓨터이다. 광큐빗을 이용한 양자컴퓨터 시스템을 개발하는 벤처기업들도 생겨났으며 중성원자를 큐빗으로 사용하는 벤처기업도 나타났으니 이 분야들도 경쟁력을 갖추기 시작했다는 사실을 알 수 있다. 최종 승자는 어쩌면 하나가 아니고 분야에 따라 다른 강자가 여럿 나타날 수도 있다.

초전도, 이온덫, 광자, 중성원자 외의 양자컴퓨터 시스템으로 반도체를 기반으로 하는 스핀 양자컴퓨터가 있다. 반도체 내부의 전자스핀을 큐빗으로 쓰는 컴퓨터로, 반도체 내부에서는 스핀의 결맞춤 시간이 몹시 길며 고도로 발달된 반도체 기술을 적용할 수 있다는 장점이 있어서 제안되었다. 여기에도 여러 가지 모델이 있다. 인공적인 조작이 가장 마음대로 되어 인기가 있는 양자점을 이용한 시스템은 오랫동안 연구되어 왔으나 지지부진하다가 최근에 진보가 있어 주목받고 있다. 최근 각광받고 있는 시스템은 다이아몬드 내부에 생긴 결함을 큐빗으로 사용하는 것이다. 꽤나 비싼 큐빗이라 하겠는데, 사실 다른 큐빗들 또한 대체로 극한 조건에서 작동하기 때문에 아직은 매우 비싼 자원이다. 많은 과학자들이 기대를 가지고 있는 양자컴퓨터 후보는 위상 양자컴퓨터라고 이론상 오류가 발생하지 않는 양자계인데, 아직 구현되지는 않았다. 이 밖에도 기발한 아이디어가 계속 나오고 있다.

비트는 0과 1 두 가지 상태만을 사용하지만 큐빗은 이들의 중첩을 모두 사용하므로 무한대의 상태를 표현한다. 이런 특성을 살려 양자컴퓨터는 고전컴퓨터보다 더 많은 변수를 같은 비트 수에 담을 수 있으므로 많은 정보를 압축해서 전달하는 데에도 쓰일 수 있다. 또 양자컴퓨터로는 완벽한 난수를 발생시킬 수도 있다. 고전컴퓨터는 난수를 만들 때, 예를 들어 원주율 π나 사인함수의 소수점 이하 값 등을 활용하는데, 당연히도 이는 완전하게 무작위로 발생시킨 난수는 아니다. 양자 세계에서는 중첩된 상태를 측정할 때 어떤 상태가 나타날지가 완전히 확률적이므로 난수 발생에 최적이다. 자연이 제공해주는 난수 발생기인 셈이다. 로또 번호가 무작위로 나오지 않으면 큰 문제가 될 것이며, 은행에서 주는 보안카드 번호가 무작위로 만든 것이 아니어도 큰 사달이 날 수 있다. 난수 발생기는 국산으로 이미 생산되었으며 퀀텀이라는 이름의 핸드폰에 장착되었다. 보안이 필요한 데이터를 발송할 때 난수를 써야 하는데, 이 난수가 진정한 무작위수가 아니면 해킹의 가능성이 생긴다는 논리로

국산 난수 발생기. (ⓒ SK Telecom)

생산된 제품일 것이다. 그러나 핸드폰에서 발생하는 난수의 불완전한 무작위성을 공격하기보다는 보이스피싱을 하는 편이 훨씬 더 쉬울 것이다. 그러므로 난수 발생기를 장착한 핸드폰은 보안성이 강화되어서 좋다기보다 양자정보기술이 적용된 실제 제품이 나왔다는 점에 더 의의가 있다 하겠다.

양자암호통신 현황

양자컴퓨터 개발이 지지부진할 때에도 연구에 대한 지원이 끊이지 않았던 이유 중 하나는 양자암호통신의 발전이었을 것이다. 양자암호통신은 양자컴퓨터와 관계가 아예 없진 않지만, 어느 한 가지 기술의 발전이 다른 기술의 발전에 늘 큰 영향을 미치는 것은 아니다. 하지만 둘 다 양자물리의 중첩과 얽힘 현상에 기반한 양자정보기술이어서 양자암호통신의 성공은 양자컴퓨터도 언젠가 성공할 수 있겠다는 믿음을 준다. 양자컴퓨터가 아직 태어나지도 못했을 때, 양자암호통신은 이미 상업화되어 있었다.

1984년, 베넷은 양자암호통신을 발표했으나 대부분의 사람들이 이를 무시해버렸기 때문에 결국 직접 실험을 해서 보여주어야겠다고 생각하게 되었다. 그래서 1989년에 실험실에서 조그만 장치를 꾸며 32.5cm 거리에서 암호통신을 처음 시연했다. 한 번 하고 나니, 그다음부터는 실험의 대가들이 달려들어 통신 길이가 금방 km 수준으로 늘어나고 광섬유를 이용한 실험은 100km에 달했다. 통신거리는 금방금방 늘어 2018년에는 중국의 인공위성 묵자호가 베이징과 7600km 떨어진 오스트리아 빈 사이에서 양자암호통신을 성공했다고 발표했다. 지구를 4분의 1바퀴나 돌았으니, 이제 통신 거리를 늘리려는 경쟁은 당분간 더 이상 할 필요가 없게 된 셈이다.

무선통신이 어려운 이유는 공기층이 전파를 방해하기 때문이다. 공기는 수직으로 올라갈수록 희박해지기 때문에 수평으로 통신하는 것보다 수직으로 통신하는 것이 훨씬 쉽다. 다시 말해 장거리 통신의 경우, 인공위성에 전파를 보내고 진공 속에 있는 인공위성끼리 장거리 통신을 하게 한 후, 신호를 수신한 인공위성이 바로 밑에 위치한 기지국에 전파를 보내서 통신하면 오류 없이 멀리 신호를 보낼 수 있다. 중국이 장거리 양자암호통신을 한 방식이 바로 이런 것이었는데, 인공위성을 이용했다는 점 외에 다른 양자암호통신 데모와 별다른 특징은 없다. 양자암호통신의 초창기 발전과 아무 관계도 없던 중국이 이렇게 분야의 기록을 가지게 된 이유는 그간 막대한 투자를 해왔기 때문이기도 하지만 다른 과학 선진국들이 구태여 이런 시연을 할 필요를 느끼지 못했기 때문이기도 하다고 생각된다.

양자암호통신은 이미 상용화가 다 끝나서 통신 장비를 팔고 있는 회사들이 많다. 우리나라에서도 통신 3사가 시범 네트워크를 깔고 테스트를 하고 있다. 그러므로 이 기술은 이제 물리의 영역을 벗어나서 거의 공학의 영역에 들어가 있다. 상용화 준비가 되어 있지만 이를 이용한 네트워크가 깔리지 않는 이유는 양자암호통신으로 통신보안을 철저히 유지한다고 해도 나머지 고전통신 부분의 해킹 문제가 완전히 해결되지 않았기 때문이다. 극비사항을 전달하고 싶다면 우선 그 내용을 우리가 지금 사용하고 있는 고전컴퓨터에 키보드로 쳐서 넣어야 할 것이다. 그러면 컴퓨터는 그 내용을 0과 1의 비트로 바꾸어 전선을 통해 양자암호통신기에 보낸다. 양자암호통신기는 들어온 내용을 큐빗 신호로 바꾸어 멀리 송신한다. 내용을 수신한 양자암호통신기는 다시 0과 1의 비트로 바꾸어 전선을 통해 컴퓨터로 보내고, 컴퓨터는 받은 내용을 화면으로 보여준다. 이 과정에서 두 양자암호통신기 간의 통신을 제외한 나머지 절차에는 모두 해킹이 들어올 수 있다. 키보드를 칠 때 해킹당할 수도 있고, 화

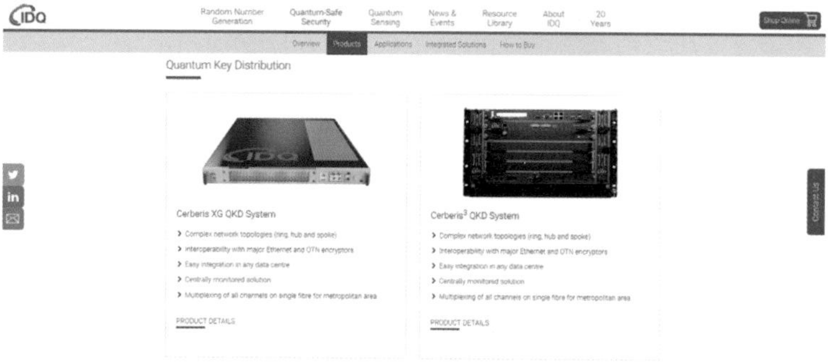

양자열쇠분배기Quantum Key Distribution, 즉 양자암호통신기의 판매 광고.

면에 표시할 때 해킹당할 수도 있으며, 컴퓨터 안의 메모리도 물론 해킹당할 수 있다. 그리고 컴퓨터와 양자암호통신기 사이에서도 도청할 지점은 많다. 즉, 가장 취약했던 기지국과 기지국 사이의 도청 문제를 양자암호통신이 해결해주었지만, 기지국 내에서의 도청 문제를 고전 전자기술이 해결해주어야 비로소 완전해지는 것이다.

양자정보기술의 상징적인 기술 세 가지, 양자컴퓨터와 양자암호통신과 양자원격이동은 모두 베넷의 머리를 거쳤다. 이 중에서 양자암호통신은 개선이 필요할 뿐 이미 개발이 끝났고, 양자컴퓨터는 한창 개발 중이며, 양자원격이동은 그 자체로는 실용성이 없어 더 이상 개발되고 있지 않고 양자컴퓨터와 통신에 응용되고 있다. 양자원격이동 대신 양자 세계의 성질을 이용한 신기술로 뜨고 있는 것이 '양자계측과학'이다. 이 기술은 얽힘 현상을 이용해서 고전기기가 도달할 수 없었던 측정의 정밀도에 도전한다. 원자시계의 정밀도나 자력계의 측정 감도를 높인다든지, 또 중력 측정 감도를 높이고 있다. GPS에서는 세 개의 위성에서 보내주는 신호의 시간차를 이용해서 내 위치를 측정하므로 시간이 정밀해지면 위치 측정의 정밀도는 높일 수 있다. 또한 시계의 정밀도가 높아지면 전 세계를 대상으로 열리는 주식시장에서 주문을 낼 때 훨씬 유리해진다고 한다. 자력계의 측정 감도가 높아지면 뇌자도 등을 측정하는 의료영상기기의 해상도가 높아지고 잠수함을 탐지하기 쉬워진다.

우리가 대학을 다닐 때는 한라산에 물리학과 전체가 수학여행을 가면서 학과에서 지원금을 타내기 위해 '한라산 꼭대기에서 중력을 측정하고 온다'는 명분을 내세우곤 했다. 중력은 지구 중심에서의 거리의 제곱에 따라 달라지므로 1950미터를 올라가면 정말 중력 법칙대로 중력이 줄어드는지 확인하는 현장학습 목적으로 간다는 것이다. 지구의 반경은 6400킬로미터나 되기 때문에 1~2킬로가 변한다고 해도 중력은 백만분의 1도 변하지 않으므로 대학교 학부의 실험실습 자재를 들고 가 이런 측정을 한다는 것은 어림 반 푼어치도 없는 거짓말이다. 그런데 양자중력측정장치는 백억분의 1의 차이를 측정할 수 있다고 하므로 이런 장치가 있다면 이야기는 달라진다. 이 장치가 있으면 땅속 자원 탐사의 차원이 한 단계 퀀텀점프하며, 지표면에서의 중력지도를 한번 만들어두면 이 중력지도와 중력측정장치를 이용하여 위치를 알 수 있게 된다. 그래서 전쟁 등 유사시에 GPS를 대신하는 내비게이션 시스템으로 사용하기 위해 국방 분야에서 많이 연구하고 있다.

광계측기술도 많이 연구되고 있다. 양자암호통신은 기본적으로 단 한 개의 광자를 주고받아야 하는 기술이므로 단일 광자 검출 기술이 필요한데 검출효율이 아직 90%에도 도달하지 못했다. 광자의 얽힘 현상을 이용하면 멀리 떨어진 물체의 모습을 알아내기가 훨씬 쉬워지며 스텔스기라든가 장애물 뒤에 숨은 물체를 볼 수 있다. 광간섭계의 기존 측정 한계를 뛰어넘는 기술도 선보이고 있다. 간섭계의 감도가 좋아지면 중력파같이 미약한 신호를 잡기가 용이해져서 여태껏 인류에게 닫혀 있던 세상의 모습을 볼 수 있게 된다.

• 물리학자들이 사는 세상 •

미국 물리학회장의 디웨이브

2014년 미국 물리학회에서 내가 들어가본 발표회장 가운데 백미는 단연 양자 어닐링 계산 발표장이었다. 캐나다 회사 디웨이브가 구글에 1500만 달러에 판 양자컴퓨터의 작동 원리라고 알려진 그 계산법 말이다. 2년 만에 미국 물리학회에 가보니 양자컴퓨터 관련 발표가 눈에 띄게 많이 늘어나 있었다. 그간 나노기술이 쉬지 않고 눈부시게 발전했다는 증거이다. 미국 물리학회는 해마다 3월에 열리는데, 전 세계에서 약 1만 명의 물리학자들이 모인다. 누군가 여기에 폭탄을 터뜨린다면 인류의 물리학 수준이 10년은 후퇴할 것이다.

미국 물리학회의 발표는 두 가지로 나뉜다. 일반 발표는 2분의 질문 시간을 포함하여 12분의 시간이 주어지고, 초청 강연은 30분이 주어진다. 10분의 시간으로는 자신의 연구 결과를 발표하기에도 빠듯하므로 일반 발표는 거의 처음부터 본론으로 들어가는 반면, 초청 강연은 서론을 자세히 이야기해주기 때문에 언제나 많은 청중이 몰린다.

양자 어닐링 계산 발표장에서는 처음에 여러 방식의 양자 어닐링 계산법에 대한 일반 발표가 6개가 있었고, 그다음에는 초청 강연이 있었으며, 후반에는 디웨이브사의 컴퓨터를 이용한 계산 결과에 대한 일반 발표들이 예정되어 있었다. 나는 중간에 있는 디웨이브사의 컴퓨터에 대한 초청 강연과 그 이후의 일반 발표들을 들을 생각이었지만, 양자컴퓨터 관련 발표장들은 비교적 자리가 빨리 차는 편이었기 때문에 첫 발표 시간 전부터 자리를 잡고 앉았다. 전반부의 발표들을 꾸벅꾸벅 졸면서 듣다가 한 발표가 끝날 때마다 사람들이 치는 박수 소리에 깜짝 놀라 깨기를 반복하고 있었는데, 한 번 졸다 깰 때마다 주변 자리에 사람들이 하나둘 늘어나 있었다.

다섯 번째 발표를 듣다가 우연히 다음 발표 제목을 본 순간, 잠이 확 달아나 버렸다. 초청 강연 바로 전의 마지막 일반 발표 제목이 "디웨이브는 양자컴퓨터를 갖고 있는가?Does D-Wave have a quantum computer?"였기 때문이다. 이때부터 놀랍고 재미있는 일이 벌어지기 시작했다. 누가 이런 대담한 제목의 일반 강연을 디웨이브사 컴퓨터 초청 강연 바로 앞에 하는가, 하고 발표자의 이름을 보니 IBM에 있는 존 스몰린이었다! 찰스 베넷과 함께 양자암호통신을 처음 발명한 양자정보과학 분야의 대가 말이다.

강연장은 어느새 사람들이 가득 들어찼다. 사회자가 이미 앉아 있는 사람들에게 중간에 빈자리가 있는 곳은 좌우로 이동해서 모두 채워달라고 요구하는 이색적인 상황까지 벌어졌다. 그렇게 강연장은 맨 앞자리까지 모두 찼고, 설 수 있는 자리까지 사람들이 들어찼다. 드디어 스몰린의 발표 시간이 됐는데, 갑자기 지저분한 산발머리에 히피 같은 옷을 입고 내 앞에 앉아 있던 녀석이 발표를 하러 앞으로 나갔다. 나는 또 한 번 놀라지 않을 수 없었다.

스몰린의 발표는 역시 대가다웠다. 슬라이드 첫 장에서 어떤 것이 양자계이고 어떤 것이 양자컴퓨터가 되는가 하는 근본 물음을 던지며 발표를 시작했고, 디웨이브사의 컴퓨터가 어째서 양자컴퓨터가 아닌지 구체적인 근거를 제시했다. 디웨이브사는 양자 어닐링 계산을 하면 고전 어닐링 과정과 다른 통계를 만들어낸다는 연구 결과를 자기네 컴퓨터가 양자컴퓨터라는 근거로 제시하는 모양인데, 스몰린은 자신이 수행한 고전 어닐링 과정이 똑같은 결과를 보이는 그래프를 보여주었다. 일반 발표에 주어진 시간 10분은 초청 강연에 비해 턱없이 짧았으므로, 강연은 결과를 요약할 시간도 없이 거기서 갑자기 끝이 났고, 우레와 같은 박수가 쏟아졌다.

여기저기서 질문을 하기 위해 손이 올라갔으나 2분 동안 3개의 질문만 할 수 있었는데, 그중 첫 번째 질문에 스몰린은 이렇게 답했다. “디웨이브사의 컴퓨터는 양자컴퓨터가 아니며 쓸모가 있는 것인지도 확실치 않다.” 두 번째 질문은 디웨이브 측을 대변하는 듯한 사람의 반박이었는데, 스몰린은 “당신이 무슨 말을 하는지 나는 모르겠다. 내가 하려는 이야기는 그들이 아무것도 증명하지 못했다는 것이다”라고 질문을 일축해버렸다.

질문 시간이 끝나고 다시 한번 요란한 박수 소리가 난 후, 사람들이 썰물처럼 강연장을 빠져나가서 다시 자리가 넉넉해진 채 초청 강연이 시작되었다. 이 초청 강연은 디웨이브사의 컴퓨터로 어떤 일을 할 수 있는지 보여주는 강연이었는데, 스몰린 같은 대가가 엉터리라고 초를 치고 나갔으니 분위기가 어땠을지 상상이 되지 않는가. 사람들은 점잖게 듣고 있었지만, 젊은 강연자는 강연 내내 목소리를 떨고 있었다. 나머지 일반 발표도 모두 디웨이브사 컴퓨터로 한 일에 대한 발표였는데, 나는 더 듣지 않고 나와버렸다. 나만이 아니고 많은 사람들이 나갔으며, 아마도 그쪽 일을 하는 사람들만 모여 자기들만의 축제를 이어갔을 것이다. 디웨이브사가 과대광고를 해대서 생긴 자업자득 해프닝이었다.

18장

양자기술의 미래

먼 미래, 2030년 이후

병렬처리를 할 수 있다는 것이 양자컴퓨터의 장점이며, 양자컴퓨터는 병렬처리가 효과를 보는 암호 풀이와 데이터검색 등을 아주 잘한다. 양자알고리즘은 현대의 암호를 다 격파할 수 있다. 우리가 온라인 거래를 할 때 사용하는 암호를 고전컴퓨터로 푼다면 몇천 년이 걸리지만 양자컴퓨터로는 몇 분 만에 풀 수도 있다. 어디선가 양자컴퓨터가 개발되었는데 나머지 세계가 모르고 있다면, 전 세계의 고급 무기와 돈이 그 개발자의 손에 쥐어질 것이다. 영화 〈007〉에서나 보아온 스펙터 같은 악당이 상상 속에서 나와 실존하게 되는 것이다.

물론 이런 일이 실제로 일어날 가능성은 낮다. 양자컴퓨터가 나와도 뚫을 수 없는 암호체계를 새로 개발하면 된다. 비밀키 암호의 경우에는 암호의 길이를 늘이면 된다. 요사이는 온라인에서 비밀번호를 설정할 때 '대문자, 소문자, 숫자, 특수기호를 섞어서 8자 이상으로 만드시오.' 이런 식으로 복잡하게 주문해서 우리를 짜증나게 한다. 2의 7승은 128이므로 7비트만 사용하면 영어 대문자와 소문자를 합해서 52자, 숫자 10개, 그리고 특수문자 몇십 개까지 다 나타낼 수 있다. 이런 문자들로 8자를 만들려면 56비트가 필요하다. 암호의 길이가 56비트인데 무식하게 1초에 백만 개씩 무작위로 넣어서 암호를 통과하려 한다면 고전컴퓨터로는 2천 년이 넘게 걸리지만 양자컴퓨터로는 4분 남짓 걸린다. 4분이면 우리의 계좌가 안전하지 않으므로 암호의 길이를 두배로 늘리면 이번에는 양자컴퓨터로도 2천 년이 걸리므로 양자컴퓨터를 무력화시키기는 간단하다.

그런데 문제는 암호의 길이를 두 배로 늘리면 우리의 짜증이 한계에 달한다는 점이다. 지금처럼 8자리 수 암호를 만들고 기억하기도 골치가 아픈데 16자리로 늘어난다면 참기가 힘들다. 그것도 한두 개여야 말이지. 그리고 시스템이 암호를 확인하는 시간이 두 배 이상 더 걸린다는 사실도 무시할 수 없다. 이미 다 만들어서 잘 쓰고 있는 시스템을 다 바꾸는 것도 간단치 않을 수 있다. 이래 저래 양자컴퓨터의 해킹을 막는 것이 간단치는 않다.

공개키 암호의 경우에는 소인수분해에 기반을 둔 알고리즘이 아니고 양자컴퓨터라고 하더라도 풀기가 더 어려운 알고리즘을 사용하면 된다. 양자기술의 선진국에서는 이미 이에 대한 대비를 하고 있다. 미국의 표준연구소에서는 양자컴퓨터의 해킹에 견딜 수 있는 소위 양자내성 암호, 혹은 양자후 암호라 불리는 암호체계의 표준을 세우기 위하여 2016년에 공모에 들어갔다. 처음 응모한 암호체계는 70개였으며 이 중에서 심사를 거쳐 26개를 골라 2018년부터 2차 심사에 들어갔다. 이 26개 중에는 한국에서 응모한 것도 3개가 포함이 되어 있었다. 2020년에는 7개의 후보를 선정하여 3차 심사를 시작하였는데, 한국에서 응모한 것들은 아쉽게도 2차에서 다 탈락했다. 2023년에는 다시 후보를 4개로 압축해서 발표했으며 양자내성 암호의 표준을 2024년에 발표할 예정인데 소위 격자기반 암호체계가 될 것이라 예상된다.

현대의 암호를 다 격파할 수 있는 완전한 양자컴퓨터는 2030년 이후에나 등장할 것으로 예상된다. 그런데도 미국표준연구소가 이렇게 일찍부터 서두른 이유는 암호체계라는 것이 바꾸는 데 시간이 오래 걸리기 때문이다. 새로운 밀레니엄이 시작될 무렵 그동안 컴퓨터에서 두 자리 수로만 연도를 표시했던 관행이 어떤 문제를 일으킬 것인지가 대단한 사회적 이슈였다. 대부분 간단히 컴퓨터의 시간을 바꾸어주기만 하면 되는 일이었지만, 혹시라도 금융이나 국방 시스템에서 이 문제로 이상이 발생하면 나라 전체가 혼돈에 빠질테니 천 번이라도 반복해서 검토해야 할 일이었다. 컴퓨터에서 쓰는 시간 하나도 이렇게 꼼꼼히 들여다봐야 하니 암호체계의 변경에 10년 내지 20년이 걸린다는 이야기가 이상하지 않다.

보안이 필요한 데이터를 다루는 기관들이 양자암호에 일찍부터 관심을 가져야 하는 또 하나의 이유는 데이터의 생명주기 때문이다. 지금 암호를 걸어 안전하게 보관하고 있는 데이터들이 양자컴퓨터가 나올 때쯤에는 이미 쓸모가 없어지는 데이터라면 별 문제가 없지만, 만일 그때에도 중요한 데이터라면 해커는 지금 그 데이터들을 훔쳐 보관하고 있다가 나중에 양자컴퓨터가 나왔을 때 해독할 것이다. 그러므로 데이터의 생명이 오래 가는 데이터들은 양자컴퓨터가 나오기 훨씬 전부터 양자내성 암호를 써서 보안을 걸어야 한다. 보험회사 AXA에서는 양자내성 암호를 적용하여 데이터를 안전하게 보관하는 연구를 하고 있다고 한다.

암호체계가 흔들릴 때 비상이 걸리는 대표적인 경우 중의 하나가 암호화폐이다. 암호화폐는 그 시스템의 안정성을 비밀키 암호체계와 공개키 암호체계 둘 다에 의지하고 있다. 암호화폐의 블록체인 시스템에서는 모든 단계 단계마다 비밀키 암호체계의 일종이라 할 수 있는 일방향함수를 사용하며 특히 채굴 과정은 완전히 이에 의존하고 있다. 암호화폐 체계의 안정성을 보장하는 다른 한 축인 전자서명은 공개키 암호체계의 일환이다. 그러므로 양자컴퓨터가 나오면 채굴을 독점할 수 있을 뿐 아니라 계좌이체를 마음대로 위조할 수 있다. 2019년 양자우수성 논문이 발표되었을 때 비트코인의 가격은 하루 만에 8%가 폭락했었다고 한다.

암호화폐 체계도 물론 미리 대비를 하면 된다. 사실 양자내성 암호를 갖춘 블록체인 시스템에서 작동한다고 주장하는 암호화폐들도 이미 여럿 있다. 또한 기존의 암호화폐 체계도 암호체계를 양자내성을 가진 것들로 교환하면 된다. 문제는 이렇게 체계의 근본을 손보는 것이 간단치 않다는 점이다. 암호화폐 체계가 어떻게 돌아가는지 뱃속을 모르고 투자만 하는 대부분의 사람들은 체계를 바꾸려는 자가 이번 기회에 치트키를 심어놓고 부당이득을 취하지는 않을까 의심하게 될 것이다. 실제로 비트코인이나 이더리움 같은 가장 유명한 암호화폐들은 여러 번 체계를 바꾸었는데 그럴 때 의견 통일이 되지 않아서 체계가 두 개로 갈라지는 소위 하드포크가 몇 번 일어났다. 이전의 체계 교체는 암호체계 대체처럼 대단한 것도 아니었다. 암호화폐의 시장 가치는 수천조나 되기 때문에 개발자들이 쉽게 유혹에 빠질 것이다.

양자컴퓨터는 데이터검색을 잘하므로 빅데이터 분석에 유용하게 쓰일 수 있다. 데이터의 개수를 N이라 했을 때 $\sqrt{N}$번만에 데이터검색을 해주므로, 전 세계 77억 인구의 데이터검색을 지금보다 9만 배 정도 빠르게 할 수 있다. 인류가 보유한 데이터의 양은 물론 이보다도 한참 더 많으므로, 전체 데이터를 대상으로 한 검색에서는 양자컴퓨터와 고전컴퓨터의 시간 차이가 더 벌어진다. '너튜브' 등에서 내가 좋아할 만한 음악을 알아서 틀어준다든지, 핸드폰으로 사진을 찍으면 찍힌 장소를 알려준다든지 할 때마다 깜짝깜짝 놀라게 된다. 이것은 모두 인공지능이 엄청나게 많은 양의 데이터를 학습해서 가능해진 일이다. 2022년 말 챗GPT가 등장했을 때 그 엄청난 능력에 일반인들은 모두 충격을 받았다. 사실 그때 발표된 챗

GPT는 2~3년 전에 이미 개발되어 있었다고 한다. 처음 개발될 당시에는 데이터를 몇백만 개 정도 학습했었는데 이번에 수천억 개의 데이터를 학습시켰더니 그 능력이 깜짝 놀라게 달라졌다는 것이다. 양자컴퓨터는 인공지능의 학습 속도를 훨씬 더 빠르게 해주므로 앞으로 우리가 챗GPT의 등장으로 놀란 만큼이나 또 놀랄 시간이 생각보다 빨리 올 것이다.

이런 양자컴퓨터의 데이터검색 능력을 발휘하려 할 때 한 가지 장애가 되는 것은 바로 양자데이터의 생산이다. 고전적인 데이터를 양자상태에 입력시켜 몽땅 중첩시켜 놓아야 그걸 양자알고리즘이 빨리 학습할 텐데 이렇게 양자데이터를 만드는 데 많은 시간이 걸린다. 일반적으로 중첩 내지 얽혀 있는 데이터를 한번 측정하면 모든 중첩은 사라지고 단 하나의 데이터만이 남는다. 양자 전화번호부에서 원하는 이름을 찾는 순간 다른 이름과 그에 따른 정보들은 다 사라진다는 뜻이다. 그러므로 양자데이터는 일회용이며 필요할 때마다 매번 사서 써야 한다. 양자 세계의 복제불가의 법칙에 따라 양자데이터는 복사도 되지 않는다. 양자데이터 생산업은 미래의 유망 산업이다.

언론에서 양자컴퓨터를 소개할 때 많이들 하는 이야기가 4차 산업혁명과의 연관성이다. 4차 산업혁명의 핵심 기반기술 요소는 초지능성과 초연결성인데, 양자컴퓨터는 초지능성을 한 번에 몇 단계나 업그레이드할 수 있다. 그래서 양자컴퓨터가 개발되면 4차 산업혁명에서 거론되는 키워드들, 예컨대 인공지능에 의한 화이트칼

양자컴퓨터 회사의 홈페이지.

라 노동의 대체, 로봇 서비스, 사물인터넷, 가상현실 등에도 지금의 예상을 훨씬 뛰어넘는 변화가 일어날 것이다.

(2023년의 시점에서) 가까운 미래

위에서 이야기한 미래는 완전한 양자컴퓨터가 나왔을 때의 이야기인데, 현재는 그런 양자컴퓨터는 없다. 그래서 큐빗 수를 늘이는 연구 개발 이외에도, 완벽한 실용적 양자컴퓨터가 나올 때까지 현재 만들어진 양자컴퓨터들로 할 수 있는 것이 무엇인지 찾는 응용 연구도 진행되고 있다. 이런 연구 경향은 양자 우월성이라는 용어를 처음 쓴 존 프레스킬John Preskill이 한마디로 잘 요약했는데, 이른바

"잡음이 있는 중간 스케일 양자Noisy Intermediate-Scale Quantum, NISQ" 기술이다. 약 100개 정도의 큐빗을 가진 양자컴퓨터라면 잡음에 의한 오류가 좀 있더라도 고전컴퓨터보다 더 나은 응용 분야가 있으니 활용해보자는 뜻이다. 실제로 이런 컴퓨터로도 할 수 있는 멋진 일들이 있다. 분자 시뮬레이션, 최적화, 기계학습 등이 그것인데, 오류 없는 완전한 양자컴퓨터가 나오기 전까지 주 응용 분야가 될 전망이다.

양자계는 고전계보다 차원이 크다. 9장에서 살펴본 바와 같이 한 개의 입자가 2개의 차원을 가지면 고전계에서는 N개의 입자가 $2N$의 차원을 갖지만 양자계에서는 N개의 입자가 2^N의 차원을 갖는다. 고전적인 입자의 수가 열 개이면 그 시스템이 가지는 차원은 20이지만 양자계의 입자가 열 개이면 그 시스템의 차원은 $2^{10}=1024$로 50배 이상 크다. 입자의 수가 늘어나면 그 차이는 기하급수적으로 벌어진다. 차원이란 그 계를 기술하는 데 필요한 변수의 수이다. 그러므로 고전컴퓨터로 양자계를 시뮬레이션하는 것은 매우 버거운 일이다.

예를 들어서 원자들이 모여서 분자를 이루는 경우를 생각해보자. 이 때 한 개 원자가 가질 수 있는 상태의 수만 해도 2보다 훨씬 크다. 원자 자체가 한 개의 입자가 아니고 핵과 여러 개의 전자로 이루어져 있기 때문이다. 전자들이 이루는 분자결합이 분자의 성질에 핵심적인데, 이 분자결합을 시뮬레이션하는 게 매우 어렵다. 시뮬레이션에 걸리는 시간이 입자의 수에 따라 급격히 증가하기 때문에 현재로는 슈퍼컴퓨터를 동원해도 20개 정도의 원자를 다룰 수 있을 뿐이다. 24개의 원자로 이루어진 카페인 분자를 시뮬레이션하려면 지구 크기의 슈퍼컴퓨터가 필요하다고 하니 이런 분자의 시뮬레이션에는 근사를 많이 해야만 한다. 이것이 모두 양자계를 고전계의 컴퓨터로 시뮬레이션하려니 생기는 일이다.

양자계의 차원이 지수적으로 증가하는 이유는 중첩 때문이다. 그런데 양자컴퓨터는 중첩 덕분에 병렬처리가 가능하다. 그러므로 양자계를 양자컴퓨터로 시뮬레이션하면 중첩에 의한 이득과 손실이 상쇄되어 마치 고전계를 고전컴퓨터로 시뮬레이션하듯이 짧은 시간에 가능하다. 이 양자계 시뮬레이션이야말로 파인먼이 양자컴퓨터가 쓸모 있다고 처음 제안한 이유였다. 100큐빗의 양자컴퓨터는 현재 암호를 깰 수는 없지만 이러한 고전계와 양자계 사이 차원의 차이 때문에 고전컴퓨터가 못하는 분자 시뮬레이션을 할 수 있다. 잡음이 있다면 시뮬레이션 결과는 오차가 좀 있겠지만 전혀 모르는 것보다는 비슷한 결과라도 아는 것이 훨씬 낫다.

신약 개발이나 신물질 개발은 기존에 존재하지 않던 새로운 분자를 인공적으로 만들어내는 일이다. 그런데 어떤 분자를 만들어야 우리가 원하는 성질을 가지는지 알 수가 없으며 또한 그런 분자가 있다고 해도 합성이 될지 알 수 없다. 그래서 신약 개발은 수없이 많은 시행착오 끝에 어쩌다 한 번씩 걸려드는 것이며, 많은 시간과 경험과 축적된 데이터가 필요한 분야이다. 이런 개발을 화학자의 경험에만 의존하지 않고 컴퓨터로 미리 시뮬레이션해보고 싶은 것은 당연하다. 컴퓨터는 위의 두 가지 질문, 즉 어떤 분자가 합성될 수 있는가와 그 분자는 합성되면 어떤 성질을 가질 것인가에 대답해준다. 다만 시뮬레이션에 시간이 많이 걸리는 게 문제인데 양자컴퓨터를 이용하면 개발에 걸리는 시간이 몇 년에서 몇 달로 줄어들 수 있다. 우리나라 같이 신약 개발 경험이 거의 없는 후발주자에게는 양자컴퓨터가, 마치 기반시설을 깔지 못해 유선전화를 쓸 수 없었던 후진국들이 무선전화기를 쓰는 것처럼, 선진국들과 비슷하게 경쟁할 수 있는 계기를 제공할 수 있을 것이다.

신약이나 신물질은 엄청난 부를 가져다주므로 제약회사들은 진작부터 양자컴퓨터의 가능성에 대해 관심을 가져왔다. 영국의 글락소 스미스 클라인Glaxo Smith Kline이나 덴마크의 노보 노디스크Novo Nordisk 같은 제약회사들은 이미 양자컴퓨터에 의한 신약 개발 연구를 시작되었다. 2022년에 현대자동차는 양자컴퓨터 벤처회사와 배터리 공동개발 협약을 맺었다고 발표했다. 전기자동차가 무서운 기세로 석유연료 자동차를 대체해가고 있는 시점에서 배터리의 효능은 성패의 관건이 될 것임은 쉽게 예측할 수 있다. 배터리의 성능은 사용되는 전극이나 촉매에 따라 크게 달라진다. 그러므로 양자컴퓨터를 이용해서 배터리의 효율을 조금이라도 올릴 수 있는 새로운 촉매나 전극 물질을 개발하려는 것이다.

양자컴퓨터의 병렬처리 능력이 빛을 발하는 분야 중의 하나는 최적화 문제이다. 최적화 문제의 대표적 예제로 나오는 것이 세일즈맨의 문제이다. 세일즈맨이 N개의 도시를 돌아와야 하는데 어떤 순서로 도는 것이 가장 짧은 경로인가를 찾는 문제이다. 이 문제는 별 뾰족한 수 없이 모든 경우의 수를 다 뒤져서 찾아야 하며 도시의 수 N이 증가할수록 경우의 수는 급격히 증가한다. 디웨이브사의 아날로그 양자 시뮬레이터가 사용하는 어닐링 방법이 바로 이런 최적화 문제에 사용된다.

최적화는 물류시스템의 효율을 극대화하는 경로를 찾거나 생산효율을 극대화할 수 있는 생산과정 찾기에 적용할 수 있다. 또 에너지 배분을 최적화하는 과정에 적용할 수 있으며 이 모든 과정에서 결국 탄소 발생을 절감할 수 있게 해준다. 최적화 과정은 금융에서 헤지 전략을 수립할 때도 사용된다고 한다. 이런 문제들에 대해 잡음이 있는 불완전한 양자컴퓨터가 약간 틀린 값을 가르쳐줄 수는 있을 것이나 아예 모르는 것보다는 차선이라도 아는 것이 도움이 될 것이다.

불완전한 양자컴퓨터가 쓸모가 있는 또 하나의 분야는 인공지능이다. 인공지능에서 많이 채용되는 기계학습에서는 영상을 인식할 때 어차피 대상이 고양이인지 개인지를 수학적으로 규정하지 않고 쌓인 학습 자료에 근거해 확률적으로 판단한다. 그러므로 판단 과정의 작은 오류가 큰 걸림돌이 되지 않으며 잡음이 있는 양자컴퓨터도 기여할 바가 있을 것으로 예상된다. 양자 인공지능이 고전 인공지능보다 우월한 점 첫 번째는 전술한 바와 같이 학습 속도가 훨씬 빠르다는 것이며 이는 인공지능의 성능을 결정적으로 좌우하는 요소임을 이미 챗GPT가 보여주었다. 양자 인공지능이 우월한 또 다른 이유는 인공지능의 대표적 기작으로 사용되는 기계학습에서 병렬처리가 효과적이기 때문이다. 양자 기계학습이 고전적 기계학습보다 어느 경우에 우월성을 보이는지 점차 밝혀지고 있다. 미국의 투자은행 JP 모건은 양자 기계학습을 금융에 적용하는 연구를 하고 있다고 한다. 분자 시뮬레이션이나 최적화 문제에 대해 많은 연구가 되고 있으나 아직은 슈퍼컴퓨터를 능가할 양자컴퓨터가 없기 때문에 잠재력을 점검해보고 있는 수준이다.

컴퓨터로 처리하는 모든 문제에 병렬처리를 적용할 수 있는 것은 아니다. 앞 단계 계산의 결과를 사용해야 하는 알고리즘이라면 당연히 나누어서 처리할 수 없을 것이다. 따라서 병렬처리를 천문학적인 수준으로 잘하는 양자컴퓨터가 모든 문제에 있어서 고전컴퓨터보다 우수한 것은 아니다. 양자컴퓨터는 병렬처리를 잘하지만 덧셈 같은 계산은 고전컴퓨터가 더 잘하므로, 이 두 가지의 계산이 모두 필요한 곳에서는 두 개의 컴퓨터를 더해서 계산하는 하이브리드 방식도 개발되어 활용되고 있다. 예를 들어 비행기 날개의 최적화된 디자인을 고전컴퓨터가 '추정'해내면, 양자컴퓨터가 그 추정치에서 약간씩 변형된 모형에 대한 계산을 하여 제일 좋은 디자인을 고전컴퓨터에 전달한다.

2021년 말 맥킨지 보고서에 따르면 양자컴퓨터에 대한 연구는 그간 주로 각국의 정부에서 지원해왔다. 미국 정부가 장차 양자컴퓨터에 투자하겠다고 공개한 금액은 13억 달러이고 유럽은 72억 달러인데 놀랍게도 중국에서는 150억 달러를 투자하겠다고 공표했다. 중국의 양자정보기술 수준이 미국에 이어 2위인 것은 이런 공격적 투자에 기인한 바가 클 것이다. 그런데 이렇게 단위 하나가 더 큰 투자에도 불구하고 앞으로도 미국이 선두자리를 내주지 않을 것이라고 예상되는 가장 큰 이유는 미국에서는 사기업 투자가 공적 투자보다 많아 기업이 이 분야의 발전을 리드하고 있기 때문이다. 2021년의 미국 사기업 투자는 17억 달러 정도인데 이는 2020년보다 두 배가 넘게 늘어난 수치이다. 양자컴퓨터의 수혜를 볼 수 있는 대표적인 산업은 제약, 화학, 자동차, 금융 분야로, 관련된 경제적 가치는 보수적으로 따져도 3000억~7000억 달러라고 한다.

언제쯤 양자노트북이 나오겠냐는 농담 반 진담 반 질문을 종종 받는다. 양자컴퓨터는 이미 만들어져서 일부 특수 용도로 쓰이고 있지만, 우리가 생각하는 양자노트북은 한참 후에나 보급되리라고 생각한다. 실용적 양자컴퓨터를 개발하기가 어렵기 때문이기도 하지만, 개발되어도 상업화는 훨씬 더 나중에 이루어질 것이기 때문이기도 하다. 양자컴퓨터가 개발되면 누구나 그 사실을 비밀로 하고 싶을 것이다. 이 컴퓨터만 있으면 은행 계좌를 모조리 해킹할 수 있는데 뭐 하러 있다는 사실을 자랑하겠는가? 주식으로 돈 버는 방법을 가르쳐주겠다고 강의료를 받는 주식 전문가들처럼 될 필요가 없다. 양자컴퓨터가 국내에서 개발되면 맨 먼저 극비리에 청와대 지하실에 딱 한 대만 설치될 것이다. 그러고는 몇 년간 각국의 통신을 신나게 도청하고 핵미사일 발사 암호를 포함해 모든 전자 무기 조작을 해킹하다가, 백악관이나 크렘린 궁전을 비롯해 웬만한 정부는 다 하나씩 가지고 있는 듯한 눈치이면 그제서야 다 슬슬 내놓고 상업화를 시작할 것이다.

양자컴퓨터는 극저온, 고진공과 같은 극한 조건에서 작동하기 때문에 조만간에 개인용 양자컴퓨터가 나오기는 어렵다. 지금의 슈퍼컴퓨터처럼 큰 회사 몇 개가 양자컴퓨터를 보유하고 이를 공개해서 유료로 서비스를 제공하는 클라우드 서비스의 형태로 가게 될 것이다. 지금도 양자컴퓨터는 클라우드 서비스를 통해서 기업들이 이미 사용하고 있다. 양자컴퓨터는 프로그래밍 언어가 완전히 달라서 일반인들이 직접 사용하기는 힘들고 양자 소프트웨어 회사들이 대행해주는 형태로 가고 있다. 그리고 주 고객도 물론 아직 일반인은 아니고 회사들이다. 이런 형태가 2030년까지 지속될 것으로 생각된다. 2030년 전반기쯤에는 오류가 상당히 적어서 암호풀이에 도전할 만한 양자컴퓨터가 등장할 수 있다고 생각된다. 물론 그 때에도 양자컴퓨터는 매우 크기가 크고 운영비도 비싸서 지금 우리가 슈퍼컴퓨터 쓰듯이 클라우드 서비스 형태가 지속될 것이라 생각된다. 슈퍼컴퓨터를 자신의 개인 노트북으로 사용하고 싶어하는 사람이 없는 것처럼 양자노트북도 필요로 하는 사람이 나올지 의문이나 생산 필요가 있다면 그런 기술은 2030년대 후반 정도에는 가능하리라 생각된다.

양자컴퓨터는 덧셈 같은 연산을 빨리하는 것이 아니므로 현재의 고전컴퓨터를 모두 대체하지는 못한다. 경제성도 없다. 연구비를 따내려면 연구계획서를 작성해야 하는데, 마지막에 꼭 써야 하는 항목이 경제성, 수입대체효과, 시장규모 같은 것들이다. 세금으로 하는 연구가 세금을 내준 국민들의 복지를 증진시키는 데 도움이 되어야 하는 것은 당연하지만, 양자컴퓨터가 가져다주는 이득은 이런 단어들로는 표현할 수 없다. 일본과 독일이 제2차 세계대전에서 진 것은 암호가 해독되었기 때문이다. 세상에 어떤 타짜가 화투판에서 자기 패를 다 보여주고 이길 수가 있겠는가? 원자폭탄 투하는 이미 그로기 상태에 빠져 울고 싶은 사람의 뺨을 때려준 것에 불과했다. 그러므로 암호를 깰 수 있는 양자컴퓨터는 핵무기를 능가하는 파괴력이 있다. 핵무기의 경제성은 아무도 논하지 않는다. 양자컴퓨터의 경제성도 마찬가지이다.

전자공학으로 대표되는 현대의 첨단 기술은 소자의 크기가 작아짐에 따라 나타나는 양자 현상을 방해물로 인식하며, 이를 제거하기 위해 많은 돈과 시간을 쏟아붓고 있다. 그러나 발상을 전환하여 양자 현상을 적극 활용하고 제어하여 새로운 기술을 발전시켜보자고 노력했고, 그 결과가 양자정보기술이다. 양자컴퓨터가 빨리 만들어지지 않는 이유는 인류가 가진 나노기술의 수준이 아직 낮기 때문이다. 나노기술은 나노 크기의 물체를 다루는 기술인데, 궁극적 목표는 파인먼이 예언한 대로 원자 하나에 정보를 쓰고 읽는 것이라고 할 수 있다. 그런 수준에 도달하면 물론 양자컴퓨터를 만들기가 훨씬 쉬워질 것이다. 그러므로 당장 만들기 어렵다 해도, 나노기술의 발전을 기다리면 언젠가는 만들어진다. 또 역으로 지금처럼 양자컴퓨터의 개발에 힘쓰면 나노기술을 견인하게 될 것이다. 양자컴퓨터는 이미 더 이상 공상과학이 아니다. 양자컴퓨터를 만들지 못할 이론적인 장벽은 없기 때문에 언젠가는 만들어진다. 다만 궁극의 나노기술이어서 어렵거니와 인내심을 가지고 꾸준히 개발해야 할 뿐이다.

문명의 퀀텀 점프

양자물리는 인류 문명에 지대한 영향을 끼쳤다. 양자물리가 있기 전과 후의 인류 문명의 모습은 완전히 다르다. 양자물리에 의해서 인류 문명은 퀀텀 점프를 했다. 우리 주변의 물질들은 그 성질에 따라 여러 가지로 분류할 수 있겠는데, 그중 한 가지는 전기를 얼마나 잘 통하느냐에 따른 분류이다. 이 분류를 따르면 물질은 전기가 잘 흐르는 도체와 거의 흐르지 않는 부도체로 나눌 수 있을 것이다. 어느 쪽에도 속한다고 말하기 애매한 것들은 반도체라고 이름이 붙었다. 중간에 있는 애매한 존재에게 이렇게 따로 이름을 붙이는 것은 이례적이다. 금속과 비금속이라든가 결정과 비결정, 이런 식으로 분류를 할 때도 중간에 존재하는 물질들이 없는 것이 아니나 전문가가 아니고서는 반금속이나 반결정 같은 말을 쓰지 않는다. 그런데도 반도체라는 말을 사용하는 이유는 자명하다. 반도체는 우리 문명에 워낙 깊숙이 그리고 밀접하게 관여하고 있어 애들도 다 알 정도로 일반인들도 자주 쓰기 때문이다.

고체는 양자물리의 규칙을 따라 행동하는 원자들로 이루어져 있으므로 고체의 성질도 당연히 양자물리의 규칙에 따라 결정된다. 어떤 물질은 고체이고 어떤 물질은 액체이며, 어떤 것은 단단하고 어떤 것은 부드럽다. 또 어떤 것은 투명하고 어떤 것은 빛을 내며 어떤 것은 전기를 잘 통하고 어떤 것은 전기를 안 통한다. 이 모든 성질이 양자물리로 설명이 된다. 그런데 전기가 아주 잘 통하는 경우와 반대로 매우 안 통하는 극단적인 경우들은 고전적 내지 직관적으로도 꽤 잘 이해가 된다. 전기가 잘 통한다는 이야기는 고체 내에서 자유롭게 떠돌아 다니는 전자들이 많이 있다는 뜻이며 그 전자들은 어디서 집어넣어준 것이 아니므로 당연히 고체를 구성하는 원자들에서 나와야 한다. 원자들이 모여 고체 덩어리를 만들 때 전자들이 원자들에게서 떨어져나와 이온들 사이를 자유롭게 헤집고 다니는 경우에는 도체가 되고 그렇지 않은 경우에는 부도체가 된다. 도체는 전압을 걸면 전기가 잘 통하고 부도체는 전기가 통하지 않는다.

이렇게 '원자에서 떨어져나온 전자가 고체 안을 돌아다닌다'는 단순한 고전적인 논리가 어중간한 상태에 있는 반도체에는 잘 통하지 않는다. 반도체는 전기장 하에서 꽤나 복잡다양하게 반응하며 그 성질을 고전적으로는 이해하거나 예측하기 어렵다. 반도체의 복잡미묘한 성질을 양자물리 덕분에 이해하게 되어 인류는 트랜지스터를 발명할 수 있었고, 트랜지스터가 진공관을 대체하면서 초소형화하여 고집적 회로가 기하급수적으로 발달하여 오늘날의 전자공학을 이루었다. 스마트폰을 비롯하여 우리 주변에서 보는 전기전자기기 중에 반도체를 사용하지 않은 것은 단 하나도 없다고 단언할 수 있다. 그러므로 현대에 우리가 전기전자기기들을 누릴 수 있는 것은 모두 양자물리 덕분이다.

레이저는 굉장히 순수한 빛이다. 높은 에너지 상태에 있는 원자는 낮은 에너지 상태로 가면서 빛을 내는데, 그냥 혼자서 그렇게 되는 경우는 드물고 외부에서 자극을 주어야 한다. 외부에서 자극을 주는 대표적인 방법은 빛을 쏘아주는 것이다. 이 빛을 맞은 원자는 그림처럼 그 빛과 파장도 같고, 산과 골의 위치도 같으며 편광방향조차 같은 빛을 하나 내보낸다. 즉 속성이 완전히 같은 광자 두개가 만들어지는 것이다. 이 광자들을 거울로 반사해 다시 원자들에 쏘아주기를 반복하면 같은 광자들이 계속 복제되어 나온다. 그렇게 만들어진 빛의 일부를 빼낸 것이 레이저 빛이다. 그림으로 보기에도 레이저 빛은 매우 정돈된 모습인 반면 햇빛은 매우 난잡해보인다. 산과 골의 위치가 같은 경우 결이 맞는다고 표현하고, 파장이 같은 광자들만 모인 빛을 단색광이라고 하는데 두 가지 다 응용에서 매우 중요한 성질이다.

이렇게 만들어진 빛은 굉장히 좋은 성질을 보인다. 아니 우리가 빛에서 기대할 수 있는 좋은 성질은 모두 다 가지고 있다. 빛이 매질을 통과할 때는 파장에 따라 굴절률이 다르다. 그래서 여러 가지 파장의 빛으로 이루어진 햇빛은 프리즘을 통과하면 빨주노초파남보가 갈라져 나오지만 레이저 빛은 파장이 모두 같은 광자들만으

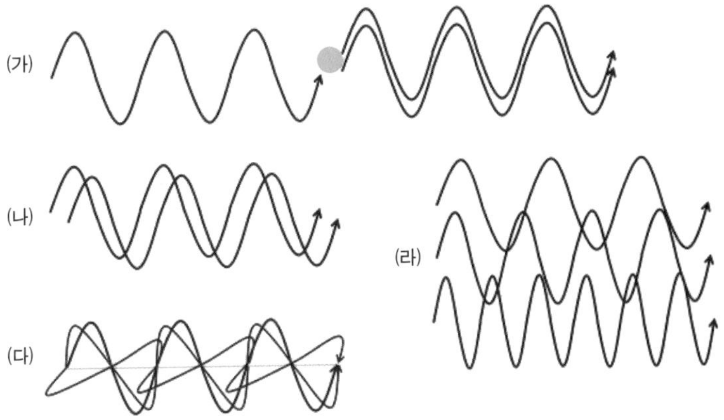

(가) 빛이 들뜬 상태의 원자에 들어가면 원자가 낮은 에너지 상태로 가면서 결맞는 빛이 하나가 더 같이 나온다. (나) 결이 맞지 않는 빛들. (다) 결은 맞지만 편광 방향이 맞지 않는 빛들. (라) 주파수가 다른 빛들의 모임. 햇빛은 주파수가 다르고 편광 방향도 다른 빛모음이다.

로 이루어져 있으므로 프리즘을 통과시켜도 색이 갈라져 나오지 않는다. 즉 레이저 빛은 어떤 매질을 지나가도 퍼짐이 없다. 공기 중에서도 퍼지지 않으므로 레이저포인터로 쏘는 점은 멀리 비추어도 크기가 그대로이다. 레이저 빛의 광자들은 결이 모두 같기 때문에 보강간섭이 강하게 일어난다. 즉 한 곳에 모든 파워가 집중될 수 있기 때문에 전구 하나 간신히 켤 수 있는 전력으로 종이를 태울 빛을 낸다. 강한 레이저로 암살무기를 만들면 레이저를 맞은 사람 말고는 아무도 그 레이저 빛이 어디서 왔는지 볼 수 없기 때문에 완전 범죄에 성공할 수 있다.

레이저는 퍼지지 않고 높은 파워를 좁은 영역에 멀리까지 전달할 수 있기 때문에 산업계에서 측정, 절단, 용접에 쓰이며, 미사일을 맞추어 떨어뜨리는 무기로도 개발되었다. 잘 퍼지지 않기 때문에 오늘날 우리가 무지하게 사용하고 있는 광통신에도 레이저가 사용되며, 결맞는 단색광은 실험결과 분석을 쉽게 해주므로 모든 실험실에서는 레이저를 사용한다. 레이저는 수술할 때 절단용으로 사용되는데 시술이 간단하고 회복이 빨라서 봉합도 필요없다고 한다. 요즘은 레이저로 기미, 잡티를 없애는 미용에도 사용하는데, 처음 이런 시술이 시작되었을 때 기술을 배운 내 친구 의사는 미용이나 레이저에 대해 전혀 모르지만 "레이저로 쏘면 뭐든 다 잘 없어지더라."면서 열심히 시술했다. 이런 특수한 성질을 가진 빛은 당연히 자연에는 존재하지 않으며 100% 인공적으로 만들어진다. 레이저가 발명된 것은 완전히 양자물리에 의해 원자와 빛의 흡수-방출 관계를 이해하게 된 덕분이다. 반도체와 레이서는 컴퓨팅과 통신이라는 IT의 두 축을 받치고 있는 기둥이다. 오늘날의 IT는 완벽하게 양자물리의 산물이다.

이 세상에는 네 가지 힘이 존재하는데 그중에서 전자기력에 의해 원자들이 결합하여 분자를 만들고 그 분자들이 결합하여 이 세상 모든 물질을 만들어낸다. 이러한 분자결합을 연구하는 학문이 화학인데, 양자물리가 있기 전에는 결합을 경험에 의존해 이해했다. 즉 실험에서 관측된 사실로부터 결합에 대한 경험 법칙을 세우고 이를 바탕으로 분자구조와 화학반응을 이해하는 식이었는데, 양자물리가 나오고 나서 경험 법칙들이 왜 그런지 이해할 수 있게 된 것이다. 그에 따라 기존에 존재하는 물질에 대한 이해를 넘어 새로운 물질을 디자인하고 그 성질을 예측하는 혁신적 변화가 가능하게 되었다. 덕분에 신약도 나오고 새로운 화학제품들이 나올 수 있게 된 것인데, 양자물리 없이 시행착오만으로 시도를 했다면 훨씬 늦어졌을 것이다.

현대의 화학 연구에 쓰이는 온갖 분석기기들, 핵자기공명이라든지 엑스레이, 전자현미경 등은 모두 양자물리 덕에 만들어진 것이다. 핵자기공명에서는 핵스핀의 신호를 감지하여 물질의 성질을 알아내는데, 양자물리가 없었다면 스핀이라는 개념조차 발견되지 않았을 것이다. 엑스레이는 물질의 구조를 알아내는 데 주로 쓰이는데, DNA, RNA의 구조도 엑스레이 덕분에 알게 되었다. 엑스레이 실험결과를 이해하려면 양자물리에 대한 이해가 필요하다. 현미경은 사용하는 빛의 파장보다 작은 물체는 식별할 수 없다. 광학현미경은 우리 눈에 보이는 가시광선을 사용하므로 분해능이 마이크로미터를 간신히 넘는다. 전자현미경은 가시광선 대신 전자를 대신 쏘아 분해능을 나노미터 수준으로 올린 것으로서 전자 같은 입자도 파동의 성격을 가졌다는 양자물리의 발견 덕분에 발명된 분석기기이다. 양자물리가 없었다면 현대의 화학 실험실의 모습은 우리가 어릴 때 그림책에서 보아온 그대로, 흰 가운 입은 곱슬머리 과학자가 플라스크에 든 빨간 액체를 파란 액체가 든 비커에 부으면서 발생하는 흰 연기를 보고 있는 모습에서 크게 다르지 않았을 것이다.

지금 우리 주변에서 볼 수 있는 물체들 중에 100년 전에도 존재하던 것을 빼면 나머지는 모두 양자물리 덕분에 탄생하였거나 개선된 것들이다. 현대 사회에 위대한 혁명을 일으킨 세 가지 요소는 원자, 비트, 유전자라고 한다(월터 아이작슨의 『코드 브레이커』 참조). 물질의 기본 단위인 원자는 양자물리의 법칙에 따라 움직이며, 정보의 기본 단위인 비트는 마이크로칩, 컴퓨터, 인터넷으로 대표되는 디지털 혁명을 일으켰는데 디지털 혁명의 주역은 양자물리 덕분에 탄생한 전자공학이다. 생명 정보의 기본 단위인 유전자의 발견에 의한 생명공학의 눈부신 발전은 요즘 우리가 너무나 많이 듣는다. 생명 현상의 기본은 화학반응이며 DNA, RNA 구조와 염기서열을 찾아낸 데는 양자물리 덕분에 발명된 현대 분석기기들의 힘이 결정적이었다. 현대의 위대한 혁명을 일으킨 세 가지 요소 모두 양자물리 덕분에 가능해진 것들이다.

양자물리는 1900년에 시작하여 1930년까지 30년 동안 그 형태를 갖추었고 그 이후 이렇게 현대 문명이 한 단계 점프했다. 이러한 첫 번째 퀀텀 점프 과정에서는 사용되지 않았던 양자물리의 성질이 있었는데, 바로 얽힘이다. 이 얽힘을 이용한 양자정보기술이 나온 지 30여 년이 지난 현재, 우리는 양자물리에 의한 문명의 두 번째 퀀텀 점프를 목격할 시점에 와 있다.

양자물리에 의한 문명의 첫 번째 퀀텀 점프 때에 만들어진 반도체와 레이저 같은 소자들은 양자 현상을 조절하여 거시적인 크기의 물체가 우리가 원하는 성질을 갖게 만들었다. 초고집적 회로에 들어 있는 트랜지스터들은 매우 작지만 억 개가 넘는 원자들로 이루어져 있다. 두 번째 퀀텀 점프를 가져올 양자정보기술은 얽힘을 이용해야 하기 때문에 개개의 양자 상태를 사용한다. 미시적인 양자 상태 자체를 조작하고, 그 양자 상태에 직접 정보를 저장하고 처리한다. 많은 입자들이 모여 있으면 통계적 평균이 된 성질이 나타나며 얽힘과 같은 특성이 나타나기 매우 어렵다.

양자컴퓨터는 우리 문명 전반에 걸쳐 두 번째 혁명적 변화를 가져오겠지만, 미래에 전개될 세상의 모습을 조망하기는 쉽지 않다. 그곳이 훌륭한 신세계가 될지, 암울한 신세계가 될지는 양날의 검을 손에 쥘 지금의 젊은이들에게 달렸다. 미래 전망은 물리학자들보다는 양자컴퓨터가 무엇인가를 정확히 이해한 미래학자들의 몫이라 생각한다. 전자기유도 법칙을 처음 발견한 마이클 패러데이Michael Faraday에게 누군가 이렇게 질문했다고 한다. "그래서 그걸 알면 어디에 쓸모가 있다는 거요?" 그러자 패러데이는 "갓 태어난 아이가 커서 무슨 쓸모가 있을지 어떻게 알겠소?"라고 대답했다고 한다. 현대에는 발전기가 쓰이는 장치는 모두 전자기유도 현상을 이용하고 있다. 회로에서 가장 기본적인 세 가지 전기소자 중 하나인 코일도 전자기유도 현상을 이용하는 것이기 때문에, 전기로 작동하는 기기 중에 이 현상을 이용하지 않는 것은 없다.

자, 이제 독자 여러분은 양자물리와 양자컴퓨터의 원리를 잘 이해할 수 있는가? 이해가 잘 안 되었다면 이 책을 제대로 읽은 것이다. 쿼크라는 이름을 처음 만든 입자물리학자 머리 겔만Murray Gell-

Mann이 그랬다. "양자물리를 아는 사람과 모르는 사람의 차이는 모르는 사람과 원숭이의 차이보다 크다. 양자물리를 모르는 사람은 금붕어나 다름없다." 인내심을 갖고 이 책을 끝까지 독파한 독자라면 그 보상으로 적어도 금붕어 신세는 면한 셈이다.

• 물리학자들이 사는 세상 •

젊은이들에게

새로운 학문은 학제 간 연구에서 나온다. 전자공학도 처음 나왔을 때 어느 학문에도 속하지 않았고, 심리학도 그랬다. 고대에는 모든 학문이 철학이라는 이름으로 통일되었는데, 그 이후로 분화되어 나온 현재의 모든 학문들도 원래는 경계가 모호했다. 양자컴퓨터 분야는 물리, 수학, 컴퓨터, 전자공학, 재료공학 등의 지식이 모두 모이는 특별한 학제 간 연구 공간이다. 여기서는 뭐가 나와도 새로운 것이 나오고, 새로운 분야의 역사에 길이 남을 일을 하게 될 확률이 높다. 젊은이라면 한번 도전해볼 만하지 않은가? 양자컴퓨터를 만드는 일은 꽤나 어렵다. 어렵기 때문에도 더욱 도전해볼 만하지 않은가?

박사학위를 받고 나서 어느 분야로 박사후연구원을 갈까 고민하던 때였다. 아침에 어떤 빈 강의실에 들어가서 조용히 나만의 시간을 보내고 있는데, 거기서 내 진로를 결정해주는 글을 만났다. 문득 강의실 앞을 보니, 마치 우리나라

교실에 적힌 교훈처럼 칠판 위에 어떤 글귀가 적힌 액자가 하나 걸려 있었다. 호기심에 가까이 가서 보니 이렇게 적혀 있었다. 고어로 쓰인 것이었는데, 현대어로 바꾸면 이렇다. “Nobody can find the ocean unless he has the courage to lose the sight of seashore.” 해안의 모습을 잃어버릴 용기가 없다면 대양을 발견할 수 없다. 바닷가에 나가서 노 젓는 조그만 배를 타고 육지가 보이지 않는 곳까지 나가본 경험이 있는가? 육지가 안 보이면 갑자기 공포가 몰려든다. 어느 쪽이 육지인지 모르므로 나 혼자 나왔다면 꼼짝없이 죽었겠구나 하는 생각이 든다. 어른들의 말씀은 오래 살아본 경험에서 나오는 것이라 십중팔구 맞는 말이며, 그 말을 안 들으면 거의 틀림없이 후회할 일이 생긴다. 그러나 십중팔구 맞는 것이지 100% 맞지는 않는다. 마젤란이 배를 타고 처음으로 지구를 한 바퀴 돌려고 했을 때도 어른들이 그러면 죽는다고 말했을 것이다. 그때는 지구는 평평하기 때문에 먼 바다에 나가면 바닷물이 폭포같이 떨어지는 지구 가장자리에 이른다고도 생각했으니까. 어른들의 말씀을 잘 듣는 사람들은 100% 안전하지만 대양을 발견할 확률은 0%인 반면, 위험을 감수한 사람은 죽을 확률이 90%이지만 대양을 발견할 확률이 10%인 것이다. 확률 10%와 0%의 비율은 무한대이다.

젊은이들에게 말해주고 싶은 이 글귀를 마지막으로 글을 마칠까 한다. “Life is not measured by the number of breaths you take, but by the number of moments that take your breath away.” 인생이란 당신이 숨을 몇 번이나 쉬었는지가 아니라, 숨 막히는 순간이 몇 번이나 있었는지로 평가되는 것이다.

서기 2037년 후기

강박사의 세미나가 모두 끝나자, 때로는 열심히 듣고 때로는 졸기도 하던 대통령이 물었다.

"어휴, 나는 강 박사님이 하시는 이야기 하나도 못 알아듣겠습니다. 시인한테 설명하는 것처럼 요약을 좀 해주실 수 있을까요?"

이 말을 듣고 잠시 생각하던 강 박사가 이야기를 시작했다.

"과학자는 복잡한 걸 간단하게 말하고, 시인은 간단한 걸 복잡하게 말하는 사람이라고 합니다. 그러니 시인에게 설명하는 건 자신이 없지만 어쨌든 간단히 요약해보겠습니다. 고전컴퓨터에서 0과 1을 기록하기 위해 0V와 5V를 사용하듯이 양자컴퓨터는 0과 1을 기록하기 위해 전자스핀의 두 가지 방향을 사용합니다. 이 세상 모든 물질은 파동의 성질을 가지고 있습니다. 전자같이 조그만 입자일수록 그 성질이 강하게 나타납니다. 파동의 제일 중요한 성질은 중첩이 된다는 것입니다. 도·미·솔 세 음이 중첩돼서 화음을 이루는 것처럼요. 그러므로 전자스핀의 방향도 중첩이 가능하며, 중첩된 상태에 물리적 조작을 가하면 개개의 상태를 독립적으로 동시에 조작할 수 있습니다. 따라서 양자컴퓨터에 0과 1의 중첩상태를 입력하면 0과 1 각각의 상태가 동시에 연산 처리됩니다. 전자가 10개이면 1024개의 숫자를 중첩할 수 있으며, 그 1024개의 숫자에 대한 연산이 동시에 처리되는 겁니다. 이렇게 동시에 여러 값을 계산하는 걸 병렬처리라고 하는데, 양자컴퓨터가 고전컴퓨터보다 빠른 이유가 바로 이것입니다. 전자가 40개 있으면 약 1조 개의 숫자를 동시에 계산할 수 있습니다. 병렬처리는 특히 암호 해독과 데이터검색에 효과적입니다. **양자컴퓨터는 병렬처리를 잘하기 때문에 빠르며, 그 근본 이유는 양자 세계의 중첩성 때문이라는 것**이 제가 세미나에서 전달하고자 한 메시지 중 하나였습니다."

강 박사는 잠시 숨을 고르고 이야기를 다시 이어갔다.

"한 개의 입자도 중첩상태일 수 있지만 입자가 여러 개 있을 때도 다 같이 중첩상태에 빠질 수 있습니다. 입자 여럿이 관여하는 중첩상태 중에서도 얽힌 상태 때문에 특이한 일이 많이 벌어지는데, 제가 비유로 들은 사교춤이 이에 해당합니다. 사교춤에서는 남녀가 강하게 얽혀 있어서 남자의 자세를 보면 여자의 자세는 보지 않아도 알 수 있다는 것이 가장 큰 특징입니다. 얽힌 상태는 고전 세계에는 존재하지 않지만 양자컴퓨터의 계산 과정에 늘 등장하기 때문에, **중첩 중에서도 얽힘이 양자컴퓨터의 초고속 계산을 가능하게 해주는 요인**이 아닌가 생각되고 있습니다. 이것이 제가 전달하려는 또 다른 메시지였습니다."

"그리고 마지막이자 가장 중요한 메시지는 물론 **양자물리는 이해할 수 없다는 것**입니다."

미간을 잔뜩 찌푸리고 열심히 경청하던 대통령이 한마디 했다.

"굉장히 훌륭한 일을 하고 계신 것 같습니다."

결국 세미나는 아무도 이해하지 못한 채로 끝이 났다.

일단 작전이 시작되자 강 박사와 두 조수는 엄청나게 열심히 일을 했다. 마치 양자컴퓨터 대회에 나가는 것처럼 정해진 시간과 목표가 분명한 데다가, 그것이 조국을 위하는 일이라는 거대한 명분까지 얹혀 막강한 동기가 부여되었기 때문이었다. 게다가 이 수석이 연구에 필요한 모든 지원을 해주었기 때문에 세 사람은 다른 걱정 없이 오직 연구 개발에만 몰두할 수 있었다. 연구 공간이 필요하면 당장 다음 날 마련되었고, 장비나 비품이 필요하면 업자가 가진 재고를 당장 현금으로 살 수 있었다. 그것은 연구자들에게 꿈과 같은 연구 환경이었으므로 모두 흥분되어 있었다.

이 수석은 연구팀을 지원하느라 평소보다 일이 두 배나 늘어나서 집에는 잠만 자러 들어갈 수 있었다. 주말도 없이 업무를 반복하다가 일요일에만 밝을 때 퇴근했는데, 밤낮없이 일만 하는 연구팀에게 미안해하면서 죄인같이 조용히 사라졌다가 오곤 했다. 긴장되어 힘든 줄은 몰랐지만 이 수석도 업무량이 엄청나게 많았다. 연구원들의 신분에 관한 문제나 숙식 해결부터 장비와 비품의 주문 및 결제 등등, 평소에는 다 비서관을 시켜서 해결하던 것을 본인이 직접 하려니 서툴러서 시간이 오래 걸렸다. 연구비로는, 2급 비밀로 분류되어 공개되지 않는 비서실 경비 중에서 이 수석이 전결하는 자금을 사용하였다.

가장 처음에 한 일은 궁정동에 연구실을 하나 임대하는 일이었다. 필요한 물품을 실어온 트럭을 보안상 청와대 본관까지 들여올 수 없으므로, 일단 가설 연구실에서 수령하고 포장을 뜯어 분해 조립한 후 뒷길을 통해 본관 실험실로 가져왔다. 청와대 직원들도 자기네와는 다른 종류의 사람들이 새로 들어와 왔다 갔다 하는 걸 알고 있었다. 본관 지하를 드나드는 사람들의 정체가 뭔가 실험하는 과학자들 같다는 소문도 금방 돌기 시작했다. 그렇지만 대통령과 이 수석을 빼고는 이 사람들이 진짜로 뭘 하고 있는지 아무도 몰랐다.

실험실은 꼭 영화에 나오는 광기 어린 천재 과학자의 실험실같이 정신이 없었다. 온갖 도선과 배선 그리고 가스통 등이 여기저기 널려 있었고, 테이블 위에는 전자부품이 가득했다. 강 박사가 이 수석에게 실험 장치의 구성에 대해 설명해주었다.

"저기 구석에 물탱크같이 생긴 큰 통이 헬륨 액화기야. 저기서 만들어진 액체 헬륨이 이 관들을 따라 여기 이 크라이오스탯에 들어가는 거고."

강 박사가 드럼통 두 개를 쌓은 크기의 원기둥을 가리키며 말했다.

"크라이…… 뭐?"

"크라이오스탯. 이 장치를 쓰는 사람이 많지 않아서 그런지 딱히 역어가 없다. 액체 헬륨 냉각기. 액체 헬륨이 영하 269도잖아. 단열이 매우 잘된 통이 아니면 순식간에 다 기화돼서 날아가버려."

"그런데 도대체 양자컴퓨터는 어디에 있는 거냐?"

"벽 주변에 빙 둘러선 저 전자기기들이 다 양자컴퓨터 CPU를 제어하는 장치들이야. 말하자면 컴퓨터의 회로기판인 셈이지. CPU는 이 크라이오스탯 안에 들어 있어."

강 박사는 이 수석을 위해서 크라이오스탯의 뚜껑을 열어 안을 보여주었다. 긴 드럼통같이 생긴 원기둥이 크라이오스탯의 뚜껑이었는데, 위로 열리는 것이 아니라 아래로 벗기게 되어 있었다. 벗겨진 통 안에서 아름다운 샹들리에처럼 생긴 구조물이 나타났다. 자세히 보니 유리나 전구 같은 것은 전혀 없고, 수천 개의 금색 전선이 잘 정렬된 채 몇 개의 둥근 금속 원판 사이로 아름답게 연결되어 있었다. 강 박사가 샹들리에의 맨 아래 부분에 해당하는 곳을 가리키며 말했다.

"제일 아래 부분이 CPU가 위치할 곳이야. 우리는 초전도소자로 양자컴퓨터 CPU를 만들 거라서 액체 헬륨을 쓰는 거야."

초전도소자라면 이 수석도 학교 다닐 때 배운 기억이 있어서 뭔지 알고 있었다. 물질은 저온에서 전기저항이 전혀 없는 상태로 변할 수 있는데, 그 상태를 초전도라고 부른다. 강 박사의 말은 초전도 물질로 어떤 부품을 만들고 그것을 비트로 사용한다는 뜻 같았다. 강 박사가 설명을 이어갔다.

“512비트 정도는 되어야 보안성이 높은 계좌나 북핵 코드를 뚫을 수 있는데, 양자컴퓨터에서는 오류를 보정하려면 비트당 소자를 고전컴퓨터보다 5배 많이 만들어야 해. 2020년대에 구글에서 만들었다는 70비트 양자컴퓨터는 사실상 14비트짜리인 셈이지. 그래서 우리는 소자가 2560개 필요한데, 생산 불량을 감안해 총 2700개 소자를 연결해서 CPU를 만들 생각이야. 그리고 백업용으로 한 대를 더 만들 건데, 그러면 비트를 만드는 데 필요한 초전도소자만 5400개지. 이 소자 하나하나에 회로를 연결하고, 마이크로파를 쏘아주는 장치를 붙여야 해. 소자 하나당 나사를 한 번씩 조인다고 해도 총 5400번을 반복해야 하고, 납땜도 5400번을 반복해야 해. 완전 노가다지만 어쩔 수 없잖아?” 강 박사는 실험실의 세 사람이 하루에 15시간 이상, 일주일에 7일을 일하고 있는 이유를 설명하는 중이었다.

강 박사는 노안이 와서 섬세한 회로 납땜 같은 작업은 하지 못했고 해커 인턴은 하드웨어 작업을 배워가며 해야 하는 형편이라, 실제적인 노가다는 거의 최 연구원 차지였다. 최 연구원은 그렇게 바삐 일하는 와중에도 하루에 한 시간은 꼭 시간을 내서 운동을 했다. 보통 체격인데도 벤치프레스를 100kg이나 든다고 했다.

“저도 처음부터 이렇게 들었던 것은 아니에요. 박사학위를 준비할 때 전공이 저온물리였는데요, 일반적으로 물리학 박사과정 기간이 5~6년 정도인 데 비해 저온물리 분야는 평균 8년이 걸리거든요? 이걸 알면 시작을 못 하거나, 각오를 단단히 하고 덤벼들어야 하는 거죠. 먼 미래를 당겨보려고 초조해하면 지쳐서 못 해요. 그래서 저는 매주 월요일 아침이면 한 주 동안 할 일만을 계획하고 실천했어요. 어떤 물품을 주문할지, 장치의 어떤 부분을 조립할지, 어떤 테스트를 할지, 온도를 내리는 동안 어떤 논문을 읽을지 등등……. 그렇게 살려면 건강해야 해요. 육체가 건강해야 정신력도 강해지잖아요? 그래서 그때부터 꾸준히 헬스를 했죠."

이러기를 7개월, 실험실의 양자컴퓨터 하드웨어가 완성되었다. 당시 실험실은 폭탄을 맞은 것처럼 어수선했다. 바닥에는 전선과 냉각선들로 발 디딜 틈이 없었고, 공중에도 전선들이 여기저기 지나다니고 있어 처음 온 사람은 아슬아슬해서 실험실로 들어갈 수조차 없었다. 강 박사 말로는 실험실이 정리되어 있지 않으면 위험한 데다가 버그를 잡기가 어려워 장기적으로는 실험 효율이 떨어진다고 했다. 그러나 지금은 정상적인 방법으로 장치를 조립하기에는 시간이 너무 부족해서 어쩔 수 없다고 했다. 실험실의 세 사람은 잠도 안 자는지 늘 떡진 머리에 퀭하게 충혈된 눈으로 다니곤 했다.

이제부터는 양자컴퓨터와 고전컴퓨터를 연결해야 했다. 고전컴퓨터에서 자판과 모니터가 휴먼 인터페이스가 되는 것처럼, 양자컴퓨터에서는 사람과의 정보 교류를 위한 장치로 고전컴퓨터가 사용되었다. 머리는 양자컴퓨터가 다 쓰는 것이므로, 휴먼 인터페이스를 위한 고전컴퓨터는 PC면 충분하다고 했다. 강 박사와 최 연구원이 두 세계의 컴퓨터를 연결하는 동안 천재 해커는 폐쇄된 북한 국방 시스템에 접속하기 위한 우회로를 여러 개 뚫어놓았다. 접속에 성공하자 수집한 데이터를 양자컴퓨터에 넘겨주었고, 양자컴퓨터가 암호 해독 알고리즘을 돌리기 시작한 것이 사흘 전이었다.

2037년 9월 7일 새벽 4시, 이 수석은 양자암호통신 1번 선으로 대통령에게 전화를 걸었다. 이 전화가 사용되는 일은 1년에 몇 번 되지 않았다. 전화기를 드는 소리가 들리자, 흥분한 이 수석은 상대방의 목소리를 확인하기도 전에 소리쳤다.

"이 수석입니다. 드디어 폴라리스가 우리 손에 들어왔습니다!"

지난 사흘간은 이 수석도 집에 가지 않고 연구팀과 함께 밤을 새우며 결과를 초조하게 기다리고 있었는데, 드디어 오늘 새벽 북한의 핵탄두 탑재 대륙간 탄도미사일 북극성 7호의 발사 코드를 양자컴퓨터로 해킹하여 우리 손에 거머쥔 것이었다.

대통령과 이 수석의 머릿속이 눈부시게 돌아가기 시작했다. 강 박사의 말에 따르면 발사 코드를 사용해 미사일 발사를 마음대로 조작할 수 있다고 했다. 북한의 발사를 저지할 수도 있고, 북한의 의사와 무관하게 우리가 원하는 목표, 원하는 시각에 발사할 수도 있었다. 북한의 핵미사일만 조작할 수 있는 것도 아니었다. 우방이나 적국을 막론하고 어느 나라의 것이든 시도해볼 수 있었다. 더군다나 핵무기뿐만 아니라 컴퓨터로 조작하는 모든 재래 무기를 우리 마음대로 통제할 수 있었다. 강대국이 무인기를 보내 컴퓨터 게임하듯이 치르는 전쟁을 우리는 전 세계를 대상으로 할 수 있었다. 전 세계 은행의 계좌를 들여다보고 자금을 이동시키는 것도 가능했다. 어느 한 나라의 은행 계좌나 증권 시장이 해킹되면 당장 그 나라 전체가 큰 혼란에 빠지게 될 것이다. 다른 나라들도 이런 능력을 갖게 되어 해킹이 난무하고 있다는 사실이 명백해지면 암호체계는 전부 변화하게 될 것이다.

적어도 그때까지는 전 세계의 돈과 무기가 우리 손아귀에 있었다. 비록 잠시가 될지언정 역사상 처음으로 우리 민족이 지구에서 가장 강한 힘을 가지게 된 것이었다. 이제 우리는 어떻게 할 것인가?

이 책의 원고는 1년간 연구 연가를 갔던 2020년에 썼다. 영국에 도착하자마자 전 세계에 코로나가 들불같이 번지기 시작했고, 그해에 영국은 유럽에서도 가장 지독한 홍역을 치른 국가 중 하나였다. 연가로 갔던 대학에서 연구실을 얻고, 동료들과 세미나를 들으며 안면을 익히고, 같이 공동연구 주제를 찾기 시작하자마자 학교가 폐쇄되어 출입은커녕 모든 사람이 집에 격리되어 있어야 했다. 갑자기 기약도 없이 격리가 시작되자 어떻게 시간을 유용하게 보낼까 고민을 하다가 책을 쓸 생각을 하게 되었다.

사실 처음에는 우리나라 물리학도들이 양자컴퓨터를 제대로 이해할 수 있는 안내서를 한 권 쓰자는 속셈으로 책을 집필하기 시작했다. 물리학과 학생들도 양자물리를 처음 배울 때 당황하기는 일반인과 마찬가지여서 어딘가에서 도움을 받고 싶어 하는데, 딱히 추천할 책이 없었다. 우리나라 양자컴퓨터 연구의 1세대로서 제대로 된 한국어 입문서가 없는 현실에 대해 후학들에게 늘 책임감을 느끼기도 했다. 20여 년 전 양자컴퓨터 연구의 현역으로 한창 바쁘게 일하던 어느 날, 갑자기 한 출판사에서 연락이 왔다. 그때 내 방에는 양자컴퓨터를 알고 싶은 학생들이 많이 찾아왔는데, 매번 같은 이야기를 반복해서 해야 했다. 같은 말을 반복하기에는 입이 아프니, 이번 기회에 아예 책을 써서 학생들이 찾아올 때마다 한 권씩 주고 가서 읽어보라고 하자, 라는 속셈으로 시간을 내서 얇은 책을 썼었다.

몇 년이 지나고 나니 양자컴퓨터를 연구하는 후배들이 생겨났는데, 이 분야의 연구를 처음 시작할 때 내 책을 여러 번 반복해서 읽었다고 했다. 참고 서적이 얼마나 없었으면 연구를 시작하려는 사람이 문고판 책을 읽었을까. 그 책을 이번에 다시 읽어보니 설명이 너무나 간략해서 물리학 박사도 여러 번 다시 읽었어야 했다는 말을 이해할 수 있었다. 그래서 이번 격리 기간에 제대로 된 해설서를 한 권 써보자고 덤벼들었던 것이다.

쓰다 보니 기왕 설명을 자세히 할 거라면 정말 누구라도 읽을 수 있도록 충분히 쉬운 과학 교양도서를 써보자는 생각이 들었다. 내 아내는 젊은 시절 시를 썼다고 했다. 만약 아내가 이해할 수 있도록 쓴다면, 책 제목을 '시인을 위한 양자컴퓨터'라고 붙여도 무방할 만큼 쉽고도 명쾌한 책이 되리라 생각했다. 그렇게 해서 오전에 집필한 원고를 오후에 아내가 읽고 평을 해주는 일상이 시작되었다. 아내는 오전에 주로 영어를 공부했는데, 오전에는 기분이 좋다가 오후가 돼서 내 원고를 읽기 시작하면 분노 게이지가 치솟는다고 했다. 이게 사람이 읽으라고 쓴 글이냐는 것이었다. 그러면 나는 살살 달래고 비위를 맞춰가며 어떤 문장이 그렇게 아내를 화나게 했는지 이유를 알아내서 설명을 더하곤 했다. 그렇게 집필한 원고를 출판사로 보냈고, 의견이 어떠한지 기탄없이 말해달라며 검토 결과를 문의했다. 그러자 출판사에서 답장이 왔다. 당연히 출판을 할 것이고, 그렇게 알고 계실 거라 생각해서 출판계약서를 준비하던 참이었다고.

이 책의 출판이 의미 있는 작업이라며 선뜻 나서주신 해나무의 허영수 편집국장님 덕분에 책이 나올 수 있었다. 우리 물리학 동지 조장현 씨의 꼼꼼한 편집 덕택에 이 책은 이제 읽을 만하게 되었다. 외부 활동을 활발히 하면서도 엉터리 학자가 되지 않기 위해 연구도 열심히 병행하고 있는 정재승 교수와 김상욱 교수는 바쁜 일정에도 불구하고 흔쾌히 추천사를 써주었다. 한국 물리학자들 중에서는 가장 먼저 양자정보과학에 관심을 가졌고 그래서 재미있는 이야기보따리를 많이 풀어놓으실 수 있는 김재완 교수님은 추천사를 써주실 것이 아니라 직접 책을 쓰셔야 하는데.

이 책의 출판에 가장 먼저 감사를 드려야 할 분들은 내가 양자컴퓨터를 연구할 수 있도록 격려를 보내주신 분들일 것이다. 양자정보과학 초창기에 척박한 국내 연구 환경에서 서로 힘이 되어주며 같이 연구를 했던 동료 연구자들과 우리 실험실에서 함께 연구했던 제자들이 없었다면, 나는 결코 이 책을 쓰지 못했을 것이다. 물론 마지막으로 가장 큰 감사를 표해야 할 사람은 젊은 시절 잠시 시를 썼던 죄로 분노를 삭이며 원고를 처음부터 끝까지 두 번씩이나 읽어야 했던 아내이다. 이 책의 탄생을 누구보다도 기대하고 있다.

부록

1. EPR 논문 해설

EPR 논문의 핵심은 실재성에 있는데, 이렇게 정의된다. "If, without in any way disturbing a system, we can predict with certainty the value of a physical quantity, then there exists an element of physical reality corresponding to this physical quantity." 영어로 되어 있어 무슨 말인지 도통 알 수가 없으니 일단 번역을 해보자. "만일 계를 교란하지 않고도 물리량의 값을 명확히 예측할 수 있다면, 그 물리량에 해당하는 물리적 실재의 요소가 존재한다." 번역을 해봐도 무슨 말인지 와닿지 않는 것으로 봐서는 영어가 어렵기 때문은 아니고 원래 무슨 말인지 알아먹기 힘들게 쓰인 것 같다.

우선 이 문장에서 중심 단어가 되는 명사를 골라내보면 '교란' '물리량' '물리적 실재'가 있다. 여기서 물리량은 위치, 운동량, 에너지 같은 물체의 속성을 말하는 것으로, 우리에게 이미 익숙한 개념이라 더 해설할 필요가 없다. 이제 남은 단어는 교란과 물리적 실재인데, 이 두 개념은 양자물리의 기본 철학에 깊이 관여되어 있다. 실재, 실재성, 실존, 현존 등으로 번역할 수 있는 reality는 철학적으로 여러 가지 의미를 부여할 수 있겠지만, 여기서는 어떤 물리량의 값을 확실히 예측할 수 있다면 그 물리량에 실재성이 있다고 간접적으로 정의하고 있다. 말이 좀 복잡한데, 이 정의에 따르면 입자가 하나인 경우는 간단히 말해서 상태가 중첩되어 있지 않을 때 물리량에 실재성이 있다. 중첩되어 있으면 측정 결과를 확실히 예측할 수 없기 때문이다. 돌멩이가 여기에 있는 상태와 저기에 있는 상태가 중첩되어 있으면, 측정하기 전에는 어디서 나타날지 알 수가 없으니 위치에 실재성이 없다. 수소 원자의 에너지 바닥 상태와 들뜬 상태가 중첩되어 있으면 에너지에 실재성이 없다. 반대로 상태가 중첩되어 있지 않으면 값을 명확히 예측할 수 있으니 물리량에 실재성이 있다. 돌멩이가 왼쪽 상태에 있다면 측정했을 때 나올 위치를 명확히 예측할 수 있으므로 돌멩이의 위치는 실재성이 있다. 마찬가지로 수소 원자가 에너지 바닥 상태에 있다면 에너지는 실재성이 있다.

물리학에서는 관측되지 않는 것은 존재하지 않는다고 규정한다. 존재하는 것은 관측되어야 한다. 예를 들어 우리에게 관측되는 모든 물체는 빛보다 느리게 움직인다. 빛보다 빠른 물체는 관측되지 않으므로 존재하지 않는다. 그러므로 우리는 모든 물체가 빛보다 빠르게 움직일 수 없다고 말한다. 우리는 중첩된 상태를 관측한 적도 없다. 돌멩이가 중첩되어 있는 것을 보는 일도 없고, 수소 원자의 두 에너지 상태가 중첩된 것을 보는 일도 없다. 살아 있는 상태와 죽어 있는 상태가 중첩되어 있다면, 그것은 강시인가 좀비인가? 그것이 무엇이든 우리에게는 보이지 않는다. 우리에게 관측되지 않으므로 중첩상태는 실제로 존재, 즉 실재하지 않는다. 실재하지 않는 것이라면 그 속성도 실재성이 없을 것이다. 이런 맥락에서, EPR 논문이 확실한 예측 가능성을 실재성의 조건으로 내건 것은 일리가 있다. '물리량을 확실히 예측할 수 있는 상태'는 '중첩되지 않은 상태'이며 '우리 눈에 보이는 실재하는 상태'이다. 반대로 '물리량을 확실히 예측할 수 없는 상태'는 '중첩된 상태'이며 '우리 눈에 보이지 않아 실재하지 않는 상태'이다.

하나의 사인파로 이루어진 물질파의 파장은 명확하므로 파장의 측정 결과를 명확히 예측할 수 있다. 따라서 위의 실재성 정의에 따라서 사인파의 경우 파장 혹은 그것의 역수인 운동량은 물리적 실재이다. 그러나 파동꾸러미는 여러 사인파가 중첩된 것이므로 파장의 측정 결과를 명확히 예측할 수가 없다. 그러므로 파동꾸러미형 물질파의 경우 파장 혹은 운동량은 물리적 실재가 아니다. 그런데 이때 측정 결과를 예측할 수는 없지만 직접 측정해서 결과를 알아볼 수는 있다. 측정을 하면 운동량의 값을 확실히 알게 된다. 그러나 중첩된 상태의 파장을 측정하면 측정값을 얻는 순간 하나의 사인파만 남고 나머지는 다 사라지는 붕괴가 일어난다. 즉, 대상이 교란된다. 그러므로 실재성의 정의에 어긋나서 파동꾸러미형 물질파의 운동량은 물리적 실재가 아닌 것이다. 교란이라는 단어가 실재성의 정의에 들어가 있는 것은 이 때문이다.

실재성의 정의를 양자물리에 적용하면 이렇게 위치, 에너지, 운동량 같은 기본적인 물리량들이 물체의 상태에 따라 실재성이 있다 없다 한다. 그런데 불확정성 원리 때문에 물리량들의 실재성은 서로 관계가 있다. 불확정성 원리에 따르면, 어떤 경우이든 위치와 운동량을 동시에 정확히 알 수는 없다. 여러 상태가 중첩되어 있기 때문이다. 즉, 물체는 위치가 다른 상태들이 중첩되어 있거나 운동량이 다른 상태들이 중첩되어 있다. 적어도 둘 중 하나는 중첩된 상태에 있는 것이다. 위치와 운동량 둘 중 하나가 중첩되지 않은 경우에는 위치는 명확히 알 수 있지만 운동량이 무한대로 불확실하거나, 혹은 반대로 운동량은 명확히 알지만 위치가 무한대로 불확실하다. 그러므로 양자물리의 규칙에 따르면 위치와 운동량은 동시에 물리적 실재성을 지닐 수가 없다. 운동량은 질량에 속도를 곱한 값이므로 속도에 비례하는 양이며, 따라서 위치와 운동량은 물체의 운동 상태를 완전히 결정하는 요소들이다. 위치와 운동량에 실재성이 없다면 도대체 물리학에서 무슨 이야기를 할 수 있을까? 실재라는 것이 그렇게 상태에 따라 왔다 갔다 해도 되는 것일까?

EPR 논문에서 '양자물리는 위치나 운동량이 동시에 물리적 실재성을 가지지 못한다고 주장하므로 불완전하다'라고 결론을 냈으면 명쾌하고 좋았겠지만, 안타깝게도 논리는 좀 더 복잡하게 전개된다. 뒤에서 좀 더 자세히 설명하겠지만, 양자론자들이 위치나 운동량이 동시에 물리적 실재성을 갖지 않는 것이 맞고, 이는 자연이 원래 그래서 그런 것이지 양자물리가 불완전해서 그런 게 아니라고 주장했기 때문일 것이다. 그래서 실재성만 가지고는 양자물리의 불완전성을 주장하기 힘들다고 생각한 EPR 논문 저자들은 양자물리의 자체 모순을 보여주어야겠다고 생각하게 된다. 바로 이런 맥락에서 'EPR 패러독스'라는 말이 쓰인 것이며, 이때 얽힘이 등장한다. 얽힘이 여기서 어떤 악역을 담당하는지 알아보자.

모든 기본 입자들, 예컨대 양성자나 전자 같은 입자들에는 그것들에 대응하는 반입자가 존재한다. 반입자란 원래의 입자와 겉보기에는 똑같고 성질만 반대인 입자로, 두 입자가 만나면 빛을 내면서 사라진다. 혹은 반대로 공간에 에너지를 공급하여 원래 우주에 없었던 입자와 반입자 한 쌍을 창조해낼 수도 있다. 창조되기 전 공간에는 운동량이 없었으므로, 창조된 후에도 운동량 보존 법칙에 따라서 두 입자의 운동량의 합은 0이어야 한다. 즉, 질량이 같은 전자와 양전자는 태어난 후 속도의 합이 0이어야 하며, 따라서 전자와 양전자가 생성되면 다음 그림처럼 같은 속력으로 서로 반대 방향으로 날아간다. 두 입자의 속력은 빠를 수도 있고 느릴 수도 있다. 공간에 어느 정도의 에너지가 공급되느냐에 따라 어떤 값도 가질 수

전자와 양전자의 생성. 왼쪽이 전자, 오른쪽이 양전자이다.

있다. 이렇게 여러 결과가 나올 수 있는 상황이 바로 중첩된 상태이다. 두 입자 모두 각각 운동량이 다른 여러 상태가 중첩된 채로 태어나는 것이다. 그러나 두 입자의 속도의 합이 0이라는 조건 때문에 두 입자의 상태는 서로 독립적이지 않다. 전자의 속력이 v라면 양전자의 속력은 임의적이지 않고 반드시 $-v$이다. 생성된 뒤에 시간이 얼마쯤 지나 전자가 위치 x에 있다면, 같은 시간 동안 같은 속력으로 반대로 날아간 양전자의 위치는 임의적이지 않고 반드시 $-x$이어야만 한다. 즉, 생성된 전자와 양전자는 사교춤을 추는 남녀 로봇처럼 얽힌 관계이다. 남녀 로봇의 경우에는 왼발을 앞에 두는 자세와 오른발을 앞에 두는 자세가 중첩된 얽힘이었고, 전자와 양성자의 경우에는 다양한 값의 속도를 가질 수 있으므로 얽힘을 만드는 중첩된 상태가 무한대로 많다는 점만 다를 뿐이다.

두 입자가 얽혀 있으므로 전자의 운동량을 측정하면 양전자의 운동량을 즉시 알게 된다. 또 전자의 위치를 측정하면 양전자의 위치도 즉시 알게 된다. 여기서 전자의 상태는 중첩되어 있었으므로 위치든 운동량이든 측정하면 한 가지 고유상태만 남고 모든 상태가 사라진다. 측정 행위가 전자의 상태에 교란을 일으킨 것이다. 그렇다면 양전자는 어떤가? 양전자의 상태도 중첩이 되어 있다가 전자를 측정하는 순간 한 가지 상태만 남게 된다. 그런데 양전자는 우리가 직접 측정하지 않았으므로 양전자에 어떤 교란을 주었다고 할 수 없다는 것이 바로 EPR 논문의 주장 중 하나이다. 상대성이론에 따르면 어떤 작용도 빛보다 빠르게 전달될 수 없으므로 전자의 측정이라는 행위는 양전자의 상태를 교란할 수 없다는 것이 그 근거였다. 이 주장에 동의할 만한가? 어쨌든 EPR 논문의 주장에 따르면 양전자의 위치나 운동량은 둘 다 명확히 알 수가 있으며 더구나 교란하지 않고도 알 수 있어 실재성의 정의에 맞으므로 '위치와 운동량 둘 다 물리적 실재'이다. 교란이 없으므로 어느 물리량을 먼저 재든 상관이 없으며 동시에 재더라도 마찬가지이다. 이것은 한 입자의 경우 불확정성 원리에 의해 유도되는 결론, '위치와 운동량은 동시에 물리적 실재일 수 없다'에 모순된다. 경우에 따라 모순된 결론을 이끌어내므로 양자물리는 불완전한 이론이라는 것이 EPR 논문의 최종 주장이다.

왜 이런 결론으로 이어졌는지 논리를 추적해볼 수 있는가? 상당히 복잡 미묘해서 간단하지는 않다. 한 입자와 얽힌 두 입자를 대상으로 한 결론의 차이는 바로 교란에 있다. 앞에서 하나의 입자를 대상으로 설명할 때에는 실재성에 관한 한 물리량을 명확히 예측할 수 있는 경우와 중첩이 되어 있지 않은 경우를 동일시했다. 입자의 상태가 중첩되어 있는 경우, 측정하기 전에는 물리량을 명확히 예측할 수 없으며, 명확히 알기 위해 측정하면 반드시 교란을 가해야 하기 때문에 실재성의 정의에 어긋나게 된다. 이로부터 위치와 운동량이 동시에 실재성을 가질 수 없다는 결론이 나왔다. 얽힌 두 입자 또한 측정 전에는 물리량을 명확히 예측할 수 없기는 마찬가지이다. 그런데 이 경우에는 얽힌 두 입자 중 하나를 측정하면 나머지 입자의 상태를 명확히 알 수 있으면서도 그 입자를 교란하지 않기 때문에 실재성의 정의에 맞게 된다. 그리고 이로부터 위치와 운동량이 동시에 실재성을 가질 수 있다는 결론이 나온 것이다.

EPR 논문에서 논란이 되는 포인트는 크게 두 개다. 하나는 위치나 운동량 같은 기본적인 물리량에 실재성이 없을 수도 있는가 하는 문제이다. EPR 논문이 지적하는 모순과 별도로 불확정성 원리는 두 물리량이 동시에 실재성을 가지지 못한다고 하지 않는가? 실재성을 이상하게 정의해서 그런 것이 아닐까? 중첩된 상태는 관측되지 않으며 관측되지 않는 것은 실재하지 않는다는 물리학의 기본 입장에서 본다면, 실재성의 정의는 크게 잘못되진 않은 것 같다. 그렇다면 양자물리가 내포한 모순의 문제를 떠나서 두 물리량에 늘 실재성이 있는 것이 아니라고 주장하는 양자물리는 불완전한 것이 아니겠는가. 놀랍게도, 이런 지적에 양자론자들은 맞다고, 기본적인 물리량들이 실재성을 지니지 못하는 것이 맞다고 동의하고 나섰다. 그러더니 꺼내놓는 이야기가, 물리량들이 언제나 실재성을 지니지 못하는 것은 아니고, 측정되기 전 중첩된 상태에서는 실재성이 없다가 측정되어 중첩이 사라지면서 실재성이 생긴다는 것이었다. 측정하기 전에는 원래 실재성이 없으므로, 물리량에 실재성이 없다고 주장한다고 해서 양자물리가 불완전하지는 않다는 것이다. 더구나 양자론은 현상을 설명하기 위한 계산 도구일 뿐이라고까지 이야기했다.

측정 전이야 어찌 됐든 우리가 관측하는 세상에서는 여전히 위치와 운동량이 실재성을 가진다고 하니 물리학자들이 단체로 반발

할 일은 없어졌다. 그러나 측정하기 전에는 실재성이 없다가 측정한 후에 실재성이 생긴다니 너무 말장난 같지 않은가. 실재성은 측정이란 행위에 의해서 생겼다 없어졌다 할 수 있는 속성이라는 주장을 받아들이기 힘들어했던 일부 물리학자들은 숨어 있는 변수를 생각하기 시작했다. 이 변수가 상태를 완전히 결정짓고 있어서 측정 전에도 물리량을 확실히 예측할 수 있으며, 따라서 물리량에 실재성이 있다는 것이다. 다만 변수가 숨어 있어서 우리가 모르고 있을 뿐이며, 양자물리는 이 변수를 포함하지 못하므로 역시 불완전하다는 것이 숨은 변수 이론 지지자들의 입장이다. 이렇게 해서 실재성 논란은 숨은 변수 논란으로 옮겨가기 시작했다.

또 다른 논란거리는 양자물리의 모순을 발생시킨 교란에 대한 것이다. 똑같이 측정을 했는데 한 입자의 경우에는 교란이 있고 얽힘을 이용해 측정하는 경우에는 교란이 없다고 하니 모순되는 결론이 나온 것이다. 얽힘을 이용해 측정할 때에도 교란이 있다고 하면 두 물리량이 실재성을 가지지 못하게 되므로 모순되지 않는다. 그래서 논란은 순간적으로 영향을 주는 것이 가능하냐 아니냐의 문제, 즉 국소성 문제로 넘어가게 되었다.

2. 양자연산의 물리적 구현

양자연산에서 쓰이는 회전연산과 CNOT 연산을 물리적으로 어떻게 구현하는지는 고전컴퓨터의 게이트를 트랜지스터로 어떻게 만드는지에 대응하는 부분이다. 트랜지스터로 게이트를 만드는 방법을 이해하려면 전자공학의 기본 지식이 필요한 것처럼, 스핀 큐빗에 어떻게 물리적으로 연산을 가하는지 이해하려면 물리 지식이 좀 필요하다. 하지만 주의 깊게만 읽는다면 물리학을 전공하지 않은 사람도 이해할 수 있도록 필요한 지식은 모두 설명해놓았다.

자석

지구는 태양의 중력 때문에 태양계를 벗어나지 못하고 태양 주위를 맴돈다. 중력은 빛의 속도로 전파되므로 갑자기 태양이 생겨나면 근처의 혹성들은 시간이 어느 정도 흐른 뒤에야 태양의 중력을 느끼기 시작한다. 반대로 태양이 사라지면 지구가 태양의 중력이 사라졌다는 사실을 깨닫고 그 전에 돌던 궤도를 이탈하기 시작하는 데 8분이 걸린다. 지구는 왜 태양이 없는데도 8분 동안 여전히 중력을 느끼고 있는 것일까? 중력이 빛의 속도로 전파된다는 것은 무슨 의미일까?

태양이 생겨나면 그 영향이 빛의 속도로 우주에 퍼지고, 반대로 없어지면 영향이 빛의 속도로 우주에서 소멸한다. 그렇다는 것은 마치 전구에서 빛이 퍼지듯이 태양도 우주에 중력을 전파하는 뭔가를 펴내고 있다는 뜻이다. 그것을 물리학에서는 중력장이라고 부른다. 지구와 태양이 서로 중력을 느끼고 있는 현상을, 태양이 중력장을 만들어 펼쳐놓고 질량이 있는 지구가 그 중력장 안에서 힘을 느낀다, 라고 다르게 표현할 수 있다. 태양이 없어져도 태양이 펼쳐놓은 중력장은 빛의 속도로 소멸하므로 먼 곳에 있는 중력장은 사라지는 데 시간이 걸린다. 우리가 실제로 느끼고 측정할 수 있는 것은 중력장이 아니고 중력이기 때문에, 중력이 실체이며 중력장은 같은 상황을 다르게 표현하기 위한 보조 개념이라는 생각이 든다. 하지만 사실 물리학자들은 장이 힘보다 더 기본적인 자연의 속성이라고 생각한다.

힘이 작용한다는 것은 그 힘에 대응하는 장이 펼쳐져 있다는 뜻이다. 두 물체 사이에 중력이 작용한다는 것은 질량을 가진 한 물체가 중력장을 공간에 펼치고, 질량을 가진 다른 물체가 그 공간에서 힘을 받아 결과적으로 두 물체 사이에 힘이 작용한다는 뜻이다. 마찬가지로 두 물체 사이에 전기력이 작용한다는 것은 전하를 가진 한 물체가 만드는 전기장이 공간에 펼쳐지고, 전하를 가진 다른 물체가 그 공간에서 힘을 받아 결과적으로 두 물체 사이에 힘이 작용한다는 뜻이다. 두 개의 자석 사이에 자기력이 작용할 때도 비슷하다. 한 자석이 자기장을 공간에 펼쳐놓으면 다른 자석이 그 자기장 속에서 힘을 받는다.

자기장은 자석이 만들기도 하지만 전류가 흘러도 생긴다. 도선에 전류가 흐르면 근처의 자석이 힘을 받아 움직이는 현상을 볼 수 있는데, 이것이 전류가 자기장을 만든다는 증거이다. 이렇게 전류와 자석 사이의 힘을 이용해서 만드는 것이 전기모터나 발전기, 스피

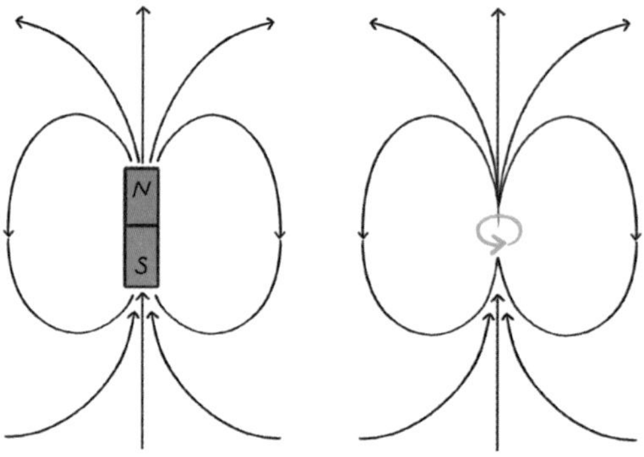

(가) 자석이 만드는 자기장. (나) 고리 전류(초록색)가 만드는 자기장. 자기장을 만든다는 점에서 자석과 고리 전류는 동일하다.

커, 마이크 등이다. 자기장을 만든다는 점에서는 자석과 전류가 동일하므로 근본이 같지 않을까 생각할 수 있는데, 실제로 그렇다. 자석을 잘게 쪼개다 보면 결국 전자스핀을 가진 원자들로 분해된다. 전류란 전하를 가진 물체가 움직이면서 만들어내는 전하의 흐름이다. 전자는 전하를 가지고 있으므로 스핀, 즉 회전을 하고 있으면 고리 모양의 전류가 흐르는 것과 같다. 고리 모양 전류가 만들어내는 자기장과 자석이 만들어내는 자기장의 모습은 실제로 같다. 고리 모양 전류로 이루어진 조그만 자석들이 모여 우리가 보는 거시적인 자석을 이루는 것이다.

전자스핀

전자는 스핀을 지니고 있으며, 자석처럼 자기장을 만든다. 전자의 회전과 관련된 성질이 일으키는 물리 현상도 있고, 자석의 성질과 관계된 물리 현상도 있다. 때로는 이 두 가지 성질이 모두 관여하는 경우도 있는데, 이런 현상을 따져볼 때는 전자스핀이 나올 때마다 막대자석이 긴 축을 중심으로 회전하고 있는 모습을 상상하면 되겠다. 전자가 자기장 속에 있을 때가 바로 그런 복잡한 경우인데, 자석이 자기장 속에서 회전하면 매우 흥미로운 현상이 발생한다. 회전하는 물체가 나타내는 현상이므로 우선 여기에는 각운동량이 깊숙이 관계되어 있다.

자전거를 탈 때 빠르게 달리면 중심을 잡기가 쉽지만, 걸어가는 친구와 보조를 맞추어 천천히 가려면 중심을 잡기가 어렵다. 생각해보면 자전거를 타고 가만히 서 있는 것은 원래 어려운 일이므로 천천히 가면서 중심을 잡는 것 또한 당연히 어려울 텐데, 빨리 가면서 중심을 잡기가 쉬운 것은 신기하게 느껴진다. 이것은 회전하는 물체가 회전을 계속하려 하는 경향, 유식하게 표현하면 각운동량을 보존하려는 자연계의 성질 때문이다. 즉, 회전 방향과 회전 속력은 특별히 힘을 가하지 않는 한 변하지 않는다. 회전 속도가 클수록 변화를 주기 위해 가해야 하는 힘도 커진다. 다시 말해, 회전 속도가 클수록 외부 힘에 대한 저항도 커진다. 자전거가 움직일 때는 바퀴가 회전하고 있으므로 자전거 바퀴는 각운동량을 가지고 있다. 달리는 자전거 바퀴의 회전축은 땅과 수평이다. 그러나 달리는 자전거가 넘어지려 하면, 수평이었던 자전거 바퀴의 회전축이 땅을 향하는 방향 쪽으로 바뀌므로 각운동량도 덩달아 변화한다. 자전거가 빠르게 움직이고 있을 때는 바퀴의 각운동량이 커서 변화에 대한 저항이 크므로 중력이 자전거를 땅바닥으로 끌어당겨도 잘 넘어지지 않는다.

팽이가 약간 기울어진 채로 돌 때 회전축이 천천히 옆으로 돌아가는 장면을 본 기억이 있을 것이다. 이것은 팽이를 넘어뜨리려는 중력과 팽이의 회전축을 변화시키지 않으려는 각운동량 보존이 서로 경쟁한 결과로 나타나는 현상이다. 회전축이 변하긴 하되 중력이 원하듯이 아래로 떨어지는 것이 아니라 옆으로 이동하는 것으로

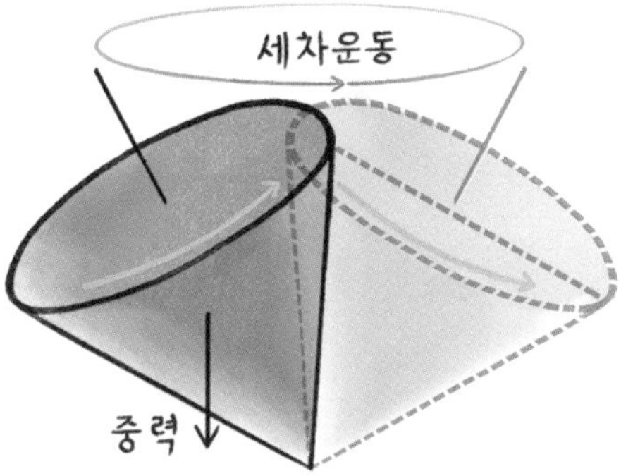

팽이의 세차운동. 중력과 수직한 방향으로 회전축이 돌아간다. 노란색 화살표는 팽이의 회전 방향, 초록색 화살표는 세차운동 방향을 가리킨다.

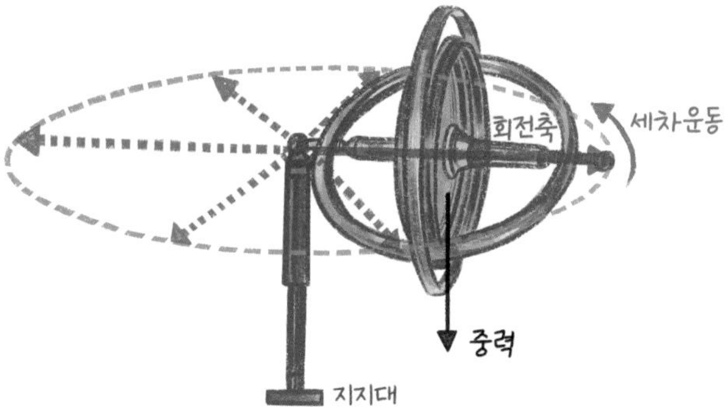

자이로스코프의 세차 운동.

협상을 하게 되는 셈이다. 이렇게 축이 옆으로 돌아가는 현상을 '세차운동'이라고 부른다. 팽이는 회전을 하면서 세차운동까지 하니 꽤 복잡한 운동을 하고 있다.

세차운동의 더 극적인 예는 이른바 자이로스코프, 혹은 우주팽이라 불리는 팽이의 회전축이 오른쪽 그림처럼 완전히 수평으로 놓인 경우이다. 이렇게 놓으면 팽이가 쓰러져 당장 지지대에서 떨어질 것 같지만, 실제로는 팽이가 돌고 있는 동안 팽이의 축이 지지대를 중심으로 수평면에서 빙글빙글 도는 세차운동을 한다.

회전연산의 구현

전자스핀이 자기장 속에 있으면 유사한 일이 벌어진다. 전자스핀은 각운동량과 자석의 성질을 동시에 가지고 있으므로, 긴 축을 중심으로 회전하고 있는 막대자석과 비슷하다고 했다. 회전하는 막대자석을 자기장 속에 넣으면, 자기장이 중력처럼 자석을 자기장 방향과 나란하게 만들려 하는 경향과 돌고 있는 막대자석이 원래의 방향을 유지하려는 경향이 충돌한다.

그림 (가)처럼 막대자석이 $-y$축에 나란한 긴 축을 중심으로 회전하고 있다고 하자. 그리고 자기장을 아래쪽인 $-z$축 방향으로 걸어주었다고 해보자. 나침반이 지구 자기장의 방향을 따라 나란히 정렬하듯이 이 수직 방향 자기장은 자석을 수직으로 정렬시키려 하며, 따라서 자석의 회전축을 아래쪽으로 돌리려 한다. 한편 자석은 자신의 회전 방향을 유지하려 하므로, 이 상황은 자이로스코프가 세차운동을 하는 상황과 완전히 동일하다. 두 경우 모두 회전축은 수평면상에 놓여 있고, 그 축을 아래 방향으로 당기려는 힘이 작용하고 있으며, 이 두 방향에 수직인 방향으로 회전축이 돌아가고 있다. 따라서 현재 $-y$축을 향하고 있는 자석의 회전축은 x축 방향으로 천천히 돌아가는 세차운동을 한다. 자기장이 걸려 있는 한 세차운동은 계속되는데, 그동안 회전축은 평면상에서 x축, y축, $-x$축을 거쳐 다시 $-y$축으로 돌아오게 된다. 자기장의 극성이 바뀌면 자석이 돌아가는 방향이 반대가 되며, 자기장이 셀수록 빨리 돌아가고 약할수록 천천히 돌아간다.

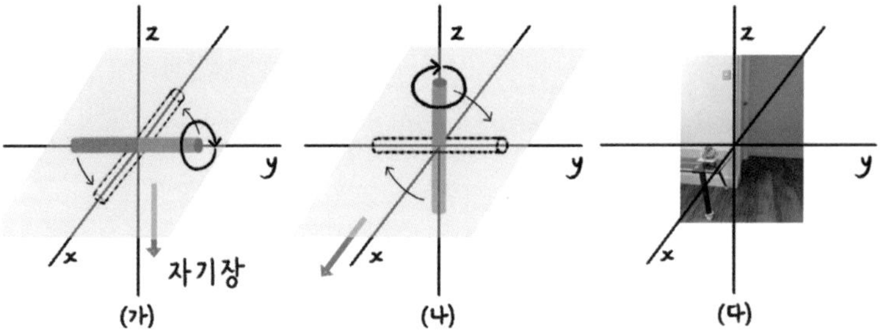

(가) 자기장 속에서 회전하는 자석. 굵은 검은색 고리 모양 화살표는 자석이 회전하는 방향을, 가는 검은색 화살표 한 쌍은 자석이 세차운동을 하는 방향을 나타낸다. 초록색 화살표는 자기장의 방향을 가리킨다. (나) 똑같은 상황을 아래에서 본 그림. (다) 3차원 공간 표시에 익숙하지 않은 독자를 위해 삽입한 우리 집 거실 탁자 사진.

이와 똑같은 상황을, 보기에 편하게 관점을 바꿔서 다시 그려보자. 그림 (가)의 상황을 아래쪽, 즉 $-z$축 방향에서 바라보면 (나)와 같은 모습이 된다. (가)에서 z축을 $-y$축 방향으로 90도, y축을 x축 방향으로 90도 돌리면 (나)를 얻을 수 있다. (나)의 관점에서 보면, $-z$축을 향하고 있는 자석의 회전축은 x축 방향으로 걸린 자기장에 의해 $-y$축 방향으로 천천히 돌아간다. 자기장이 걸려 있는 한 세차운동은 계속되고, 회전축은 $-y$축을 지나 z축과 y축을 거쳐 다시 $-z$축으로 돌아오게 된다.

이제 이 회전하는 자석이 전자스핀을 나타낸다고 생각하자. 전자스핀이 다운일 때, 즉 (나)처럼 회전축이 $-z$축 방향을 향하고 있을 때 자기장을 직각으로 걸어서 세차운동을 시작시키고, 회전축이 z축에 도착할 때 자기장을 껐다고 하자. 그러면 스핀의 상태는 다운에서 업으로 바뀌었으므로, 이 스핀을 큐빗으로 사용한다면 숫자 0인 상태가 1인 상태로 바뀐 것이다. 또 처음 상태가 스핀 업인 상태였다면 나중에 다운으로 바뀌게 되므로, 숫자 1인 상태가 0인 상태로 바뀐 것이다. 이렇게 스핀이 180도 돌아가도록 자기장을 잠시 켰다가 꺼주면, 그것이 바로 스핀 큐빗에 NOT 연산을 가한 셈이 되는 것이다. 자기장을 거는 시간을 조절하면 스핀의 회전축을 어떤 방향이든 향하게 할 수 있으므로, 180도 회전뿐 아니라 어떤 임의의 각으로도 회전시킬 수 있다. 이것이 바로 양자전산에서 회전 연산을 구현하는 방식이다.

CNOT 연산의 구현

CNOT 게이트의 구현에는 입자 간의 상호작용이 필수적이다. 자석이 두 개 있으면 같은 극끼리 밀고 다른 극끼리 당긴다. 이런 것이 상호작용인데, 전자스핀은 회전하는 자석에 대응하기 때문에 조금 더 복잡하다. 회전하는 자석들이 어떻게 서로에게 작용하는지 이해하기 위해 우선 회전연산을 설명했던 345쪽의 (가)를 다시 한번 살펴보자. 여기서 외부 자기장은 아래 방향으로 걸려 있다. 그런데 자석도 자기장을 만들어내니까 외부 자기장을 거는 대신 다음 그림의 (가)처럼 옆에 다른 자석을 하나 두어서 자기장을 걸어주어도 된다. 자기장을 만들어내는 또 다른 자석을 옆에 그려두었다는 점만 제외하면 이 그림의 (가)는 회전연산 그림의 (가)와 똑같다.

그림 (나)는 (가)의 상황을 단순화한 것이다. 자기장의 방향이나 회전 방향을 나타내는 선들을 없애고 자석 대신 화살표로 전자스핀을 표시했다. 이제 상황은 파란 전자스핀이 만들어내는 자기장 때문에 노란 전자스핀의 방향이 돌아가고 있다고 표현할 수 있다. 이것이 전자스핀 두 개가 상호작용을 하는 방식이다. 물론 파란 스핀도 노란 스핀이 만든 자기장의 작용을 받겠지만, 여기서는 파란 스핀은 고정되어 움직이지 못한다고 가정하고 넘어가기로 하자. 실제 실험도 그런 상황을 만들고 진행한다. 만일 파란 스핀의 방향이 뒤집어진다면. 파란 스핀이 노란 스핀의 위치에 만드는 자기장의 방향도 반대가 될 것이므로 노란 스핀이 돌아가는 방향은 (다)처럼

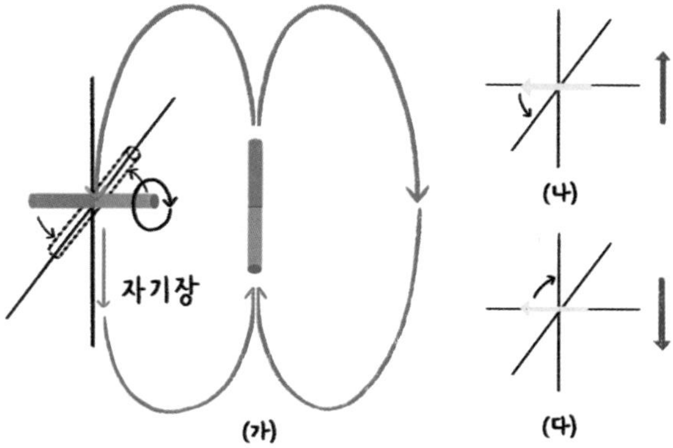

(가) 두 자석 사이의 상호작용. (나), (다) 두 스핀 사이의 상호작용. 노란 화살표와 파란 화살표가 스핀을 나타낸다.

바뀐다.

이제 이 두 스핀의 상호작용으로 어떻게 CNOT 연산을 구현하는지 알아보자. 어렵지는 않지만 좀 복잡하다. 양자컴퓨터 전문가가 아니라면 모르고 지나가도 여생을 사는 데 전혀 지장이 없으며, 책의 나머지를 이해하는 데도 전혀 무리가 없음을 보증할 수 있다.

350쪽 그림에서 노란색, 주황색, 파란색 화살표는 모두 스핀을 의미하고, 초록색 화살표는 외부 자기장을 의미한다. 우선 주황색 스핀은 없다고 생각하고 노란 스핀과 파란 스핀만을 눈여겨보기로 하자. 여기서 파란 스핀은 제어큐빗, 노란 스핀은 표적큐빗의 역할을 한다.

그림 (가)의 초기 상황은 노란 스핀과 파란 스핀이 모두 아래를 향하고 있으므로 표적큐빗과 제어큐빗이 모두 0인 상태이다. 이제 노란 스핀에 x축 방향으로 강한 자기장을 걸어서 노란 스핀이 90도를 돌아 $-y$축에 오면 자기장을 끈다. 강한 자기장을 끈 뒤 (나)처럼 배치된 노란 스핀은 옆에 수직으로 서 있는 파란 스핀이 만드는 수직 방향 자기장 때문에 xy평면상에서 천천히 세차운동을 시작한다. 노란 스핀이 (다)처럼 xy평면상에서 90도를 회전하여 $-x$축에 왔을 때, 강한 외부 자기장을 이번에는 y축 방향으로 다시 건다. 그리고 노란 스핀이 마찬가지로 세차운동을 하며 아래 방향으로 90도를 회전해서 (라)와 같이 $-z$축에 왔을 때 자기장을 끈다. 결국 노란 스핀은 다시 처음 상태로 돌아온 것이다. 즉, 제어큐빗이 0일 때는 이 과정을 거치더라도 처음에 0이었던 표적큐빗이 그대로 0으로 남아 있다. 제어큐빗인 파란 스핀도 물론 처음 상태 그대로 남아 있다.

제어큐빗이 1일 때는 어떻게 되는지 그림 (마)에서부터 설명을 시작해보자. 여기서도 일단 주황색 스핀은 무시하고 노란 스핀만을 눈여겨보기로 하자. 노란 스핀은 아래로, 파란 스핀은 위로 향해 있으므로 표적큐빗은 0, 제어큐빗은 1인 상태이다. 처음에 외부 자기장을 걸어서 노란 스핀을 $-y$축으로 보내는 것까지는 똑같다. 외부 자기장을 끈 (바)의 상황에서 파란 스핀의 작용이 시작되는데, 파란 스핀의 방향은 이번에는 (나)의 상황과 반대로 업이므로 노란 스핀이 있는 위치에 만드는 자기장의 방향도 반대이고, 따라서 노란 스핀은 시계 반대 방향으로 세차운동을 한다. (사)와 같이 노란 스핀이 x축에 오면 외부 자기장을 다시 y축 방향으로 걸어준다. 외부 자

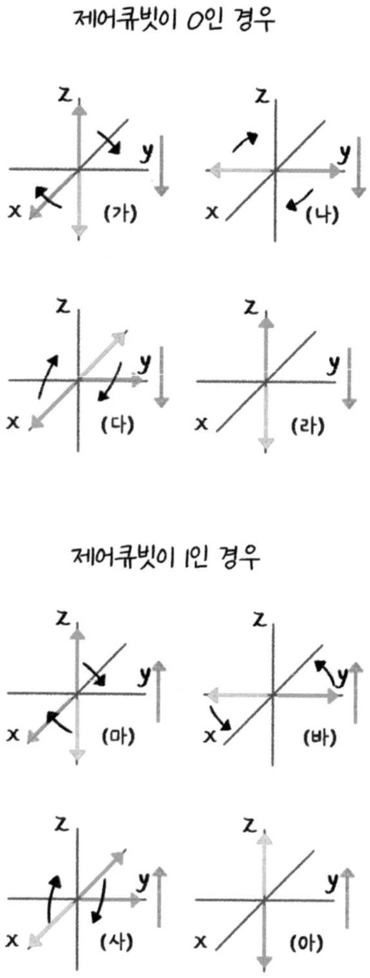

CNOT 연산의 물리적 구현. 파란색 스핀은 제어큐빗, 노란색 스핀과 주황색 스핀은 각각 표적큐빗이 0인 상태와 1인 상태를 나타낸다. 파란색 스핀이 다운(업)일 경우에는 표적 스핀들이 평면상에서 (반)시계방향으로 회전한다. 외부 자기장(초록색)이 걸린 동안에는 표적 스핀의 영향이 없다고 가정했다.

기장의 방향이 (다)와 똑같으므로 노란 스핀은 같은 방향으로 회전하여 이번에는 $-z$축이 아닌 z축을 향한다. 노란 스핀이 z축에 왔을 때 외부 자기장을 꺼주면, 노란 스핀의 최종 상태는 처음과 반대인 1의 상태가 된다. 즉, 제어큐빗이 1이면 표적큐빗은 0에서 1로 바뀌는 것이다.

지금까지는 표적큐빗의 초기 상태가 0이고, 제어큐빗이 0이냐 1이냐에 따라 표적큐빗의 최종 상태가 그대로 0인 경우와 1로 바뀌는 경우를 설명했다. 표적큐빗의 초기 상태가 1일 때는 제어큐빗이 0이냐 1이냐에 따라 표적큐빗의 최종 상태가 그대로 1이거나 0으로 바뀌어야 한다. 표적큐빗이 1로 준비되어 있는 상태가 바로 주황색 스핀이다. 주황색 스핀은 처음에 노란 스핀과 반대 방향으로 정렬되어 있다. 이후 외부 자기장이나 파란 스핀의 영향을 노란 스핀과 똑같이 받으므로, 회전할 때도 늘 노란 스핀과 반대 방향을 유지하고 따라서 최종 상태도 노란 스핀과 반대 방향으로 끝난다. 제어큐빗이 0이고 표적큐빗은 1이었던 (가)의 상태는 제어큐빗이 0이고 표적큐빗은 1인 (라)의 상태로 변화 없이 끝이 나고, 제어큐빗이 1이고 표적큐빗도 1이었던 (마)의 상태는 제어큐빗이 1이고 표적큐빗은 0인 (아)의 상태로 변화한다.

이렇게 해서 두 개의 스핀은 CNOT 연산에서 제어큐빗과 표적큐빗의 역할을 훌륭히 해냈다. 꽤나 복잡한 이 과정을 곰곰이 살펴보면, 우리가 두 스핀계에 해준 조작은 (i) 외부 자기장을 x축 방향으로 걸어서 노란색(혹은 주황색) 스핀이 90도 돌아갈 때까지 기다렸다가 끄기, (ii) 파란색 스핀의 작용으로 노란색(혹은 주황색) 스핀이 90도 돌아갈 때까지 기다리기, (iii) 외부 자기장을 y축 방향으로 걸어서 노란색(혹은 주황색) 스핀이 90도 돌아갈 때까지 기다렸다가 끄기, 이 세 가지뿐임을 알 수 있다. 이 조작은 두 스핀계의 초기 준비 상태와 무관하게 똑같이 해주었다. 다시 말해, 제어큐빗이나 표적큐빗의 상태와 상관없이 똑같이 조작을 가한 결과로 CNOT 연산을 얻었으니, 이 조작은 CNOT 게이트에 해당한다. 혹시 외부 자기장이 걸리는 동안 파란색 스핀이 표적큐빗에 아무 영향도 미치지 않는지 걱정하는 독자가 있었을까? 그런 날카로운 분이 있었다면 조금 미안한데, 사실 말을 안 하고 적당히 넘어간 부분이다. 이 과정에서 외부 자기장은 파란색 스핀이 만드는 자기장보다 훨씬 세기 때문에, 외부 자기장이 걸리는 동안에는 파란색 스핀의 영향을 무시할 수 있다. 이 책에서 가장 복잡한 내용의 설명을 방금 끝냈다.

단일 큐빗 회전연산은 적당한 시간 동안 자기장을 걸어서 구현했다. CNOT 연산은 자기장 걸기, 기다리기, 다시 자기장 걸기, 이 세 가지 조작을 연속해서 구현했다. 스핀을 큐빗으로 쓰는 경우에는 자기장을 걸어주는 조작만으로 연산이 해결되는 것이다. 기다리기 단계에서는 우리가 하는 게 아무것도 없으므로 아무 조작도 하지 않는 것 같지만, 사실 이 기간은 매우 중요하다. 기다리는 기간 동안 파란 스핀이 자기장을 만들어서 노란 스핀에 영향을 주는데, 이는 달리 표현하면 두 개의 스핀이 상호작용을 하고 있는 것이다. 말하자면 스핀계가 스스로 연산을 하도록 기다려주는 숙성 기간인 셈이다. 연인 사이도 얽히려면 연애하는 시간이 필요하듯이 스핀들도 얽히려면 숙성 기간이 필요하다. 상호작용을 하려면 스핀이 두 개 이상 있어야 하므로, 물론 단일 큐빗 연산에는 기다리는 시간이 없다.

3. 쇼어의 소인수분해 알고리즘

공개키 암호는 소인수분해를 해서 깰 수 있다. 이제 양자컴퓨터가 어떻게 소인수분해를 하는지 설명하려 하는데, 이번 주제는 지금까지 한 이야기 중에서 수학이 가장 깊숙이 연관되어 있기 때문에 좀 어렵다. 물리는 어렵지 않다. 나는 수포자다, 하는 독자는 '수열에서 같은 숫자가 반복되는 주기만 찾으면 소인수분해를 할 수 있다'는 사실만 기억하고 아래 두 문단을 건너뛰어도 좋다.

큰 수 n을 소인수분해하여 약수를 구하는 한 가지 방법은 두 임의의 수 x와 a를 고르고 x^a을 n으로 나눈 나머지를 구하는 것이다. 여기에서 x는 n과 서로소, 즉 공약수가 없는 수로 골라야 한다. 한 수학 이론에 따르면, a를 하나씩 늘려가면서 이 작업을 계속할 때 나오는 나머지 값들은 주기적이다. 이 주기가 r인데, 이것이 운 좋게 짝수였다면(운이 나빴다면 다음 날 다른 x로 다시 시도하면 된다) n과 $(x^{\frac{r}{2}}+1)$ 혹은 $(x^{\frac{r}{2}}-1)$이 공약수를 가졌다는 것을 뜻하며, 두 수의 최대공약수는 유클리드 소거법으로 빠른 시간에 구할 수 있다.

예를 들어 8이 소수인지 아닌지 알아보고 싶다고 하자. 그 답은 초등학생에게 물어보아도 금방 알 수 있겠지만, 우리는 방금 주어진 방법대로 한번 따라가보기로 하자. 위 설명에서 n에 해당되는 8과 서로소인 수 x로는 5를 골라보자. 숫자 a를 0부터 증가시켜가며 x^a을 구해보면 1, 5, 25, 125, 625…… 가 나온다. 이 숫자들을 8로 나누면 나머지가 각각 1, 5, 1, 5, 1…… 이 되어 주기 2로 같은 숫자가 반복됨을 알 수 있다. 주기 r에 2를 넣어 계산하면 $5^{\frac{2}{2}}+1$과 $5^{\frac{2}{2}}-1$은 6과 4이며, 이 두 수는 8과 공약수로 2를 가진다. 이렇게 우리는 8의 약수 하나를 찾았는데, 약수 하나를 찾고 나면 8이 소수가 아니라는 사실을 안 것은 물론이거니와 나머지 약수들을 찾기도 훨씬 쉬워진다. 이 사례에서는 소인수분해를 하려는 숫자가 워낙 작은 8이어서 풀기가 쉬웠지만, 128자리 정도 되면 간단치 않다. 주기 r만 찾으면 되는데, 문제는 주기를 찾기가 쉽지 않다는 것이다.

쇼어의 소인수분해 풀이법은 바로 이 주기를 빠르게 찾는 해법이다. 이 풀이법에서는 우선 주기를 찾기 위해 쓸 지수 a값과 나머지 값을 한 쌍으로 하는 데이터를 만들고, 이 데이터들을 모두 중첩하여 저장한다. $n=8$, $x=5$인 위의 사례에서 a를 0에서 7까지 변화시킴에 따라 나머지는 1, 5, 1, 5, 1, 5, 1, 5가 되니, 저장되는 것은 다음 8개 숫자들의 중첩상태이다.

01, 15, 21, 35, 41, 55, 61, 75

각 숫자에서 빨간색은 *a*의 값이고, 파란색은 나머지 값이다. 앞서 데이터검색 알고리즘 설명에서 등장한 양자 전화번호부에서도 비슷한 방식으로 데이터를 저장했다. 전화번호부에서는 데이터의 앞부분이 이름, 뒷부분이 전화번호였고, 여기서는 앞부분이 *a*값, 뒷부분이 나머지 값이라는 점만 다르다. 전화번호부에서 이름을 나타내는 큐빗들과 전화번호를 나타내는 큐빗들이 얽혀있듯이 여기서도 *a*값을 나타내는 큐빗들과 나머지 값을 나타내는 큐빗들이 얽혀 있다.

이제 뒷부분인 나머지 값을 측정하면 1과 5 중 하나가 나올 텐데, 만일 5가 측정되었다면 나머지가 1인 네 개의 상태는 붕괴되어 없어지고 데이터는 다음 네 상태의 중첩으로 남아 있을 것이다.

15, 35, 55, 75

이제 데이터의 앞부분은 1, 3, 5, 7에 해당하는 상태들만 중첩되어 있다. 만약 뒷부분의 상태를 측정했을 때 1이 나왔다면, 앞부분에는 0, 2, 4, 6에 해당하는 상태들만 중첩되어 있을 것이다. 어떤 경우이건, 남아 있는 숫자들 간의 차이는 2로 똑같다. 이렇게 우리가 찾는 주기를 가진 등차수열을 구했다면 소인수분해라는 목적의 반은 성취한 셈인데, 이 과정을 되돌아보면 양자 세계의 중첩과 측정의 특별한 속성 덕분에 가능한 것임을 알 수 있다.

이때 앞부분의 상태들을 모두 읽을 수 있다면 공통된 차이가 2임을 당장 알아차릴 수 있으므로 즉시 주기를 구할 수 있겠지만, 안타깝게도 양자 상태는 읽으려고 하면 앞서 설명한 바와 같이 중첩된 상태 중 하나만 읽힐 뿐이다. 다시 말해, 앞부분을 측정하면 1, 3, 5, 7 중 하나가 측정될 뿐이므로 주기에 관한 정보는 아무것도 얻을 수 없다. 그래서 쇼어의 소인수분해 풀이법에서는 데이터의 앞부분에 '양자 푸리에변환' 풀이법을 적용한다. 푸리에변환이란, 파동꾸러미를 구성하는 파동의 성분을 찾아주는 수학 변환법이다. 5장에서 양자물리의 원리를 설명할 때 도입한 오른쪽 그림을 다시 살펴보면, 푸리에변환은 (가)와 같은 파동꾸러미를 구성하는 (나)의 파동 성분들을 찾아준다. 물론 푸리에변환은 (가)와 같이 생긴 파동꾸러미만이 아니라 어떤 모양이더라도 그 구성 파동 성분을 찾아준다.

이 파동 성분들은 파장과 주기가 다 다르다. 그러므로 푸리에변환은 어떤 주기를 가진 성분들이 존재하는지 알려준다고도 말할 수 있다. 주식 시세의 변화를 푸리에변환하면 주식값이 오르고 내리는 단기적인 주기들과 장기적인 주기들이 나타난다. 쇼어의 풀이법을 설명할 때 사례로 들었던 데이터의 경우, 숫자들이 중첩된 앞부분을 푸리에변환하면 어떤 주기의 성분들이 중첩되어 있는지 알게 된다. 푸리에변환을 한 후에는 측정을 한다. (가)처럼 중첩된 상태에서 측정하면 (나)의 첫 번째 파동이 나올 수도 있고, 두 번째 또는

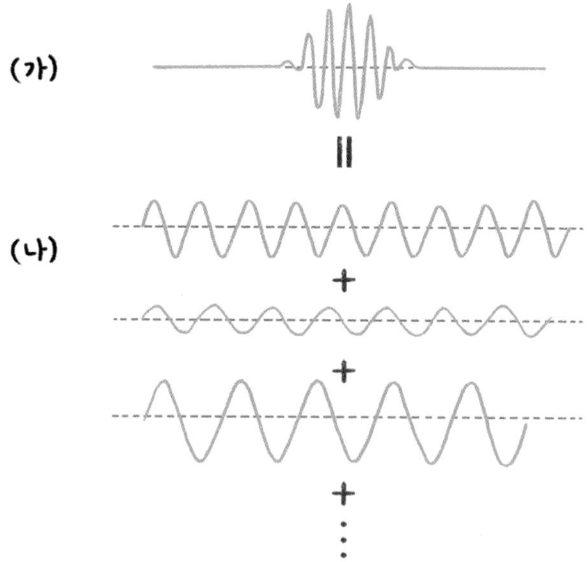

(가) 파동꾸러미. (나) 푸리에변환으로 찾은 성분들.

세 번째가 나올 수도 있다. 그림과 같은 상태라면 진폭이 가장 큰 세 번째 파동이 나올 확률이 가장 크다.

쇼어의 소인수분해 풀이법 사례의 경우, 주기가 2인 파동만 나와야 할 것 같지만 단 4개의 숫자만 가지고 푸리에변환을 한 것이라 주기가 다른 성분도 좀 섞여 나온다. 4일간의 주가 데이터가 있는데 올랐다 내렸다 올랐다 내렸다 했다면, 주가란 이틀을 주기로 변하는구나 하고 심증은 가지만 확신할 수는 없을 것이다. 즉, 다른 주기로 변할 가능성도 배제하지 못한다. 하지만 100일간 오르락내리락

하기를 반복했다면, 이틀이라는 주기를 거의 100% 확신할 수 있다. 적은 수의 데이터를 푸리에변환했을 때 다른 성분도 나오는 이유는 이렇게 다른 주기의 가능성이 포함되어 있기 때문이다. 우리가 a의 값을 무한히 많이 넣어서 무한히 많은 나머지 값 데이터를 얻은 후 푸리에변환을 한다면 나머지 파동들은 거의 사라지고 주기가 2인 파동만 나오게 된다. 그러므로 푸리에변환을 하기 전 단계의 계산을 성의 있게 많이 해두면 측정을 했을 때 주기가 2가 나올 확률이 높고, 적당히 몇 번 하고 치워버리면 맞는 주기를 얻을 확률이 떨어진다.

높은 확률로 측정된다는 말에서 짐작할 수 있듯이, 양자 소인수분해 알고리즘도 반드시 옳은 결과를 얻는 것이 아니라 확률적으로 맞는 답을 얻는다. 따라서 틀린 결과를 얻을 수도 있다. 그러나 어떤 수가 약수인지 아닌지는 금방 확인해볼 수 있으므로, 틀렸다면 다시 시도하면 된다. 어차피 이 방법이 아니면 소인수분해를 하기가 힘든 상황이라면, 이와 같은 시행착오 과정을 서너 번 거쳐서 옳은 답을 얻는다고 해도 크게 억울할 일은 없다.

위의 계산 과정을 음미해보면, 양자 소인수분해 알고리즘이 고전 소인수분해 알고리즘보다 비약적으로 빠를 수 있는 이유는 측정이라는 행위로 등차수열이 한 번에 걸러진다는 점과 한 번의 연산으로 푸리에변환을 할 수 있기 때문임을 알 수 있다. 즉, 양자 세계의 가장 중요한 특징인 중첩과 측정에 의한 붕괴, 이 두 가지 성질 때문이다. 중첩된 양자 상태의 이점은 모든 연산이 중첩된 상태에 독립적으로 가해진다는 자연계의 성질에서 비롯된다.

찾아보기

ㄱ

각운동량 164~165, 341~342, 344
간섭 54, 84~64, 66, 68, 74, 98, 282, 305
겔만, 머리 309
결맞음 시간 187~188, 190~191
고유상태 79~81, 83, 87, 93, 154, 167, 178, 182, 185, 200~201, 243~244, 334
고전알고리즘 201~202, 205, 267
고전전산 119, 270
고전컴퓨터 11, 25, 75, 119, 142, 157, 164, 168, 173~174, 178, 182, 187, 201~202, 206~207, 225, 233, 259, 264~265, 267~272, 274, 276, 279, 287~288, 291, 298, 300, 313~314, 318~320, 338
공개키 암호 142, 169, 223~226, 234, 237~238, 290, 354
광양자 가설 43, 106
광원뿔 121~122
광전효과 38, 42~43, 49, 50
그로버, 로브 143, 170, 207, 226~227, 231~234

ㄴ

나노기술 158, 171, 301
난수 발생기 267, 276~277
논리큐빗 271
뉴턴, 아이작 25~26, 39, 44, 52, 73, 132~134, 167, 198, 233, 252, 255

ㄷ

다세계 해석 → 평행우주론
단일슬릿 실험 56~57, 62
데이터검색 알고리즘 143, 170, 207, 226~227, 231, 234, 256
도이치, 데이비드 168~169, 202~204
도이치-조사 알고리즘 169, 202, 204~205, 207
드브로이, 루이 50~51, 57, 102
디웨이브 261~262, 264~265, 283~286, 297

ㄹ

러더퍼드, 어니스트 198~199
로이드, 세스 170
로즌, 네이선 127
뢴트겐, 빌헬름 199

ㅁ

맥놀이 98~99, 101~102
물질파 71~73, 75, 80~81, 87, 99, 101, 103, 331

ㅂ

바딘, 존 48
범용연산 177
베넷, 찰스 142, 163~164, 239, 278, 280, 284

베니오프, 폴 141, 164
벨, 존 스튜어트 129~134, 141, 151, 169
~의 부등식 127, 129, 131~132
~의 측정 151
병렬처리 205~208, 227, 287, 295~296, 298, 314
보강간섭 58~61, 98
보어, 닐스 25, 35, 43, 81~82, 93~94, 105~107, 127, 130, 137
볼츠만, 루트비히 39~40, 43, 73, 88
봄, 데이비드 134
불확정성 원리 97, 103~104, 332, 335
브라사르, 질 142, 239
비국소성 122, 129, 133
비밀키 암호 143, 170, 211, 226, 234, 237, 250, 288, 290

ㅅ

사인파 97~102, 104, 331
상대성이론 45, 47~48, 51, 120, 133, 334
상쇄간섭 58~59, 61~62
상수연산 202~205
생어, 프레더릭 48
세차운동 343~346, 349
소인수분해 169~170, 223~225, 259, 288, 354~359
~ 알고리즘 170, 259, 354, 359
쇼어, 피터 142, 169~170, 207, 259, 254~355, 357~358
숨은 변수 이론 95~97, 104, 129, 337
슈뢰딩거, 에르빈 73, 85~86, 88, 233
~ 방정식 73, 88, 233
~의 고양이 85~86
스몰린, 존 142, 284~285
스핀 137, 164~168, 178~180, 182, 184~188, 190~191, 228, 268, 275, 307, 338, 341, 346~353
실재성 128~129, 329~333, 335~337

ㅇ

아스페, 알랭 131~132, 134, 141
아인슈타인, 알베르트 24, 41~45, 47~49, 51, 93~94, 106, 118, 120, 122, 127, 130, 133, 135, 137, 199
아하로노프, 야키르 134
양자물리 20, 23~26, 29~33, 35, 37~38, 41, 43, 45, 54, 65, 68, 73~81, 85~87, 93, 95~97, 103, 105~106, 108, 111, 126~130, 132~135, 137, 141, 143, 158, 164, 171, 195, 278, 302~304, 306~310, 315, 322, 330, 332~333, 335~337
양자알고리즘 169~170, 184, 191, 201~203, 205, 207, 225, 227, 233, 251, 259, 267~268, 275, 287, 292
양자암호통신 142, 164, 237, 239, 247, 250, 277~280, 282, 284, 320
양자전산 119, 169~178, 180, 183~184, 233, 259, 270~271, 346
양자컴퓨터 11~12, 16~20, 23, 25, 31~32, 75, 111, 119, 141~143, 158, 163~164, 168~171, 173~174, 178, 182, 185~195, 197, 201, 205, 207, 225~227, 229, 233, 237, 259~262, 265~278, 280, 283~285, 287~302, 304, 309, 311, 313~315, 317~320, 322~323, 348, 354
양자화 41~43, 75, 105, 167
어닐링 262, 264~265, 283~285, 297
얽힘 111, 117~119, 127, 129, 141, 143~145, 149, 153, 183~184, 205, 207, 251, 278, 280, 282, 308~309, 315, 333~334, 337
에돌이 54~57, 60, 62~63, 74
엔트로피 39, 73, 88, 161~162
영, 토머스 62, 66~70
오라클 229~230

와인버그, 스티븐 134
운동량 42, 102~104, 165, 185, 329, 331~336
원격이동 142, 145~149, 151~154, 166, 271, 280
이온덫 양자컴퓨터 216
이중슬릿 실험 59~62, 66, 68, 75
입자성 43~44, 46, 65~66

ㅈ

자이로스코프 344~345
전자기파 35, 54, 117, 240
전자스핀 167, 185~186, 190, 313~314, 341, 344, 346~347
제어비트 180~182, 230
조사, 리처드 169, 204
중첩 74~77, 79~81, 83, 85~87, 95, 104, 111~112, 114, 116~117, 119, 127, 143~144, 148, 153~154, 167, 180, 182~183, 200~202, 204, 207, 227~229, 231~232, 243~244, 268, 271, 276, 278, 292, 295, 314~315, 330~332, 334~336, 355~357, 359
~상태 77~79, 81, 83, 87, 93, 95, 104, 112, 114, 116, 119, 131, 153~154, 167, 179, 181~183, 187, 200~201, 203, 231, 243~244, 268, 271, 314, 331, 355

ㅊ

초전도소자 양자컴퓨터 193~195, 261~262, 267

ㅋ

코스털리츠, 마이클 48
코펜하겐 해석 81, 87, 104~105
퀀텀 슈프리머시 205, 267
퀀텀 점프 75, 170, 281, 302, 308~309
퀴리, 마리 47
큐빗 153, 174, 178~180, 182~189, 191~196, 200~201, 228~229, 259, 261~262, 264, 266~276, 279, 293~295, 338, 346, 348~353, 356

ㅌ

터널 효과 264
튜링, 앨런 220

ㅍ

파동꾸러미 99~104, 331, 357~358
파동성 44, 51, 54, 57, 62, 64~65, 68, 71~72, 83
파인먼, 리처드 24~25, 67, 142, 158, 164, 168, 170~172, 215~216, 295, 301
패러데이, 마이클 309
편광 118, 239, 241~248, 251, 304~305
~판 240~245, 247~248, 250
편극 239
~ 방향 117, 239~240, 242~251
평행우주론 83
포돌스키, 보리스 127, 135
폴링, 라이너스 48
표적비트 180~182, 230
푸리에변환 101, 270, 357~359
프레스킬, 존 293
플랑크, 막스 38~41, 43, 103
~ 상수 103

ㅎ

하위헌스, 크리스티안 44
하이젠베르크, 베르너 81~82, 105~106
핵스핀 190~191, 307
핵자기공명 143, 188, 190~191, 195~196, 259, 307
~ 양자컴퓨터 188~191, 259
호킹, 스티븐 24
회전연산 178~180, 184, 188, 202, 269, 273,

338, 344, 347, 352
회절 → 에돌이
흑체복사 37~40, 50
히거, 앨런 198~199

A~Z

AND 연산 161, 176~177
BB84 239, 245, 251
CCNOT 연산 230
CNOT 연산 180~184, 187~188, 190, 193, 195, 202, 230, 269~270, 338, 347~348, 350~352
EPR 논문 128~130, 135~137, 329, 331~336
IBM 163, 170, 195, 261, 266~268, 273~274, 283
NAND 연산 177
NOT 연산 161, 176~177, 179~184, 187~188, 190,193, 195, 200, 202, 230, 269~270, 338, 346~348, 350~352
XOR 게이트 176~177

퀀텀의 세계

1판 1쇄 2021년 12월 20일
2판 1쇄 2023년 10월 10일
2판 4쇄 2025년 1월 10일

지은이 이순칠

편집 조은화 장준오 허영수 조장현
디자인 이강효 | **일러스트** 김태균(@kyoon.works)
마케팅 이보민 양혜림 손아영

펴낸곳 (주)북하우스 퍼블리셔스 | **펴낸이** 김정순
출판등록 1997년 9월 23일 제406-2003-055호

주소 04043 서울시 마포구 양화로 12길 16-9(서교동 북앤빌딩)
전화 02-3144-3123 | **팩스** 02-3144-3121
전자우편 henamu@hotmail.com | **홈페이지** www.bookhouse.co.kr
인스타그램 @henamu_official

ISBN 979-11-6405-140-3 03420

해나무는 (주)북하우스 퍼블리셔스의 과학·인문 브랜드입니다.